# 干渉計を辿る

先端光学技術を支える多様な干渉計測

市原　裕

**Advanced Communication Media**
アドコム・メディア株式会社

# まえがき

　本書はアドコム・メディア株式会社から刊行されている技術情報誌「O plus E」Vol. 37, No. 11 (2015 年 11 月号) から Vol. 42, No. 1 (2020 年 1・2 月号) まで連載した「干渉計を辿る」を，1 冊の本としてまとめたものである。O plus E の連載では，1 話 (1 節) で完結するように心がけた。その結果，1 冊の本にした時，異なる章節で重複する記述が現れることとなったが，お許し願いたい。

　O plus E 編集部から干渉計に関する連載講座の執筆を依頼された時，最初は教科書的なものを書こうかと思った。しかしながら，構想を練り始めると，そういう (教科書的な) ものは他に立派なものが多数出版されているし，自分が書くとつまらない (味気ない) 内容のものになりそうな気がした。それより自分の経験を中心に書くほうが，読者に訴えるものがあるように思えた。そこで，まず第 1 章として，自分が会社 (株式会社ニコン) に入って最初に行った白色干渉計について書いてみることにした。この干渉計には，等厚干渉，等傾角干渉，コヒーレンス，群屈折率など，干渉計に必要なノウハウがほとんど入っているように思われる。内容はかなり高度なものも含まれるが，できるだけ詳しく，わかりやすく説明したつもりである。

　第 2 章以降第 6 章までは，干渉計にかかわる業務を時系列に書いた。私の業務は会社の大きな柱の事業として成長した，半導体露光装置の光学系に関するものが主であった。半導体露光装置は人類が開発した最も高精度な自動装置と言っても過言ではないと私は思っている。ナノメーターオーダーの精度で製作された大型の装置がナノメーターオーダーの位置精度で高速に動作するのは驚異的である。この半導体露光装置を用いて作られた大規模半導体集積回路(LSI)は，光ファイバーとともに現在の IT 社会の発達の礎である。半導体露光装置なくして今日の IT 社会はあり得ない。私はこの半導体露光装置の黎明期に入社し，この装置の発達とともに技術開発に従事してきた。会社，装置，技術の発展とともに業務にまい進でき貢献できたのは，非常に幸せなことであった。

　第 7 章以降は，思い出すままにトピックスを書いたものである。最後に，第 13 章で干渉計に関して書き残したことや重要なことを記した。

　干渉とは 2 つ (またはそれ以上) の波 (光は電磁波の一種) が重なるとき，位相が合えば，すなわち重なる波の山と山，谷と谷が一致すれば足し合わさって振幅が大きくなり，位相がずれ，逆相 (逆位相) になると，すなわち，山と谷，谷と山が重なると互いに打ち消し合い，波の振幅が小さくなるか消滅する現象をいう。このような単純な原理を応用し，ナノメーター(10 億分の 1 メートル) オーダーにも及ぶ精度 (分解能) で各種の計測ができる。

私は干渉を利用した各種の計測器（干渉計）の開発をライフワークとして行ってきた。そこでは，一般の教科書には書かれていない経験やノウハウを身に着けることができた。本書では，それらの経験やノウハウを記すことができた。本書が後進の光学技術者や研究者にとって何らかのお役に立てることがあれば望外の喜びである。

　干渉計の開発は私1人で成し遂げたわけではもちろんなく，本書の中に出てきた方々だけでなく社内外の非常に多くの方々の御教授や御理解，御力添えがあってできたものである。

　出版にあたっては，本書のみならず連載のときから一貫してO plus E編集部の近藤智美さんに大変お世話になった。というより毎号入稿が遅れ大変ご迷惑をおかけした。連載の執筆を勧めていただいた東京工芸大学の渋谷眞人名誉教授にはすべての原稿の査読をしていただき，素早く適切なコメントをいただいた。連載記事を本書にまとめるにあたっても常に適切なコメントをいただいた。本書を完成させることができたのは渋谷教授のおかげであり，ここに感謝の意を表したい。

市原　裕

2020年11月 吉日

# 目　　次

# 第1章　白色干渉計を用いたレンズ厚測定
## 1.1　白色干渉計によるレンズ厚測定法

## 0. 初めに

　まず，私が会社（ニコン）に入って最初に開発した白色干渉計について記す。この干渉計には干渉計に必要なノウハウがほとんど入っているように思われる。かなり高度な内容も含まれるが，できるだけ詳しく分かり易く説明したいと思う。この計測法は 1974 年の IOC の国際会議で発表した[1]。

### 1.1.1　レンズの厚さ測定法

　この仕事は 1973 年の入社して直ぐに上司(靍田匡夫氏：『光の鉛筆』著者）から提示されたものである。当時，カメラメーカーであったニコンが，新規事業として半導体露光装置事業へ乗り出そうとしていた時期である。国家プロジェクトである超 LSI 研究組合（1976 年設立）においてニコンとキヤノンが露光装置開発を担当し，キヤノンが全反射のオフナータイプの光学系を用いた等倍の露光装置（アライナー）の開発を担当し，ニコンが屈折光学系を用いた縮小投影露光装置（ステッパー）の開発を担当し，それぞれ分担して開発することになった。それより以前にニコンでは小穴純先生(元東京大学教授，当時上智大学教授）のご指導を得て高精度な縮小投影レンズ（ウルトラマイクロニッコールレンズ）の開発を行い，さらにそのレンズを搭載した，ステッパーの原型ともいえるプロジェクションマスクプリンターを完成させていた。それらの縮小投影レンズでは，性能を確保するために，組み込む単体レンズの厚さを 1 ミクロン程度の精度で測定する必要があった。当時レンズの製造現場では**図 1.1.1** に示されるようなミクロテスターというものが使われていた。

**図 1.1.1**　ミクロテスター

　これは触針式の厚さ測定器であり，上下する触針と一体となったガラススケールが内蔵されており，ガラススケールの目盛を手前の透過拡散スクリーン（すりガラス）に光学的に 50 倍に拡大投影している。スクリーンには副尺が刻線されており，5μm の分解能で触針の位置を読み取ることができる。絶対精度に関しては，ガラススケールの誤差，投影倍率誤差等のため保障されていないが,実際の使用に当たっては,被測定物（例えばレンズ）の厚さに近い厚さのブロックゲージを比較測定し較正することによって精度を確保していた。現場の作業者は，さらに心眼でレンズの厚さを 1μm 単位で読み取っていた。この方法ではブロックゲージの誤差（ブロックゲージは通常，厚さの校正された数個のブロックゲージを貼り合わせて所望の厚さを得ている。この時貼り合わせ面のごみや傷により誤差を生じる。），被測定レンズのセンタリングの誤差（触針の位置がレンズの光軸からず

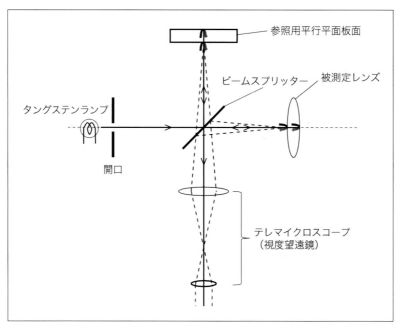

図 1.1.2　レンズ厚測定用白色干渉計

れると厚さの測定誤差を生じる。），ミクロテスターの読み取り精度（作業者に依存）等の誤差が蓄積されるので，1μm の精度は到底保証できていなかった。

### 1.1.2　白色干渉計によるレンズ厚測定の原理

　これに対し，当時の上司（鼈田匡夫第 2 光学研究室室長）から白色干渉を用いたレンズの厚さ計測の提案があった。レンズではなく平行平面板であれば高精度で計測する手段（後述）があるので，平行平面板とレンズの厚さを，干渉計を用いて比較計測することによってレンズの厚さを高精度に測定しようというものである。その原理を**図 1.1.2** に示す。

　干渉計はトワイマングリーン型である（トワイマングリーン型とマイケルソン型は似ているが，異なる干渉計である。1.3.2 項において詳しく説明する。）。光源としてタングステンランプ（ハロゲンランプ）を用いる（ハロゲンランプは高輝度長寿命のタングステンランプである。以後, 実際の使用に即してハロゲンランプと記す。）。光軸近辺の光線のみ用いるので特にコリメータ等は必要がなく小さな開口を用いてビームをコリメート（平行光線らしく）する（もちろんレンズを用いても良い）。光源から出た光はビームスプリッターで分割され，一方の

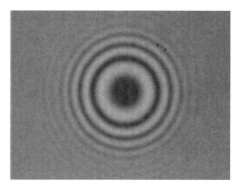

図 1.1.3　白色光のニュートンリング

光線は参照用平行平面板に入射し，平行平面板の表面と裏面で反射され，ビームスプリッターに戻り，ビームスプリッターを通過したのち観察系（テレマイクロスコープ）に入射する。他方の光線は被測定レンズに入射し平行平面板と同様に表面と裏面で反射され，元の光路を戻り，ビームスプリッターで反射され，観察系に入射する。ここでビームスプリッターから平行平面板の表面までの光路長とビームスプリッターから被測定レンズの表面までの光路長を等しくすると，レンズ表面に**図 1.1.3** のような干渉縞が観察される。白色光のニュートンリングである。中心部はコントラストが高いが，周辺に行くにつ

れて縞が色づくとともに急激にコントラストが低下し，縞の数が数本を超えるとほとんど見えなくなる（同じ光路差でも波長によって干渉条件が異なってくるからである）。平面と球面の干渉であるので，観察される縞は非常にピッチが細かい。細かすぎて肉眼では観察困難であるので図 1.1.2 のようにテレマイクロスコープで拡大して観察する。

　テレマイクロスコープのピントはレンズおよび平行平面板の表面に合わせておく。レンズおよび平行平面板の表面から反射されてくる光線以外に裏面から反射されてくる光線も観察系に入ってくるので，この影響により干渉縞のコントラストは低下するが計測には特に支障はない。被測定レンズまたは平行平面板を微少に前後してニュートンリングの中心が最もコントラストが高くなるように調整する。この調整で縞一本分程度調整誤差があったとしても測定値に与える影響は半波長すなわち0.3μm 程度である。

　つぎに，観察系（テレマイクロスコープ）をレンズの厚さ相当分（厚さを屈折率で割った距離）移動し裏面にピントを合わせる。平行平面板とレンズの厚さが完全に等しければ，裏面にも白色干渉縞が観察できる。しかしながら両者の厚さには若干の差があるので，通常は干渉縞は観測できない。そこで平行平面板（またはレンズ）を光軸方向に少しずつ前後させると干渉縞（ニュートンリング）が見えてくる。ニュートンリングの中心が最もコントラストが高くなるように微調整する。この時の平行平面板の移動距離を $d$ とするとレンズの厚さは平行平面板の厚さを $D$ として

$$D + \frac{d}{n}$$

で与えられる（この式は一見正しそうであるが実は正しくない。そのことに関しては後で詳しく述べる。）。

　白色の干渉縞は光路差がゼロの時，最大のコントラスト（白または黒）が得られる。光路差が生じると波長オーダーの光路差の変化で干渉縞の強弱が変化しながら急速にコントラストが低下し，光路差 $\lambda$ でコントラストがなくなり消失する。したがって白色干渉縞は生成するのが難しい反面，光路差がゼロとなる位置をサブミクロンの高い精度で特定するのに非常に有効な手段である。平行平面板の厚さが0.1μm 程度の高い精度でわかってい

れば上記の干渉計を用いて，1μm 以下の精度でレンズの厚さを計測できることが期待される。

### 1.1.3　白色干渉計の課題

　ここまでで話が終われば，めでたしめでたしであるが，実際に実施しようとすると課題が山積みしている。
　それらを列挙すると
・平行平面板に対しレンズの光軸が垂直でないと測定誤差を生じる。光軸の調整法をどうするか？
・きれいな白色干渉縞を得るためには，干渉する 2 光束の光路の光路長は特定の波長だけではなく，すべての波長で等しくしなくてはならない。すなわち，2 光束がそれぞれ分散のある媒質を通る場合はそれぞれの媒質の長さ（光路長）を等しくするだけではなく分散も等しくしなければならない。したがって，ビームスプリッターは光路差と分散が補償されたものを用いる必要がある。このようなビームスプリッターをいかにして作るか？
・基準となる平行平面板の厚さを 0.1 μm 以下の精度でいかにして測るか？
・平行平面板の厚さとレンズの厚さにある程度（10 μm）以上の差があると裏面の干渉縞が観察しづらくなる。その原因と対策法は？
　等々である。

### 1.1.4　光学軸調整法

　最初の課題は光軸調整の問題であり，以下のようにして解決した。
　光学実験での一般的な光軸調整方法は，高さ調整のできるホルダーに He–Ne レーザーを水平に設置し，位置調整困難な光学素子の中心にレーザーを通し，そのレーザー光線を光軸としてすべての光学素子を調整することである。今回の干渉計では，光源の位置は粗調しかできないが，平行平面板は 2 軸の傾きの微調ができ，z 方向（光軸方向）に微動ができ，その微動距離は 0.1 ミクロンの分解能で測定できる。被測定レンズは 2 軸の傾きの微調ができるとともに xy 方向（光軸に垂直な方向）に微動できる（ただし移動量は測定できない）。
　まず，図面の寸法に従って光学素子を配置する。おお

よそ数mmの精度である。次に、光源であるハロゲンランプの前（干渉計の反対側）にHe–Neレーザーを置き、ハロゲンランプのフィラメントを通してレーザー光を照射し被測定レンズの中心に当てる。それを基準の光軸とする（光源または被測定レンズの高さを粗調する。）。ハロゲンランプのフィラメントでレーザーの半分以上の光はけられるが調整上は特に問題はない。ビームスプリッターで反射した光が平行平面板で反射し再度ビームスプリッターで反射しHe–Neレーザーに戻るように（平行平面板またはビームスプリッターを）調整する。平行平面板で反射したレーザー光のうちビームスプリッターを透過した光線がテレマイクロスコープの対物レンズの中心に入射し、接眼レンズの中心から射出するようにテレマイクロスコープの光軸（位置と傾き）を調整する。テレマイクロスコープは光軸方向へ移動できるステージに乗せておき、あらかじめ被測定レンズの表面にピントを合わせておく。最後に、被測定レンズで反射したレーザー光が平行平面板で反射した光線と同様He–Neレーザーに戻るか、テレマイクロスコープに入射するように被測定レンズの傾きとxyの位置を調整する。このとき、表面と裏面での反射光で挙動が若干異なるが双方の光が上記の条件を満たすように調整する。これで粗調は完了で

ある。次に、He–Neを、NDフィルターを用いて十分減光して、テレマイクロを覗く。すると、小さなニュートンリングが2個見える。このニュートンリングの中心が一致するように、被測定レンズの傾きを微調整する。このとき、ニュートンリングが中心からずれた場合は被測定レンズをxyにシフトして中心に戻す。次にテレマイクロスコープを前後（光軸方向）に移動し、ニュートンリングの位置が横（光軸と垂直な方向）にずれないようにテレマイクロスコープのステージの向き（傾き）を調整する。必要に応じて、テレマイクロスコープの位置と傾きを再調整する。これで、調整は完了であり、He–Neレーザーを消灯し、ハロゲンランプを点灯し、平行平面板を前後して白色干渉縞を生成させる。

　その他の課題の解決法は、次節以降で解説していく。

## 参考文献

1) T. Tsuruta and Y. Ichihara, "Accurate measurement of lens thickness by using white–light fringes", Proc. ICO Conf. Opt. Methods in Sci. and Ind. Meas., Tokyo, 1974.; Japan. J. Appl. Phys., Suppl., Vol. 14–1, pp. 369–372 (1975)

# 第1章　白色干渉計を用いたレンズ厚測定
## 1.2　分散補償されたビームスプリッターの作製法

### 1.2.1　ビームスプリッターに求められる要件

　前節において白色干渉計によるレンズ厚測定法の原理を説明したが，本節ではそれに用いる，光路差が完全に補正されたビームスプリッターの作製法を述べる。前節図 1.1.2 の干渉計において，ビームスプリッターは単なる線として書かれているが，実際のビームスプリッターはガラスの素材に半透膜を蒸着したものであり，半透膜を透過した光束と反射した光束とでは異なる光学材料を通り光路差が生じる。単に光路差が生じるだけであれば，参照用平行平面板あるいは被検レンズの位置を調整すれば光路差をゼロにすることは可能である。しかしながら異なる光学材料を通った場合，その材料の分散（波長による屈折率の変化）により波長ごとに異なる光路差が生じ，平行平面板または被検レンズの位置を調整してもすべての波長に対して光路差をゼロにすることはできない。すべての波長で光路差ゼロを実現するためには，ビームスプリッターの前後（反射と透過）の材料の寸法（厚さ）だけではなく屈折率と分散も等しいものにしなければならない。

### 1.2.2　分散補償された平行平面板ビームスプリッターの作製

　通常のビームスプリッターは 2 個の直角プリズムを貼り合わせたものからなるが，この 2 個のプリズムの屈折率のみならず分散を一致させ，頂角を等しく加工し，稜線を平行にし，接着剤の厚さも顧慮して光路差が生じないように貼り合わせる必要がある。このようなプリズム

の作製にはかなりの困難が予想されたので，別のタイプのビームスプリッターを作製した。それは両面を研磨した平行平面ガラス板の片面に半透膜を蒸着したものである。これは 1 枚だけでは明らかに上記光学系の要求を満たしていない。しかし補償板を用いれば光路差をなくすことができる。このビームスプリッターを図 1.2.1 に示す。補償板はビームスプリッターと全く同じ厚さと同じ屈折率と同じ分散を持ったものである。この作り方は以下のとおりである。

　一枚の平行平面板を作製してそこから 2 枚の平行平面板を切り出す。一方をビームスプリッター基板とし，他方を補償板とする。それによって，容易に厚さと屈折率と分散の一致したビームスプリッターと補償板を得ることができる。それを直径の等しいベアリングボール（ボールベアリングに使用される直径のそろった金属のボール（鋼球）。非常に高精度であるが大量生産されるため安価

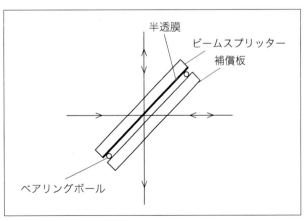

**図 1.2.1**　位相差（光路差）補償平行平面板ビームスプリッター

5

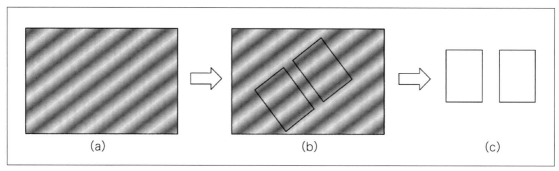

**図 1.2.2**　2 枚の厚さと屈折率と分散の等しい平行平面板の作製法
(a) 大きな平行平面板とその表面と裏面からの反射光による干渉縞
(b) 大きな平行平面板からの 2 枚の平行平面板の切り出し位置
(c) 2 枚の厚さと屈折率と分散の等しい平行平面板

である。）を介して**図 1.2.1** のように一体化する（接着剤を用いないのは接着剤によって生じる光路差の増加と分散の変化を補正（補償）するのが困難だからである）。するとビームスプリッターの基板のガラスの厚さと屈折率に起因する光路長の変化はほぼ完全に補正される。（ベアリングボールによる空気層の部分はどちらか一方の光路を調整すれば良いだけで，全く問題にならない。）また 2 枚の平行平面板を切り出す前の平行平面板にわずかにウェッジ（くさび）があっても，平行平面板の表面と裏面の干渉縞からウェッジの方向を特定しウェッジの稜線に垂直に分割すれば，厚さ（とウェッジ角）の完全に等しい 2 枚の基板が得られる（ウェッジの方向は**図 1.2.1** で両方とも右上あるいは左下とする）。このことを**図 1.2.2** で，より詳細に説明する。大きな平行平面板を研磨し，干渉計で表面と裏面の反射光による干渉縞を観察すると，加工が完全ではないとき（すなわち完全に平行ではなく，わずかにウェッジがついているとき），**図 1.2.2**(a) に示すように平行な干渉縞が観察される。そこで，この板から，**図 1.2.2**(b) に示す位置で**図 1.2.2**(c) のように 2 枚の板を切り出せば，屈折率と分散が等しく，厚さも等しくウェッジ角度も等しい 2 枚の（ほぼ）平行な平面板が得られる。このうちの 1 枚をビームスプリッター基板とし，もう 1 枚を補償板とすれば，**図 1.2.1** のように光路差の補償されたビームスプリッターを作ることができる。

　最初，このビームスプリッターを用いて干渉計を組んでみた。ところが，白色干渉縞は観察できたもののきれいな（同心円状の）ニュートンリングではなく一方向（平行平面板の傾斜方向）にぼけた像になってしまった。この状態でも計測できそうであったが好ましくはないので原因を明らかにして対策をとることにした。原因は，光軸に対して平行平面板を斜めに置いたことにより非点収差が生じたためであった。光源から，被測定レンズあるいは参照用平行平面板までに発生する非点収差を含むすべての収差は両方の光路で同じ量であるので，互いに打ち消し合い，干渉縞の形成には全く影響しない。しかしながら，形成された同心円状の干渉縞は，斜めに置かれた平行平面板で発生する非点収差のため，上記のように一方向にぼけた像になる。これを補正するために，**図 1.2.3** のように拡大観察用のテレマイクロスコープとビームスプリッターの間に平行平面板ビームスプリッター基板の 2 倍の厚さの平行平面板を挿入し，それをビームススプリッターと平行にし（光軸に対し 45°傾け），さらに光軸の周りに 90°回転させた。

　その結果，非点収差をなくすことができ，ニュートンリングは丸くなった。しかし，補正はまだ完全ではなかった。硝材の分散の影響で，色（波長）によって光軸のずれ（平行移動）量に差が生じていた。すなわち，平行平面板を光軸に対して斜めに挿入すると，光軸が横にシフトする。そのシフト量は平行平面板の厚さと屈折率に依存する。その結果，波長によって屈折率が異なるためニュートンリングの中心がずれてしまったのである。こ

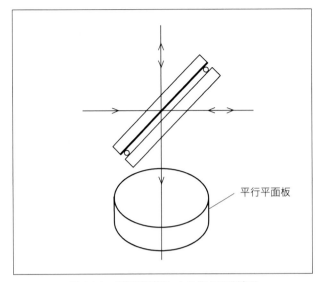

**図 1.2.3** 平行平面板による非点収差補正

れを補正するには**図 1.2.4** のように，平行平面板をさら
に 2 枚追加すればよいが，いかにも光学系が冗長である。

## 1.2.3 プリズムビームスプリッターの作製

　そこで，思い切って完全に光路差と分散の補償を行っ
たプリズムビームスプリッターを作製することを試みた。
このプリズムビームスプリッターに対する要件をもう一
度書くと，貼り合わせる 2 個の直角プリズムの屈折率と
分散を一致させ，頂角を等しく加工し，稜線を平行にし，
接着剤の厚さも顧慮して光路差が生じないように貼り合
わせることが必要である。つまり，**図 1.2.5** のようなプ
リズムビームスプリッターが理想的である。これを作る
ため，まず 1 個の細長い直角プリズムを作り，それを 2
個に切断し，一方に半透膜を蒸着し，同じ頂角が向き合
うように貼り合わせた。これにより，2 個のプリズムの
屈折率と分散は一致し，頂角も等しくでき，前半の条件
が満たされることになる。そして，後半の条件である，
稜線を平行にすることと接着剤の厚みによる変化を顧慮
して，光路差が生じないようにすることを達成するため
に，**図 1.2.6** のような工具をメカ屋さんに作ってもらい，
白色干渉縞を観察しながら光路差の調整を行った。

　光源に蛍光灯を用いたのは，白色干渉縞が見つけやす
くなることと紫外線硬化型接着剤の硬化を紫外線ランプ
代わりに促進できると考えたからである。調整をしやす
くする（干渉縞の明るさを上げる）ため，プリズムの 2

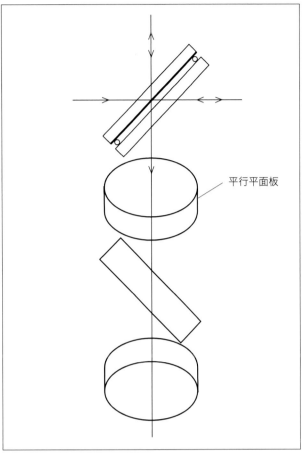

**図 1.2.4**　色収差補正

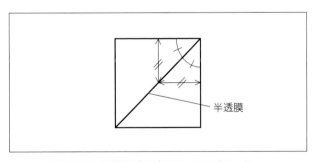

**図 1.2.5**　理想的プリズムビームスプリッター

面に仮銀を付けた（**図 1.2.6**）。仮銀とは基板を加熱せず
銀を真空蒸着したもので，密着力が弱くアルカリ等の液
に浸し，布で拭くと基板や基板についている多層膜を傷
つけることなく簡単に拭き取ることができる反射膜であ
る。

　調整法は，まず，プリズムの間に紫外線硬化型接着剤
を挟み，ギュッと押しつけ，余分な接着剤を押し出し，

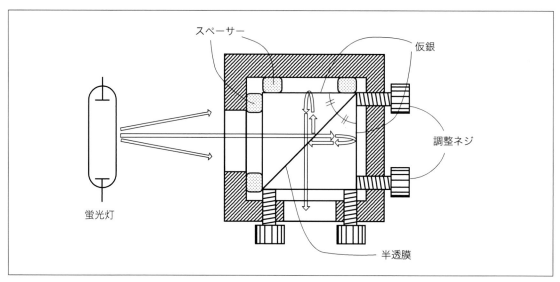

スペーサー　　仮銀

調整ネジ

蛍光灯

半透膜

**図 1.2.6**　プリズムビームスプリッター調整工具

はみ出た接着剤を拭き取る。目見当で，プリズムの稜線を合わせ，**図 1.2.6** の工具にセットする。蛍光灯は白色ではあるが，蛍光体の励起に用いられている水銀のスペクトル成分のひとつ（540 nm の緑色）が含まれているため，光路差が多少（数 μm）あっても，薄い緑（スペクトル線の干渉が強め合っているとき）とその補色である薄いマゼンタ（スペクトル線の干渉が弱め合っているとき）の干渉縞が観察できる。最初は調整されていないのでピッチの細かい斜め方向の上記の薄い干渉縞が見える。運が良ければ干渉縞の中にコントラストの高い縞が見える。見えない場合でも，工具のネジを押引きしてコントラストが高くなりそうな方向に縞を移動させると，割と簡単にコントラストの高い縞（縞の本数が多い場合は，

黒っぽい線のように見える）が見えてくる。そのコントラストの高い部分が視界からずれないように注意しながら，工具のネジを押引きして干渉縞のピッチが粗くなるように調整し，白色の干渉縞が全体に一様に広がる（ワンカラーになる）ように調整する。縞が崩れないように注意しながら，ネジを全体にややきつめに締め，接着剤をできるだけ外に出す。その後，ネジを緩めて応力を開放し，ジャストタッチでワンカラーの縞が動かないようにする。そして，一昼夜蛍光灯下で放置し，紫外線硬化型接着剤を硬化させる。その後，工具から外し，仮銀を拭き取る。このような過程を経て，光路差と分散を完全に補償したビームスプリッターが完成したのである。

# 第1章　白色干渉計を用いたレンズ厚測定

## 1.3　参照用平行平面板の高精度厚さ計測
### ——等傾角干渉縞と Excess fraction method

### 1.3.1　平行平面板の厚さ計測

　前節までで，分散補償された干渉計ができた。この干渉計の概略図を改めて**図 1.3.1** に示す。ビームスプリッターとして分散補償されたプリズムビームスプリッターを用いている。

　この干渉計で，被検レンズ（被測定レンズ）と参照用平行平面板の各表面からの反射光で白色干渉縞を発生させたのち，被検レンズまたは参照用平行平面板を移動させ，裏面からの反射光で白色干渉縞を発生させ，その時

の移動量と参照用平行平面板の厚さから，被検レンズの厚さを精度良く求めるものである。

　そこで，次に問題となるのが，比較計測する平行平面板である。この平行平面板は被検レンズと同じ屈折率と分散を持っていて，かつ厚さが 0.1 μm 程度の精度で求められている必要がある。屈折率と分散の同一性は，レンズを作るガラスと同じロットで作成された硝材を用いることによって保証できる。厚さは 1.1 節で述べたミクロテスターで，5 μm 程度の精度で測定できる。これ以上の精度で測るには，ブロックゲージ検定用の測定機（干

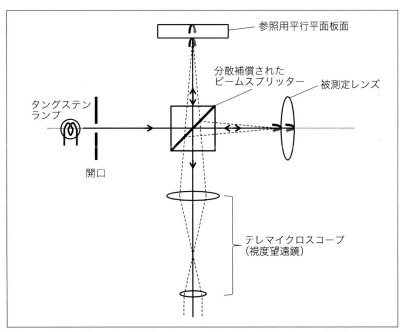

**図 1.3.1**　分散補償されたプリズムビームスプリッターを用いたレンズ厚測定用白色干渉計

9

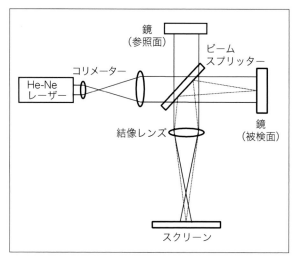

**図 1.3.2** トワイマングリーン干渉計

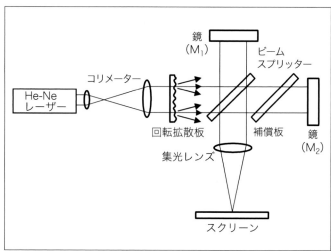

**図 1.3.3** マイケルソン干渉計

渉計）を用いれば測定できる。しかし，ブロックゲージ測定用の干渉計は，産業技術総合研究所のような特殊な施設にしか置いていない。そこで，平行平面板の厚さを測定できる干渉計を自作して，計測することにした。用いたのは等傾角干渉計であるが，等傾角干渉計についてはあまりなじみのない読者が多いと思われるので，本論に入る前に等傾角干渉計に関して説明する。

### 1.3.2 等傾角干渉計

**図 1.3.2** は，よく知られたトワイマングリーン干渉計であり，これはコヒーレンス（可干渉性）の高い光源（例えばレーザー）を用いた等厚干渉計である。すなわち，参照面と被検面の形状差に相当した干渉縞が得られ，連続した干渉縞（たとえば暗い縞）はビームスプリッターからの距離が等しい場所を示している。言い換えると，参照面とビームスプリッターに誤差がないとき，被検面の形状の等高線を表している（このような干渉計が等厚干渉計と呼ばれる所以である）。それに対して，等傾角干渉計は観察面（スクリーン）上の各点に等しい角度の光線を集める。参照面および被検面がともに高精度な平面であり（ビームスプリッターも高精度である必要がある），平行になっているときに，同心円状の縞が観測される。

**図 1.3.3** に，代表的な等傾角干渉計であるマイケルソン干渉計を示す。広義には，マイケルソン干渉計は，光源から出た光をビームスプリッターで分割し，分割さ

れた光束を平面鏡で折り返し，再度ビームスプリッターで重ね合わせ干渉させるものであり，**図 1.3.2** のトワイマングリーン干渉計もその中に含まれる。しかしながら，マイケルソン干渉計が考案された当時は，レーザーのような干渉性の高い光源がなく，コントラストの高い干渉縞を得るには工夫が必要であった。

その方法のひとつが**図 1.3.3** に示す等傾角干渉計の機能を備えた，マイケルソン干渉計である。

**図 1.3.2** と**図 1.3.3** を比較すると，一見同じような干渉計に見える。しかし，よく見ると，いくつかの点で異なっている。まず第一の違いは，光源のコヒーレンス（可干渉性）である。一般的に，トワイマングリーン干渉計は，コヒーレントな光源（通常はレーザー）を用いる（**図 1.3.2** では，He-Ne レーザーを用いている。）。それに対して，マイケルソン干渉計は，空間的にインコヒーレントな光源，すなわち互いに干渉しない独立な光源が集まった光源（たとえば水銀ランプ等のスペクトル光源，あるいは，**図 1.3.3** のようにレーザー光を回転拡散板に通したもの等）が用いられる。

第 2 の相違点は，干渉縞の形成法である。トワイマングリーン干渉計はコヒーレンスの高い（干渉しやすい）光源であるので，観察面（**図 1.3.2** のスクリーン）の位置にはあまり気を配る必要はない（厳密には，**図 1.3.2** の点線で示すように，被測定面を観察面に結像するのがよい。そうしないと，被測定面の空間分解能が悪くなり，また被測定面周辺の干渉縞が歪んでくる（13.3 節参

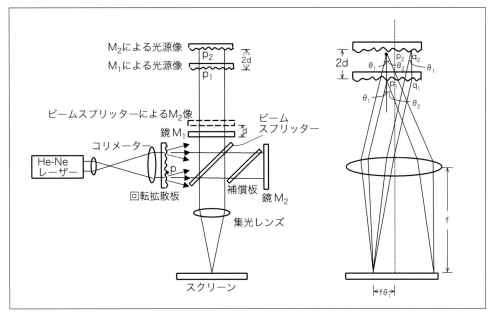

**図 1.3.4**　等傾角干渉縞の発生原理

照）。）。他方，マイケルソン干渉計では，光源の集合体のうち，異なる点から出た光線は干渉しない。したがって，干渉縞を生じさせるためには観察面で光源の同じ点から出た光線が交わる（集まる）ようにしてやらなければいけない。そのため，2枚の鏡は，ビームスプリッターを介してお互いに平行になるように調整し，観察面はレンズの焦点面に置く。それらの効果（結果）は後述する。その観察系の違いが第2の相違点で，上記2点が最も大きな相違点である。

　第3の相違点は，図からは読み取れないが，マイケルソン干渉計では，用いる2枚の鏡の面は，高精度な平面であり，かつビームスプリッターも高精度でなくてはならない。トワイマングリーン干渉計にはそのような制約はなく，制約（高精度なもの）からのずれ，すなわち誤差が干渉縞の変形として観察・計測される（マイケルソン干渉計では，光学部品の精度の悪さは，一般に干渉縞のコントラストの低下となって表れる。）。

　第4の相違点は，マイケルソン干渉計の透過光の光軸に補償板が入っていることである。これは，ビームスプリッターの基板に用いている平行平面板によって生じる収差を補償するものである。レーザーを光源とするトワイマングリーン干渉計では，平行光を使用するので収差は発生しない。それに対して，マイケルソン干渉計は，

拡散光を使用しているので斜めに置いた基板による収差（非点収差）が発生する。**図 1.3.3** では，$M_1$ で反射し観察面へ到達する光束は基板を3回通り，1回しか基板を通らない $M_2$ で反射する光束に比べて3倍の収差を発生する。したがって，$M_2$ で反射する光束でも，$M_1$ で反射する光束と全く同量の収差を発生させ補償する必要がある。そのため，ビームスプリッター基板と全く同じ屈折率で同じ厚さの平行平面板を，基板と同じ角度だけ傾けて補償板として設置する。

　次に，マイケルソン干渉計で，どのような干渉縞がどうしてできるのか考えてみよう。

　**図 1.3.4** において，スクリーン側からビームスプリッターを介して2つの鏡を見た場合，2つの鏡が平行になるように，$M_1$ または $M_2$ を調整する。実際の調整では，回転拡散板を外し，スクリーンの位置をレンズの焦点面からずらし（そうすると，トワイマングリーン干渉計となる），得られる干渉縞がワンカラーになるように調整する。その後，回転拡散板とスクリーンをもとの位置に戻す。すると，2つの鏡の反射によって平行な光源像（回転拡散板像）が2つできる。その間隔は，2つの鏡の位置の差（間隔）を $d$ とすると，光源像全面で $2d$ である。**図 1.3.4** 右には，このようにして作られた平行な2つの光源像と観察系を示してある。元の光源上の1点pを考えると，

それに対応する2つの像点 $p_1$ と $p_2$ がそれぞれの光源像の上にできる。この光源像 $p_1$ と $p_2$ から射出する光線は，もともと同じ光源 p から射出したものであるから，互いに干渉する（異なる点 q から出た光線，すなわち $q_1$ と $q_2$ から射出した光線は $p_1$ や $p_2$ から射出した光線とは干渉しない。）。この $p_1$ と $p_2$ から $\theta_1$ 方向へ出ていく光線は，光軸上に置かれた集光レンズの焦点面上で，光軸から $f\theta_1$（より正確には $f\tan\theta_1$）の地点で交わり干渉する。この交わる2光線の光路差は，図 **1.3.4** より（ビームスプリッターでの反射による位相のとびを考えなければ）$2d\cos\theta_1$ であることがわかる。この値が，波長の整数倍であれば強め合い，波長の整数倍と半波長異なる場合は打ち消し合う（平面板ビームスプリッターでは内面反射と外面反射では位相のとび方が逆位相になるので，上記条件は逆になる。）。これ（スクリーンに到達する光線が p から出た光線）だけであれば，この集光レンズの焦点面（スクリーン）に $\theta$ の値に応じた干渉縞が生じることになる。しかしながら，この焦点面には p 以外の光源からも光が来るから，これだけでは干渉縞が生じるとは言えない。

では，光源上の別の点 q から出て，上記の点（光軸から $f\theta$ の地点）に到達する光線に関して調べてみよう。この地点には，図 **1.3.4** の $q_1$，$q_2$ から角度 $\theta_1$ で出ていく光が到達し干渉する。その時の光路差は，やはり $2d\cos\theta_1$ であり，p から出た光線と同じである。これは，2つの鏡が完全に平行に調整されることによって，2つの光源像が完全に平行になり，光源像の間隔が全面で $2d$ になることによって達成されている。その結果，光源上のどの点から出た光も，角度 $\theta_1$ の光線は焦点面上光軸を中心とする半径 $f\theta_1$ の円上に，同じ干渉条件で集まる。また，同じ p あるいは q から異なる角度，たとえば，$\theta_2$ で出ていく光は，焦点面上にある半径 $f\theta_2$ の円上に別の干渉条件で集まる。その結果，スクリーン上に同心円状の干渉縞ができる。干渉縞の明るくなる条件は，ビームスプリッターでの位相のとびを無視すると，

$2d\cos\theta = M\lambda$ （$M$ は整数を示す）

である。光軸，すなわち $\theta=0$ のときの光路差は $2d$ であり，$2d=m_0\lambda$（$m_0$ は整数とは限らない）$=(M_0+\varepsilon)\lambda$（$M_0$ は整数，$\varepsilon$ は1以下の正の端数）と置くと，最も中心に近い明るい縞は，

$2d\cos\theta_1 = M_0\lambda$

を満たす $\theta_1$ の方向に生じ，次の縞は，

$2d\cos\theta_2 = (M_0-1)\lambda$

3番目の縞は，

$2d\cos\theta_3 = (M_0-2)\lambda$

・・・・・・

n 番目の縞は，

$2d\cos\theta_n = (M_0-n+1)\lambda$

を満たす角度の方向に生じる。

焦点面（スクリーン上）では，それぞれ $r=f\theta_i$（$i=1$, 2, 3 … n）を半径とする同心円状の縞となる。

この縞は，一見（特に中心部では）ニュートンリングと似ているが，縞の外側ほど光路差が小さくなるという，ちょっと直感とは逆の性質を持ち，外側に行くほどニュートンリングと比較して，縞が粗くなるという大きな違いがある。

以上，等傾角干渉計の代表として，マイケルソン干渉計を説明したが，この配置そのままで（インコヒーレントな光源で）等厚干渉計になることを説明しよう。これは，本講座の流れから外れるので，飛ばして読んでいただいてもかまわない。

マイケルソン干渉計において，平面鏡の位置を前後に調整して，光路差 $2d$ を小さくしていくと，同心円状の縞の間隔が粗くなり，光路差ゼロではワンカラー（明るさが全視野にわたって一様になる状態）になる。この状態で，集光レンズの位置（またはスクリーンの位置）を前後に調節して，観察面（スクリーン）上に平面鏡を結像する。平面鏡等の光学部品が高精度にできていれば，縞の状態はワンカラーで変わらないが，平面鏡等に凹凸等の形状誤差があれば，それが干渉縞に明るさの変化として反映される。観察面には，平面鏡が結像しているので，得られる干渉縞は等傾角干渉縞ではなく，等厚干渉縞となる。この状態で一方の平面鏡を傾けると，縦縞が発生する。これは，トワイマングリーン干渉計等と同様である。形状誤差は縦縞の変形として計測される。

有名なマイケルソン・モーリーの実験では，このマイケルソン干渉計を用い，最初に単色のナトリウムランプを光源として等傾角干渉縞を作成し，光路差をゼロに近づけてから，光源を白色光に変え，更に，白色干渉縞を利用して光路差をゼロにしたのち，縦縞を発生させ，干渉計全体を回転させ，回転位置（光軸方向の変化）によ

る縦縞の位置のずれから，エーテル（当時光の波動を伝えるため宇宙に満ちていると考えられていた媒質）の存在を確認しようとした。

### 1.3.3 等傾角干渉縞による平行平面板の高精度厚さ計測

さて，本論に戻って，平行平面板の厚さを計測する話をしよう。**図1.3.5**に，用いた干渉計を示す。これも，等傾角干渉計である。マイケルソン干渉計と比べると，2枚の平面鏡による反射の代わりに，厚さを測りたい平行平面板の表面からの反射と裏面からの反射を用いている。その結果，（マイケルソン干渉計で行った）鏡の調整は不要で，自動的に光源像の平行性が保証される。当然のことながら，補償板は不要である。また，ビームスプリッターの精度も不要である。集光レンズの焦点面にあるスクリーン上には，マイケルソン干渉計と同様な，同心円状の等傾角干渉縞が形成される。

光源は，各種のスペクトル波長を発する放電管，すなわち水銀（546.07，435.84，404.66 nm），水素（656.27，486.13 nm），He（587.56 nm）等の放電管を交換して用いた。いろいろな波長を用いた理由は後で述べることにする。

表面反射光と裏面反射光の干渉であるので（反射によって位相が$\pi$ずれるので），硝材の屈折率も考慮して，$2nd \cos\theta = M\lambda$（$M$は整数）を満たす角度の光束は，打ち消し合って暗くなる。

光軸の中心では，$2nd = (M_0 + \varepsilon)\lambda$ となり，干渉縞からこの整数$M_0$と端数（$0 \leq \varepsilon < 1$）を確定できれば，平行平面板の厚さが$d = (M_0 + \varepsilon)\lambda/2n$ より精度よく求められる。

端数$\varepsilon$は，中心の縞を見ただけではいくつかわからないが，以下に述べる方法により求められる。まず中心では，

$2nd = (M_0 + \varepsilon)\lambda$ より

$\varepsilon = 2nd/\lambda - M_0$

最初の縞は，

$2nd \cos\theta_1 = M_0\lambda$ であり，$\theta_1$ が小さいとすると，

$2nd (1 - \theta_1^2/2) = M_0\lambda$　よって

$M_0 = 2nd/\lambda - nd\theta_1^2/\lambda$ となり，

$\varepsilon = nd\theta_1^2/\lambda$ となる。

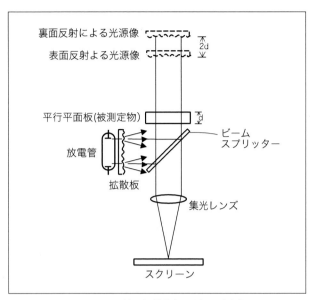

**図1.3.5**　平行平面板厚さ測定用干渉計

次の縞は，

$2nd \cos\theta_2 = (M_0 - 1)\lambda$ であり，同じく $\theta_2$ が小さいとすると，同様の計算により，

$2(1 - \theta_2^2/2) = M_0\lambda - \lambda$　よって，

$M_0 = 2nd/\lambda - nd\theta_2^2/\lambda + 1$ となり，

$\varepsilon = \theta_2^2/\lambda - 1$，すなわち，

$\varepsilon + 1 = nd\theta_2^2$ となる。

その結果，

$\varepsilon/(\varepsilon + 1) = \theta_1^2/\theta_2^2$

$\varepsilon = \theta_1^2/(\theta_2^2 - \theta_1^2)$

が得られる。スクリーン上に観察される暗い縞の半径を，内側から $r_1$，$r_2$ とすると，$r_1 = f\theta_1$，$r_2 = f\theta_2$ であるので，

$\varepsilon = \theta_1^2/(\theta_2^2 - \theta_1^2) = r_1^2/(r_2^2 - r_1^2)$

となり，観察される同心円状の縞の隣接する暗い円状の縞の半径，または，直径を測ることにより，$\varepsilon$ が求められる。$\varepsilon$ の計測精度は，暗い縞の中心位置を特定する精度に依存し，$\pm 0.1$ 程度である。

### 1.3.4 excess fraction method（合致法）による整数 $M_0$ の決定

一方，整数 $M_0$ は，干渉縞から直接には求められない。平行平面板の厚さを従来の測定法（1.1節に述べたミクロテスターによる方法）で測ると，当時は5ミクロン

（±2.5μ）程度の精度で求められる。そこから $M_0$ の値を求めると，±15 くらいの誤差が生じる。ただし，整数値であるので，±15 の範囲の 30 個の整数のうちのどれかである。この値を一意に決めることは，単一の波長を用いた干渉計ではできない。そこで，複数の波長で干渉計測を行い，各々の波長で ε を求め，想定される 30 個程度の $M_0$ の値に対し，計算される平行平面板の値を求めて表にする。すると，各波長に対して，おおよそ 0.2μm（$\lambda/2n$）おきに，30 程度平行平面板の厚さの候補が求まる。この値は各波長で異なっているが，正しい値であれば，波長によらず一致しているはずである。ε の値は ±0.1 程度の誤差があり結果的に計算した平行

**表 1.3.1** 平行平面板の厚さの測定例

被測定平行平面板
　厚さ（設計値）0.92.mm　　硝材　SF6
従来法による厚さの測定値　0.913mm±0.0025mm（0.9105－0.9155mm）
等傾角干渉計による端数計測値

| 計測波長（λ） | 656.27nm | 587.56nm | 546.07nm | 435.84nm |
|---|---|---|---|---|
| 端数（ε） | 0.6 | 0.8 | 0.6 | 0.2 |
| 屈折率（n） | 1.796109 | 1.805180 | 1.812633 | 1.847229 |

注：硝材の屈折率は別途測定しておく
注：端数 ε の測定誤差（±0.1）による厚さ誤差は ±0.1$\lambda/2n$＝0.018μm～0.012μm である

厚さ候補一覧（単位μm）

| λ=656.27nm | | λ=587.56nm | | λ=546.07nm | | λ=435.84nm | |
|---|---|---|---|---|---|---|---|
| $M_0$ の候補 | $(M_0+\varepsilon)\lambda/2n$ | $M_0$ の候補 | $(M_0+\varepsilon)\lambda/2n$ | $M_0$ の候補 | $(M_0+\varepsilon)\lambda/2n$ | $M_0$ の候補 | $(M_0+\varepsilon)\lambda/2n$ |
| 4983 | 910.46 | 5593 | 910.35 | 6044 | 910.49 | 7717 | 910.41 |
| 4984 | 910.65 | 5594 | 910.51 | 6045 | 910.64 | 7718 | 910.53 |
| 4985 | 910.83 | 5595 | 910.68 | 6046 | 910.79 | 7719 | 910.64 |
| 4986 | 911.01 | 5596 | 910.84 | 6047 | 910.94 | 7720 | 910.76 |
| 4987 | 911.20 | 5597 | 911.00 | 6048 | 911.09 | 7721 | 910.88 |
| 4988 | 911.38 | 5598 | 911.16 | 6049 | 911.24 | 7722 | 911.00 |
| 4989 | 911.56 | 5599 | 911.33 | 6050 | 911.40 | 7723 | 911.12 |
| 4990 | 911.74 | 5600 | 911.49 | 6051 | 911.55 | 7724 | 911.23 |
| 4991 | 911.93 | 5601 | 911.65 | 6052 | 911.70 | 7725 | 911.35 |
| 4992 | 912.11 | 5602 | 911.82 | 6053 | 911.85 | 7726 | 911.47 |
| **4993** | **912.29** | 5603 | 911.98 | 6054 | 912.00 | 7727 | 911.59 |
| 4994 | 912.47 | 5604 | 912.14 | 6055 | 912.15 | 7728 | 911.71 |
| 4995 | 912.66 | **5605** | **912.30** | 6056 | **912.30** | 7729 | 911.82 |
| 4996 | 912.84 | 5606 | 912.47 | 6057 | 912.45 | 7730 | 911.94 |
| 4997 | 913.02 | 5607 | 912.63 | 6058 | 912.60 | 7731 | 912.06 |
| 4998 | 913.20 | 5608 | 912.79 | 6059 | 912.75 | 7732 | 912.18 |
| 4999 | 913.39 | 5609 | 912.95 | 6060 | 912.90 | **7733** | **912.30** |
| 5000 | 913.57 | 5610 | 913.12 | 6061 | 913.05 | 7734 | 912.41 |
| 5001 | 913.75 | 5611 | 913.28 | 6062 | 913.20 | 7735 | 912.53 |
| 5002 | 913.94 | 5612 | 913.44 | 6063 | 913.35 | 7736 | 912.65 |
| 5003 | 914.12 | 5613 | 913.61 | 6064 | 913.50 | 7737 | 912.77 |
| 5004 | 914.30 | 5614 | 913.77 | 6065 | 913.65 | 7738 | 912.89 |
| 5005 | 914.48 | 5615 | 913.93 | 6066 | 913.81 | 7739 | 913.00 |
| 5006 | 914.67 | 5616 | 914.09 | 6067 | 913.96 | 7740 | 913.12 |
| 5007 | 914.85 | 5617 | 914.26 | 6068 | 914.11 | 7741 | 913.24 |
| 5008 | 915.03 | 5618 | 914.42 | 6069 | 914.26 | 7742 | 913.36 |
| 5009 | 915.21 | 5619 | 914.58 | 6070 | 914.41 | 7743 | 913.48 |
| 5010 | 915.40 | 5620 | 914.74 | 6071 | 914.56 | 7744 | 913.59 |
| 5011 | 915.58 | 5621 | 914.91 | 6072 | 914.71 | 7745 | 913.71 |
| | | 5622 | 915.07 | 6073 | 914.86 | 7746 | 913.83 |
| | | 5623 | 915.23 | 6074 | 915.01 | 7747 | 913.95 |
| | | 5624 | 915.40 | 6075 | 915.16 | 7748 | 914.07 |
| | | 5625 | 915.56 | 6076 | 915.31 | 7749 | 914.18 |
| | | | | 6077 | 915.46 | 7750 | 914.30 |
| | | | | 6078 | 915.61 | 7751 | 914.42 |
| | | | | | | 7752 | 914.54 |
| | | | | | | 7753 | 914.66 |
| | | | | | | 7754 | 914.77 |
| | | | | | | 7755 | 914.89 |
| | | | | | | 7756 | 915.01 |
| | | | | | | 7757 | 915.13 |
| | | | | | | 7758 | 915.24 |
| | | | | | | 7759 | 915.36 |
| | | | | | | 7760 | 915.48 |
| | | | | | | 7761 | 915.60 |

平面板の厚さに ±0.02 μm 程度の誤差が生じる。上記の表の中で，±0.02 μm の誤差範囲で一致している厚さを見つける。これが正しい厚さの候補である。このような方法で 2 波長で値を探すと，30 個のうち 5～7 個くらいが一致する。これを 3 波長に増やすと，一致する候補は 1 ないしは 2 個となる。4 波長に増やせば唯一の値が求まる。これが正しい（誤差 ±0.02 μm の）厚さである。**表 1.3.1** に測定例を示す。表中の太字の厚さのみ 4 波長で，共通している。

このように，端数を精度良く求め，複数の波長，または周波数を用いて整数部を確定する方法を excess fraction method（合致法）と呼ぶ。

以上，等傾角干渉計により，参照平行平面板の厚さが求まり，白色干渉計による厚さの差の計測から，被検レンズの厚さを求められることになった。しかし，この厚さの差を求める計算式に問題があることが分かった。この問題と正しい計算式に関しては，次節でお話ししよう。

# 第1章　白色干渉計を用いたレンズ厚測定

# 1.4　白色干渉計に対する分散の影響
## ——群速度と群屈折率について

### 1.4.1　白色干渉縞の観察

　前節までで，白色干渉計でレンズの厚さを計測する準備が整った。本最終節では実際の計測の話をしよう。

　**図1.4.1**は，図1.1.2もしくは図1.3.1白色干渉計の参照用平行平面板と被測定レンズを模式的に横並びに図示したものである。実際には，ビームスプリッターを介して重なって見えているが，説明をしやすくするために並べて図示している。

　**図1.4.1**(a)は，ビームスプリッターから参照用平行平面板の表面までの光路長と，ビームスプリッターから被測定レンズの表面までの光路長が等しい状態を表している。このとき，双方の表面からの反射光は光路差がゼロであるので，表面に同心円状の白色干渉縞が観察される。次に，参照用平行平面板（または被測定レンズ）を

光軸方向に移動して，ビームスプリッターから参照用平行平面板の裏面までの光路長と，ビームスプリッターから被測定レンズの裏面までの光路長を等しくする。すると，双方の裏面からの反射光の光路差がゼロとなり，裏面に白色干渉縞が観察される。その状態を，**図1.4.1**(b)に示す。

　硝材の屈折率を$n$，参照用平行平面板の厚さを$D$とし，移動距離を$d$とすると，レンズの厚さ$D_L$は，

$$D_L = D + \frac{d}{n}$$

で与えられる。では，この屈折率$n$は，どの波長の屈折率を用いるべきであろうか？　直感的には，白色光の中心波長（540 nm）に対する屈折率を用いればよいような気がするが，それでよいのであろうか？　また，平行平面板とレンズの厚さに差があるということは，分散の影響により（波長により硝材の屈折率が異なるので）完全に光路差をゼロにすることができず，そもそも白色干渉縞自体が観測できなくなるのではないか？

　後半の答えは，実験的に以下のとおりであった。硝材にもよるが，厚さの差が10 µm程度以下であれば，白色干渉縞の中心部が着色しコントラストが低下するが，干渉縞が観察でき，光路差がゼロと思われる，もっともコントラストの高い縞を特定できる。しかしながら，それより厚さの差が大きくなると，コントラストは更に低下し，厚さの差が数10 µmとなると干渉縞は観察できなくなる。ただし，その場合でも，色フィルター等で計測波長域を制限すれば干渉縞が観測でき，縞1，2本程度の誤差範囲でコントラストのもっとも高い縞を特定で

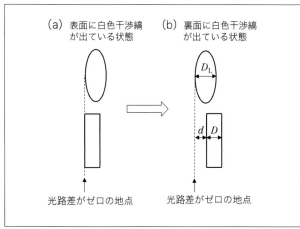

（a）表面に白色干渉縞が出ている状態　　（b）裏面に白色干渉縞が出ている状態

光路差がゼロの地点　　　光路差がゼロの地点

**図1.4.1**　参照用平行平面板と被測定レンズの位置関係

きる。実験では，観察光路に緑色の比較的広帯域の干渉フィルターを挿入したところ，緑色の背景に数十本の同心円状の干渉縞が見えた。その中でも，数本のコントラストの高い部分があり，その中心の縞が光軸上に来たときを光路差ゼロの地点とした。

### 1.4.2　正しい計算式の導出

では，最初の問題にもどり，計算式に用いるべき屈折率に関して考察しよう。

白色光のように複数の波長の光が重ね合わされるとどうなるかを見てみよう。まず，簡単のために2波長の場合を見てみる。**図1.4.2**は，波長$\lambda_1$と波長$\lambda_2$の合成された光を示している。図の中心線のところで2つの光の位相とピークが一致している。その結果，合成された波は中心線の付近で振幅が大きくなり，そこから離れるにつれ小さくなり，さらに離れると再び大きくなる。これを繰り返す。これは，よく知られた「うなり」の現象である。このうなりの波長$\Lambda$は，$\Lambda=\lambda_1\lambda_2/(\lambda_1-\lambda_2)$である。

では，3波長の場合にはどうなるであろうか？　それを，**図1.4.3**に示す。**図1.4.3**は，**図1.4.2**の場合に，さらに中間の波長，$\lambda_3[=(\lambda_1+\lambda_2)/2]$の光を加えた場合である。

3波長にすると，2波長の場合に見られた隣接するうなりのピークが小さく抑えられている。実際には，隣接するうなりのピークは小さくなるものの，一つ置きのうなりのピークは大きくなっている。

さらに，波長を増やしていけば，一つ置きあるいはそれ以上のうなりのピークも小さくなり，中心のピークのみとなる。白色光は，この究極の状態と考えられ，$\lambda^2/\Delta\lambda$の幅を持つ一つの波のかたまり，すなわち，波連（波束ともいう）とみなせる。ここで，$\Delta\lambda$は白色光のスペクトル幅である。白色光の干渉は，この短い波連の長さ（コヒーレンス長）の間だけ起きる。すなわち，重ね合わされる2光束の光路差が波連の長さより短いとき干渉現象が観察される。

実際の白色光では，各波長の位相はバラバラであり，**図1.4.4**のようにピーク位置が揃っているわけではない。白色光は，長さが1μm程度で，ピークの高さや波形，さらに，位相や方向の違う無数の波連が集まったものと考えられる。

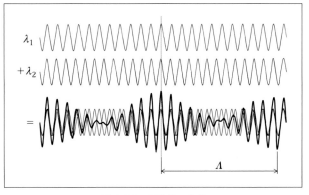

**図1.4.2**　2波長の合成

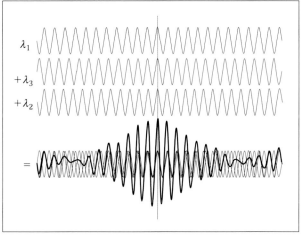

**図1.4.3**　3波長の合成

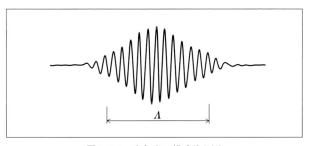

**図1.4.4**　白色光の模式的な図

次に，この波連の伝わり方を見てみよう。簡単のため単一の波連のかわりに，2波長の光が合成された，うなりのピークの伝わり方を考える。2波長を，$\lambda_1,\lambda_2$とする。**図1.4.5**(a)に初期の波，**図1.4.5**(b)に真空のように分散のない媒質中を時間$t$進んだ波，**図1.4.5**(c)に分散のある媒質中を時間$t$進んだ波を示す。cは光の速度である。

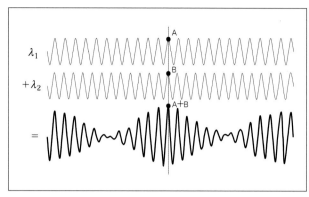

**図 1.4.5**(a)　初期の波

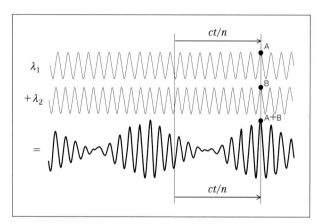

**図 1.4.5**(b)　真空のように分散のない媒質中を時間 $t$ 進んだ波

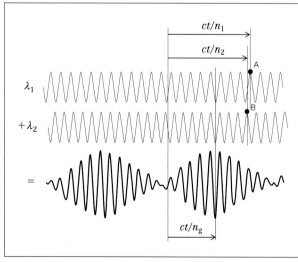

**図 1.4.5**(c)　分散のある媒質中を時間 $t$ 進んだ波

**図 1.4.5**(b) の，真空のように分散のない媒質（波長によらず屈折率が一定である媒質）を伝わる波は，波長によらず速度が一定である。その結果，$t$ 時間後には，波長 $\lambda_1$ と $\lambda_2$ のどちらの波も $ct/n$ 進むので，初期に位相のあっていた A 点と B 点も同じ距離だけ進み，結果として，合成されたうなりのピークも同じ距離進む。ところが**図 1.4.5**(c) のように，分散のある媒質中を進む場合は，分散（波長による屈折率の相違）により，$t$ 時間後の波の位置は，それぞれ原点から $ct/n_1$ と $ct/n_2$ となり一致しない。ここで，$n_1$ と $n_2$ はそれぞれ $\lambda_1$ と $\lambda_2$ に対する屈折率であり，$\lambda_1 > \lambda_2$ である時，$n_1 < n_2$ である。図からわかるように，分散のない媒質のように A 点と B 点は一致しておらず，位相がずれている。したがって，この位置ではうなりの振幅は小さくなる。両波の位相が一致するのは，それより手前の地点である。すなわち，うなりのピークは，2 つの光波の速度よりも遅い速度で移動する。これは，2 波長だけでなく，多波長あるいは白色光の波連のピーク位置でも同様のことが起きる。この，波連（うなり）としての（遅い）速度を，群速度 (group velocity) と呼び，単一の波長の光の速度を，位相速度と呼び区別する。また，それらの速度に対応する屈折率（真空中の光速度と各速度の比）をそれぞれ，群屈折率 $n_g$ と位相屈折率 $n$ と呼ぶ。我々が通常，屈折率と呼んでいるのは，位相屈折率のことである。

単一波長ではない，すなわち，白色光を含む一定の波長幅を持った光では，干渉を起こすためには波連同士を干渉させなければならない。そのためには，光路差を波連の長さ以下に合わせなければならない。その時の光路差（光路長）の計算には，位相屈折率 $n$ ではなく，群屈折率 $n_g$ を用いなければならない。ただし，その時できる干渉縞が強め合うか弱め合うかは，位相屈折率で計算した光路差に依存する。

本実験（白色干渉計）で，もっともコントラストの高い白色光（あるいは制限された波長範囲の光）の干渉縞を発生させるのは，この波連のピークが一致した時である。よって，最初に掲げた式は，正しくは，

$$D_L = D + \frac{d}{n_g}$$

で与えられる。

## 1.4.3　群屈折率の導出

では，$n_g$を求めてみよう。

**図 1.4.5**(c) の，A 点 と B 点 の 位 置 の 差 δ は，δ=ct/$n_1$−ct/$n_2$である。(**図1.4.5**(a)で，隣りの波連の中心でも，2 つの波長の光がちょうど強め合っていることからわかるように) もとの 2 つの光が相対的に 1 波長 ($λ/n$) ずれると，うなりも 1 波長 ($Λ$) ずれるので，うなりのピークは，$Λδ/(λ/n)$ ずれる（遅れる）。ここで，$Λ$ は屈折率を考慮すると，$Λ/(λ_2/n_2) − Λ/(λ_1/n_1) = 1$ なので，

$$Λ=(λ_1/n_1)(λ_2/n_2)/[(λ_1/n_1)−(λ_2/n_2)]$$
$$=λ_1λ_2/(n_2λ_1−n_1λ_2)$$
$$≒λ_1λ_2/n(λ_1−λ_2)$$
$$≒λ^2/nΔλ$$

である（$λ_1 ≒ λ_2 ≒ λ$, $Δλ=λ_1−λ_2$, $n_1 ≒ n_2 ≒ n$, $Δn =n_1−n_2$ とした）。

したがって，うなりのピークが進んだ距離，すなわち，$ct/n_g$ は，$ct/n−(λ^2/nΔλ)δn/λ$ である。

$$ct/n_g=ct/n−λδ/Δλ$$
$$=ct/n−λ(ct/n_1−ct/n_2)/Δλ$$
$$=ct/n+λct(n_1−n_2)/n_1n_2Δλ$$
$$=ct/n+λctΔn/n^2Δλ$$
$$=ct/n(1+λΔn/nΔλ)$$
$$=ct/n[1+(λ/n)(dn/dλ)]$$

よって *

$$1/n_g=[1+(λ/n)(dn/dλ)]/n$$
$$n_g=n/[1+(λ/n)(dn/dλ)]$$
$$=n[1−(λ/n)(dn/dλ)]$$
$$=n−λdn/dλ$$

これが，群屈折率である。一般に，$dn/dλ$ は負の値をとるので，群屈折率は位相屈折率（通常の屈折率）よりも大きな値となり，群速度は位相速度よりも遅くなる。

実際，群屈折率は，位相屈折率に対し数%，分散の大きいガラスでは 10 %以上も大きくなる。したがって，測定において，厚さの差が20 〜 30 μm ある場合，群屈折率の代わりに位相屈折率を用いて計算してしまうと，1 〜 3 μm 程度の誤差を生じ，目標とする精度から外れてしまう。

以上で，すべての問題が解決した。

実際の測定例は，参考文献 1) の Table II に記されているが，11 枚のレンズの厚さを測った結果，従来のマイクロテスターを用いた方法と比較すると，ほとんどがμm オーダーで一致しており，もっとも差の大きい物でも 3 μm の差であった。多くの関係者は，白色干渉計の測定値が現場の測定値と一致していることを褒めてくれたが，私は自分の測定値こそが真値に近いと思っていたので，5 ミクロンの分解能しかない測定器（マイクロテスター）を用いて，μm オーダーの精度でレンズ厚測定を行っていた現場の作業者の高い能力に驚かされたし，非常に感心したものである。

余談であるが，当時（40 年前），私は，群速度とか群屈折率などは，学会でも，まして業界ではほとんど取り上げられることも問題にされることもない特殊なものだと思っていた。しかし，現在では，非常に重要な概念となっている。それは，干渉計の分野ではなく，（もちろん干渉計の分野でもコヒーレンスの良いレーザーが得られない波長域での計測では重要になることがあるが，）通信の分野である。光通信では，光源として単色性の高いレーザーを用いているが，そのレーザーを変調して信号を送る。変調するということは，光はもはや単色光ではなくなる。その結果，レーザーが通る光ファイバーの分散の影響を受ける。すなわち，光ファイバーを通る変調された光の速度，すなわち，信号伝達速度は，通常の光の速度（c/n）ではなく群速度（c/$n_g$）なのである。

**参考文献**

1) T. Tsuruta and Y. Ichihara, "Accurate measurement of lens thickness by using white-light fringes", Proc. ICO Conf. Opt. Methods in Sci. and Ind. Meas., Tokyo, 1974.; Japan. J. Appl. Phys., Suppl., Vol. 14-1, pp. 369–372 (1975)

---

* 理工系では極常識であるが，$x ≪ 1$ のとき $1/(1+x) ≒ 1−x$ であることを用いた。

# 第2章　測長用干渉計
## 2.1　レーザーマイクロテスターの開発

前章では，白色干渉計を用いたレンズ厚測定法を述べたが，この測定法は当時としては画期的な精度を持った方法ではあったが，いかにも複雑で手間のかかる方法であった。そこで，干渉計による測長法を利用し，ダイレクトに 0.1 μm の精度で厚さを測定する装置の開発を試みた。幸い，当時，私の所属していた研究室（日本光学工業株式会社（現：ニコン）第 2 光学研究室）の隣りの研究室（同加工研究室）の工藤芳彦研究員が触針の触針圧を低減する機構の研究をしていたので，干渉測長式厚さ測定器（レーザーマイクロテスター）の機構系の開発を彼に依頼し，私は光学系と電気系の開発を行った。レーザーマイクロテスターという名称は，当時厚さ測定に使われていたマイクロテスター（1.1.1 項参照）のレーザー干渉計バージョンということで私が勝手に命名したもので，一般的名称ではない。電気のアナログ系に関しては，当時（1974 年頃），Operational Amplifier（演算増幅器：通称オペアンプ）の勉強会を研究室内で行っており，その知識を活用した。デジタル系に関しては，汎用ロジック IC やカウンター等を利用し，ハードで演算回路を組んだ。デジタル回路の設計は電子回路の知識がなくても論理で組み立てていけるので非常に面白いものであったが，ここでは話がずれるので詳細は省略する。自作に当たっては，同じ研究所の電子研究室の方々に作業場所と工具を提供していただき，いろいろとご指導を頂いた。当時の研究所はこぢんまりとしたもので横の風通しもよく，いろいろな専門分野の研究者との交流もあり，実際にもの作りもでき，得るものが非常に大きかったと思う。最近の研究者は，パソコンのシミュレーションで物を

作った気になって，実際のモノづくりを怠っているのではないかと危惧している。また，研究組織自体も大きくなり，分業化が進み，他分野の専門家との交流の機会が失われ，新たな発想ができにくい環境にあるような気がする[1]。

### 2.1.1　測長用干渉計の概要

話が脱線してしまったが，本題の干渉計について解説しよう。

**図 2.1.1** は，コーナーキューブを利用した測長用干渉計の一例である。固定鏡（参照鏡）および移動鏡に用いられているコーナーキューブとは，3 面の反射面が互いに直交する 4 面体のプリズムであり，3 面の反射面のどれかの面に入射した光線は順次他の 2 面で反射し，元の入射光線と平行に逆方向に戻る。コーナーキューブは，立方体または直方体の角（コーナー）を切り取った形をしている。この様子を，**図 2.1.2** に示す。2 次元の原理図を，**図 2.1.3** に示す。**図 2.1.3** において，物点 A から出た光線は直交する $R_2$ 面と $R_1$ 面で順次反射すると，入

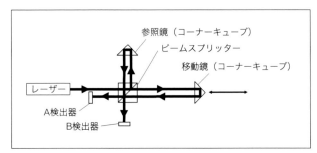

**図 2.1.1**　測長用干渉計

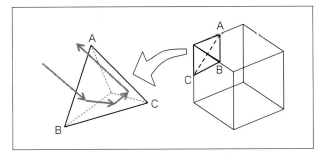

**図2.1.2** コーナーキューブ

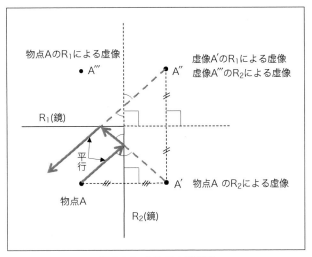

**図2.1.3** 2次元の原理図

射光線と逆向きで平行に戻ることが分かる。その結果，コーナーキューブが傾いても常に反射光は入射光に対して平行に戻る（ただし，光線は横にシフトすることがあるが，干渉計では大きな問題になることはない。）。コーナーキューブは，通常，ガラスのプリズムで作成されるが，3枚のミラーで構成されたものもある。ミラーで構成されたものは，コーナーミラーと呼ばれる。

**図2.1.1** において，レーザー（通常は，He-Neレーザーを用いる）から出たビームは，図には示していないが，ビームエクスパンダーで直径を3~5mmφ程度の光束に広げられる（レーザーマイクロテスターでは光学系がコンパクトであり，ビームがずれる恐れがなかったので，He-Neレーザーのビーム（ビーム径は0.8mmφ程度）をそのまま使用した。）。広げられた光束は，ビームスプリッターによって参照用光束と計測用光束に分離される。参照用光束は，固定された参照鏡（コーナーキューブ）により反射されビームスプリッターに戻る。他方，計測用光束は距離を測るため移動する鏡（同じくコーナーキューブ）により反射され，ビームスプリッターに戻る。ビームスプリッターを透過または反射した両方の光束は重ね合わさって干渉信号を生じる。測長用干渉計として動作するためには，2光束による干渉縞はワンカラーになる（すなわち，重ね合わさった2光束はほぼ完全に平行で，できた干渉縞は縞状ではなく一様な強度になる）必要がある。参照用光束と計測用光束の双方の反射にコーナーキューブを用いることにより，双方からの反射光は入射光（レーザーからの射出光）と平行に戻る。その結果，干渉計で通常行われている干渉縞をワンカラーにするために必要な角度の秒オーダーでの微小な調整をしなくても，2光束の平行性が確保される。調整と

して必要なのは，2光束の位置合わせだけであり，2光束が重なるようにどちらか一方のコーナーキューブを光軸と垂直方向に移動すればよい。このときの位置精度は，ミクロンオーダーではなく0.1mmオーダーで十分であり，目視で調整可能である。また，移動鏡用のコーナーキューブが移動中に（ステージの精度によって）傾いたりしても，反射光の角度は変わらないので，干渉縞はワンカラーの状態を維持でき，計測が可能となる。

移動用のコーナーキューブが光軸方向に移動すると，干渉信号はコーナーキューブの移動量に応じて強め合ったり弱めあったりを繰り返す。コーナーキューブが1/2波長移動すると，コーナーキューブで折り返されたビームは1波長ずれるので，干渉縞は1周期変化する。この干渉縞の変化をカウントすれば，1/2波長（≒0.3μm）単位で移動距離が計測できる。後述するように，容易に分割数を増やすことができるので，nmオーダーの計測も可能である。

なお，干渉はA検出器に入る光束とB検出器に入る光束の両方で起きる。ビームスプリッターに吸収（ロス）がない場合には，エネルギー保存則により，A検出器で強め合う干渉が起きている場合にはB検出器では弱め合う干渉が起きている。言い換えると，A検出器からの出力とB検出器からの出力は逆相である（位相が180°ずれている）。

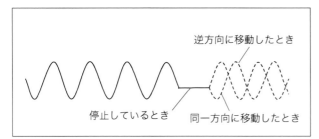

**図2.1.4** 一度停止して移動を再開したときの干渉計信号

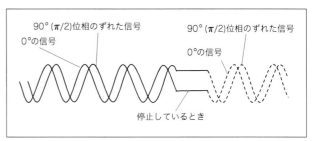

**図2.1.6** 移動鏡が停止後，同一方向に再度移動した場合

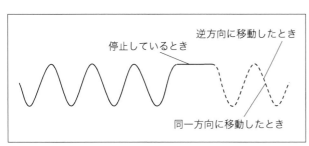

**図2.1.5** ピーク時に停止して移動を再開したときの干渉計信号

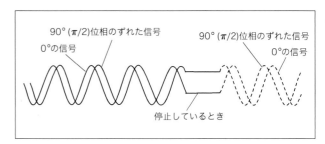

**図2.1.7** 移動鏡が停止後，逆方向に移動した場合

### 2.1.2 移動鏡の方向弁別

ここで問題になるのが，移動鏡の移動方向である。移動鏡が前後どちら方向に移動しても，干渉信号は1/2波長ごとに1周期の変化を繰り返す。移動鏡が一方向に動いている場合は問題ないが，移動方向が前後に変化した場合は問題が生じる。一例を，**図2.1.4**と**図2.1.5**に示す。図は，移動鏡が一定速度で移動（例えば前進）し，一旦停止をし，その後，定速で移動を再開（前進または後退）したときのA検出器の出力を示しており，横軸は時間軸である。**図2.1.4**のように，干渉信号がピークからボトムへ変化する途中で移動鏡が停止した場合は，その後移動を再開したとき，干渉信号が増加するか減少するかを見れば移動の方向が分かる。図では，減少した場合は停止前と同一方向への移動であり，増加した場合は停止前と逆方向へ移動したことが分かる。しかしながら，**図2.1.5**のように，ピーク（またはボトム）位置付近で停止し，移動を再開した場合，どちらの方向へ移動したか判別できない。B検出器の出力を用いても単に逆相になる（信号の上下が逆になる）だけであり，方向の判別はできない。

この移動方向を識別するには，90°位相のずれた干渉信号を同時に作成検出すればよい。この信号の作成法は

後述するとして，元の信号（これを0°信号と呼ぶことにする）と90°位相のずれた信号（これを90°信号と呼ぶことにする）を，**図2.1.6**と**図2.1.7**に示す。

図から明らかに，移動方向によって0°信号と90°信号の前後関係が変わっている。この前後関係を見れば，移動方向が容易に判別できる。

より具体的に，信号処理の方法を見てみよう。

（この部分は，回路に興味のない人は飛ばして読んでいただいても構いません。電子回路の知識がなくてもわかるように書いたつもりなので，頭の体操のような軽い気持ちで読んでいただければと思います。）

処理の手順は，得られた干渉信号を0，1のデジタル信号に変換し，パルス信号を発生させ，そのパルスを移動鏡の移動方向に対応してアップカウント（加算），またはダウンカウント（減算）するよう制御しカウントするのである。

**図2.1.8**において，アナログ信号は0°と180°の信号の差（例えば**図2.1.1**のA検出器とB検出器の出力の差）をとってDC成分をなくし，ヒステリシスコンパレーターで0，1のデジタル信号に変換する。その立ち上がりと立ち下がりでカウント用のパルスを発生させ，90°（270°）のデジタル信号を参照して，アップカウントかダウンカウントかを判別し，カウンターで積算する。

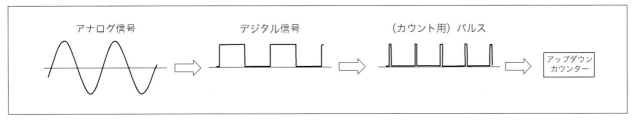

図 2.1.8　信号処理の流れ

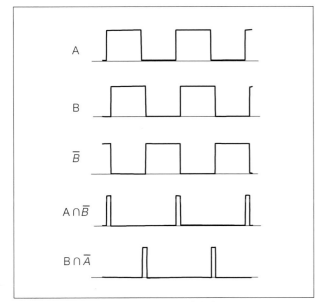

図 2.1.9　パルス発生法

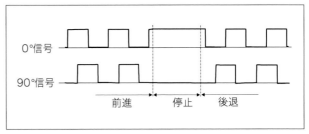

図 2.1.10　0°信号と 90°信号

表 2.1.1　アップダウンカウント（前進後退）表

|  | 0°信号 | | 90°信号 | |
|---|---|---|---|---|
|  | 1 | 0 | 1 | 0 |
| 0°信号の立ち上がりパルス |  |  | D | U |
| 0°信号の立ち下がりパルス |  |  | U | D |
| 90°信号の立ち上がりパルス | U | D |  |  |
| 90°信号の立ち下がりパルス | D | U |  |  |

U：アップカウント（前進）　　D：ダウンカウント（後退）

　まず，パルスの発生法であるが，説明をわかりやすくするために，実際と多少相違する方法を説明する。デジタル化された信号（**図 2.1.9** の A）を分岐し，一方の信号を数十 ns 遅らせ（**図 2.1.9** の B），さらに，（NOT 回路で）反転させる（**図 2.1.9** の $\overline{B}$）。それと元の信号との AND をとれば，デジタル信号 A の立ち上がりでパルスが発生する（**図 2.1.9** の A∩$\overline{B}$）。また，B と A の反転信号（$\overline{A}$）との AND をとれば，デジタル信号 A の立ち下がりでパルスを発生させることができる（**図 2.1.9** の B∩$\overline{A}$）。

　次に，移動方向の判別であるが，前述したように，90°信号を用いる。

　**図 2.1.10** において，移動鏡の前進時（移動鏡がビームスプリッターに近づく時），0°信号に対し 90°信号は位相が 90°遅れているとする。すると，後退時には，90°信号のほうが位相が進む。

　したがって，前進時には，0°信号の立ち上がり時に

は 90°信号は 0 であり，立ち下がり時は 1 である。逆に，後退時には，0°信号の立ち上がり時には 90°信号は 1 で，立ち下がり時には 0 である。

　90°信号の立ち下がり，立ち上がり時の 0°信号においても同様なことが起きる。これらのことをまとめたものを，**表 2.1.1** に示す。

　**表 2.1.1** で，U はアップパルスすなわち加算すべきパルス，D はダウンパルスすなわち減算すべきパルスを示している。このアップパルスをアップダウンカウンターの UP 端子に入力し，ダウンパルスを DOWN 端子に入力すれば，移動鏡の前進後退に対応して干渉縞をカウントできる。

　簡単な回路図で示すと，**図 2.1.11** のようになる。

　**図 2.1.11** は，0°信号により発生するパルスに関して

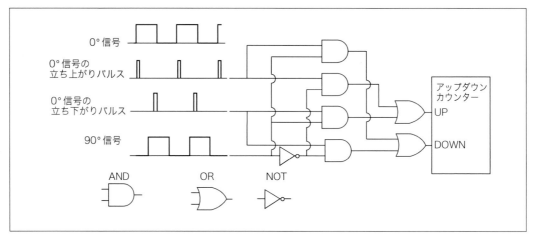

図 2.1.11　回路図

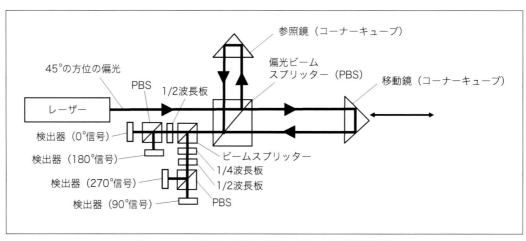

図 2.1.12　90°位相のずれた信号を作成する測長用干渉計

示したが，90°信号により発生するパルスに関しても同様になり，上記のパルスと加算してアップダウンカウンターに入力する。

　0°と90°の信号のそれぞれの立ち上がりと立ち下がりにパルスを発生できるので，干渉縞の 1 周期，すなわち移動鏡が 1/2 波長移動するごとに 4 パルス発生できる。その結果，1/8 波長（0.6328 μm/8 ＝ 0.0791 μm）の分解能で移動距離を計測できる。

### 2.1.3　測長用干渉計の構成

　図 2.1.12 に，90°位相のずれた信号を作成する測長用干渉計の概略の光学図を示す。光源の He-Ne レーザーは偏光タイプを用いる。また，ビームスプリッターも偏光ビームスプリッター（PBS）を用いる。偏光ビームスプリッターは，入射面に垂直な振動方向の偏光（s 偏光）を 100% 反射し，入射面に平行な振動方向の偏光（p 偏光）は 100% 透過する。レーザーは軸の周りに回転させ，偏光方向が偏光ビームスプリッターの入射面，すなわち紙面に対し 45°になるように方位を決める。すると，s 偏光成分と p 偏光成分が 1：1 となる。レーザーから出た光は偏光ビームスプリッターにより分離され，s 偏光（すなわち，紙面に垂直に振動する偏光）成分は全て反射され，p 偏光（すなわち，紙面内で振動する偏光）成分は全て透過する。s 偏光は固定されたコーナーキューブ（参照鏡）に入射し，コーナーキューブで反射され入射光と平行に PBS に戻り，さらに，PBS で反射され検

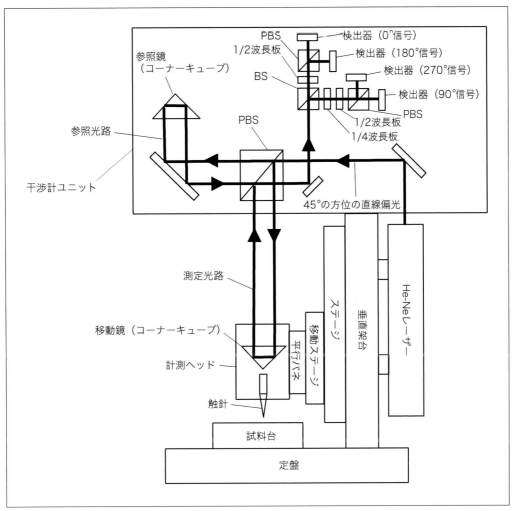

**図 2.1.13　レーザーマイクロテスターの光学系**

出光学系へ向かう。他方，p 偏光は PBS を透過したのち，測長用のコーナーキューブ（移動鏡）に入射し，コーナーキューブで反射されたのち PBS に戻り，PBS を透過して s 偏光と重なり，検出光学系へ向かう。この重なった光束を偏光特性のないビームスプリッター (BS) で分け，一方の光束から通常の（0°の）干渉信号を作成し，もう一方の光束から後述する方法により，90°位相のずれた干渉信号を作る。0°の信号であるが，p 偏光と s 偏光を単に重ね合わせただけでは干渉信号は得られない。それは，互いに直交する偏光は干渉しないからであり，干渉させるためには偏光方向をそろえてやらなければならない。そのためには，直交する 2 偏光に対し，45°の方位で検光子（偏光板）を入れればよいが，0°信号と同時

に 180°ずれた信号も得るために，偏光板ではなく PBS を 45°の方位で入れる（偏光板に比べ光量の損失を防ぐ効果もある）。そうすれば，PBS の透過光で 0°の干渉信号が，反射光で 180°の干渉信号が得られる。四角い PBS を 45°の方位角で設置するのは面倒なので，実際には，**図 2.1.12** に示すように偏光方向を波長板の方位に対し反転できる 1/2 波長板を 22.5°の方位角で PBS の直前に置き（偏光方位を 45°にし），PBS は方位 0°のままで用いる。**図 2.1.12** では，検出器前の PBS の透過側で 0°信号が得られ，反射側で 180°信号（逆相の信号）が得られる。

最後に，如何にして 90°位相の異なる信号を作成するかを記す。これには，偏光と 1/4 波長板を用いる。波長

板は，水晶等の複屈折材料を用いた光学素子で，直交する２方向の偏光に対し（振動方向により屈折率が異なることを利用し）位相差をつけるもので，1/4波長板は光路差1/4波長，すなわち，90°位相差をつけるものである。屈折率の低い振動方向を進相軸，屈折率の高い振動方向を遅相軸と呼び，遅相軸に平行に振動する偏光光は，進相軸に平行に振動する偏光光に対し90°位相が遅れる。**図2.1.12**の（偏光特性のない）ビームスプリッターで反射された光束に対し，1/4波長板を進相軸とp偏光方向を合わせて挿入してやれば，s偏光は90°位相が遅れ，検光子の代わりに置いたPBSの透過光からは，90°位相の遅れた干渉信号が得られる。PBSの反射光からは逆相の270°位相の遅れた信号が得られる。

　上記（**図2.1.12**の）光学系を用いて作成したレーザーマイクロテスターの模式図を，**図2.1.13**に示す。電気系および処理系は省略する。干渉計は縦型である。試料台の上に載せた被測定物（被測定物がないときは試料台）に対し，コーナーキューブと一体となった触針を下ろし，コーナーキューブの移動距離を干渉計信号により読み取る。触針は平行ばねによって移動ステージに連結され，移動ステージはモーターで上下し，平行バネの微小な変形を検知し自動停止するようになっており，被測定物にほとんど触針圧をかけることなく（被測定物を変形させることなく），計測が可能である。被測定物のないときに触針を下げ，カウンターをリセットし，いったん触針を上げ，被測定物を載せたのち触針を下げて測定すれば，被測定物の厚さを測定できる。

　光源のHe-Neレーザーは計測用の単一波長（縦シングルモード）レーザーではなく，安価な汎用の偏光タイプのレーザーを用いた。このレーザーは2~3波長が同時発振しているため，測長用干渉計として重要な可干渉距離が短い。ただし，±50mm程度の光路差であれば十分なコントラストで干渉するので，移動ステージの中間地点で，参照光路と測定光路の光路長がほぼ等しくなるような位置に参照用コーナーキューブを設置した。その結果，計測範囲（およそ100mm）では問題なく計測できた。

　完成したレーザーマイクロテスターは，高精度なデジタルスケールが製品化されるまでのしばらくの間，社内の計測室で使われた。

## 補足

　実は，偏光ビームスプリッター（PBS）は容易に得ることができるが，一方，完全に偏光特性のない（**図2.1.12**で用いている）ビームスプリッター（BS）というのは容易に得ることはできない。市販品で，無偏光ビームスプリッターとか偏光無依存ビームスプリッターといったものがあるが，これらは偏光の強度比，すなわち，p偏光とs偏光の透過率（および反射率）が等しいことを保証してはいるが，位相の変化に対しては何も保証していない。半透膜を透過，および反射すると，p偏光とs偏光で位相がずれる（位相差が生じる）。通常は，透過光よりも反射光において，p偏光とs偏光の位相差が大きくなる。その結果，反射光において1/4波長板を挿入すると，90°以上の位相差がついてしまう。

　では，どうすればよいのであろうか。その解決法としては，あらかじめ**図2.1.12**における3枚の波長板に回転機構をつけておき，自由に（0°，22.5°，45°等に固定することなく）回転できるようにしておく。そして，0°信号と90°信号に対応するアナログ信号を，それぞれオシロスコープのx入力とy入力に入れ，干渉計を触って振動を与える。ビームスプリッターや波長板が理想的にできていれば，オシロスコープのリサージュはきれいな円を描くはずである。しかしながら，ビームスプリッターによる位相差の発生により，描かれるリサージュは傾いた楕円となる。そこで，3枚の波長板を適当に動かすと，方位角が0°または90°の楕円（縦長または横長の楕円）を描くようにできる（円にしようとしても，通常は縦長または横長の楕円にしかならない。）。そこで，検出器からの出力を増幅するアンプの増幅率を調整してやれば，縦長または横長を修正することができ，きれいな円を描くようになる。これで，あとはデジタル化して処理を行えばよい。

**参考文献**

1) O plus E 2011年7月号「私の発言：若手は幅広くチャレンジしてほしい」市原 裕
　http://www.adcom-media.co.jp/remark/2011/06/27/2055/

# 第2章　測長用干渉計
## 2.2　ヘテロダイン干渉と光源ほか

### 2.2.1　干渉測長器の高分解能化

　前節では，自作したレーザーマイクロテスターを基に測長用干渉計について記した。その中の信号処理法として最も簡便な方法を述べたが，その方法でも 0.08 μm の分解能が得られた。

　それ以上の分解能も容易に得られる。ここでは，2つの方法を紹介しよう。

　まず最初は，任意の位相の正弦波を合成する方法である。前節でみたように，干渉計からは 0°と 90°の信号が得られている。すなわち，$\sin x$ と $\cos x$ の信号が得られている。この信号を用いて，任意の位相の正弦波を作ることができる。すなわち，

$$\sin (x+\alpha) = \sin x \cos \alpha + \cos x \sin \alpha$$

であるから，$\sin x$ と $\cos x$ の信号に各々 $\cos \alpha$ と $\sin \alpha$ で重み付けをして，加算すれば，0°と 90°だけでなく，任意の位相の正弦波が得られる。例えば，$\alpha$ として，9°，18°，27°，36°，45°，54°，63°，72°，81°を入れてやれば，0°を含めて 10 個の正弦波が得られる。それぞれから前節に記した方法でパルスを発生させれば，パルス数は 10 倍となり，分解能は約 0.008 μm となる。90°以上の位相の信号も，同様にして作成できる。

　さらに分解能を上げるには，$\alpha$ をより細かくきざめば良いが，回路が比例して増える。また，あまり細かくし，パルス数を増やし過ぎると，ノイズの影響で，カウンターの誤動作（カウントミス）が生じる（具体的には，パルスがほぼ同時に発生し複数のパルスが分離できなくて1

つのパルスとカウントされる。）。したがって，高い分解能を持つ市販の干渉測長器はこのような方法ではなく，次に述べるヘテロダイン法が用いられている。

### 2.2.2　ヘテロダイン干渉計

　ヘテロダイン干渉法とは，わずかに波長，すなわち周波数が異なる2波長（2周波）の光源を用い，一方の波長の光を参照光とし，他方の波長の光を測定光として用いる干渉法である。この方法を用いた干渉計を，ヘテロダイン干渉計という。1.4 節で，2波長の光が干渉するとうなり（ビート信号）が生じることを見た，その時の様子を**図 2.2.1** に示す。

　このうなりの波長 $\Lambda$ は，$\Lambda = \lambda_1 \lambda_2 / (\lambda_1 - \lambda_2)$ である。うなりの周波数は単純に，$F = f_2 - f_1$（$f_2 > f_1$ の時）で与えられる。ここに，$f_1 (= c/\lambda_1)$，$f_2 (= c/\lambda_2)$ は，各々波長 $\lambda_1$，$\lambda_2$ の光の周波数である（$c$ は光速度である。）。

　例 え ば，632.80000 nm（473613380.6 MHz）と 632.80001 nm（473613373.1 MHz）の2波長の He-Ne レーザーが干渉する場合，うなりの周波数は約 7.5 MHz となる。うなりの波長 $\Lambda$ は約 40 m である。光の位相を直接測ることはできないが，うなりであれば電気信号に変換して容易に精度よく位相を計測することができる。

　この2波長の光のうち，周波数の高い（波長が短い）光が周波数の低い光よりも先へ進むとうなりの信号の位相も先へ進み，ちょうど光が1波長ずれるとうなりも1波長（1周期）変化する。**図 2.2.2** は，周波数の高い光（波長 $\lambda_2$）が 1/4 波長（$\lambda/4$）先（右方向）へ進んだ状態を

干渉計を辿る

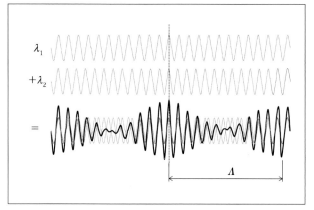

**図 2.2.1** 2波長の光干渉によるうなり

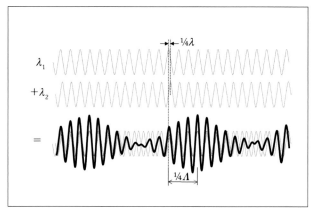

**図 2.2.2** 光が 1/4 波長ずれた状態

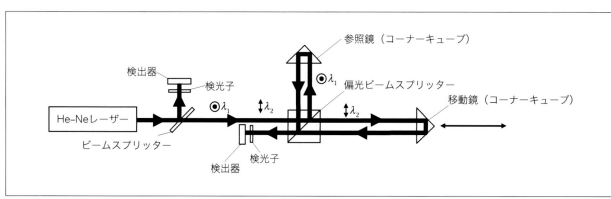

**図 2.2.3** ヘテロダイン方式の干渉計

示す。この場合は，うなりも 1/4 波長（$\Lambda/4$）先へ進むことが分かる。

　これを測長に用いるには，例えば，参照用の光束に振動数の低い（波長の長い）光を用い，測定用の光束に振動数の高い（波長の短い）光を用いれば良い。**図 2.2.3**に，ヘテロダイン方式の測長用干渉計の例を示す。

　**図 2.2.3**において，光源としてわずかに周波数（波長）が異なり，かつ偏光方向が互いに直交している2周波の光を同時に発振する He-Ne レーザーを用いる。周波数の低い光が s 偏光（紙面に垂直に振動する偏光）（◉で表す）であるとし，周波数の高い光が p 偏光（紙面に平行に振動する偏光）（↕で表す）とする。波長 $\lambda_1$ の s 偏光は偏光ビームスプリッター（PBS）で反射され，固定された参照用コーナーキューブ（参照鏡）に入り，反射され，PBS に戻り，PBS で再度反射され，検出器へ到達する。他方，波長 $\lambda_2$ の p 偏光は PBS を透

過し，移動用のコーナーキューブ（移動鏡）に入り，反射されて PBS に戻り，PBS を透過したのち，検出器へ到達する（コーナーキューブの働きに関しては，前節を参照）。s 偏光と p 偏光はそのままでは干渉しないので，偏光方向をそろえるために 45°の方位で検光子（偏光板）を挿入する（偏光と検光子に関しては，同じく前節を参照）。その結果，検出器からは2つの周波数の差に相当する周波数のうなり信号が検出される。

### 2.2.3　信号処理

　さて，検出されたうなり信号から如何にして移動鏡の変位（移動量）を測定すればよいのであろうか？　移動鏡の移動によってうなり信号の位相が変動する。上述したように，移動鏡が測定光の波長，すなわち $\lambda_2/2$ 移動すると，光路長が $\lambda_2$ 変化し，うなり信号はうなり信号の1周期分変化する。すなわち，位相で $2\pi$ 変化す

る。この変化を検出するためには，変化しない信号と比較する必要がある。移動鏡の移動に関係なく変化しない基準となる信号を得るには以下のようにすればよい。**図2.2.3**に示すように，レーザーを出たビームの直後に偏光特性の小さい（非偏光の）ビームスプリッターを挿入して光束の一部を取り出し，検光子を通して干渉させ，検出器でうなり信号を検出する。この信号（基準信号）と上記の測定信号とを比較する。例えば，オシロスコープに両方の信号を入れ，基準信号でトリガーをかければ，基準信号は静止した正弦波となる。測定信号は，移動鏡が静止していれば，同じく静止した正弦波となる。基準信号と測定信号の周期（周波数）は等しいが，位相は一致しておらず，ある位相差が生じている。この状態で，移動鏡を光軸に沿ってPBSに近づく方向へ移動すると，測定信号は基準信号に対し位相が進む。移動鏡を1/2波長動かすと，測定信号は1周期分（位相差にして$2\pi$）変化して元と同じになる。この位相の変化量と周期的変化の回数から，移動鏡の移動距離を高分解能で正確に求めることができる。位相差は市販の位相差計で0.1°の分解能，すなわち，距離換算で0.088 nm（$= 632.8/3600/2 = 0.088$ nm，往復のため2で割ることになる）の分解能で計測できる。周期変化の回数は基準信号と測定信号をアップダウンカウンターの，それぞれアップパルス入力部とダウンパルス入力部に入れると，差し引き変化分だけカウントされるので計測できる。両方の計測を合わせると，移動鏡の移動距離を0.1 nm以下の分解能で計測できる。

## 2.2.4 周波数逓倍法

ただし，上記の計測法は2つの方法（位相差計測とパルスカウント）を組み合わせたもので複雑であり，測長用ヘテロダイン干渉計の計測法として，一般的とは言えない。市販のヘテロダイン干渉計の処理系がどうなっているか不明であるが，自作可能な高分解能計測法として周波数逓倍による計測法を記す。この方法は，干渉計ではないが実際に，私が$2\pi$を超える（1周期を超える）位相計測に用いた方法であり，当時のニコンの研究所の電子技術研究者に作ってもらい，実験で有効性を確認したものである。この方法は，うなり信号の周波数を逓倍することにより，周期変化の回数を逓倍し，分解能を逓

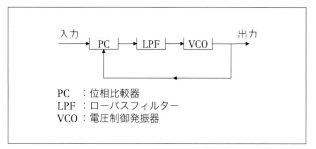

**図2.2.4**　PLLの構成図

倍分向上させるものである。位相計測を行わなくとも高分解能が達成できる。この周波数逓倍には，PLL(phase locked loop；位相同期回路)を用いる。PLLとは，入力された周期的な信号に対し，それと位相が同期した信号を安定的に発振させる回路で，様々なことに応用されるすぐれた回路である。私は電子回路の専門家ではないが，あえて専門の方々の批判を覚悟してPLLを用いた周波数逓倍法とヘテロダイン干渉計測への利用法を説明する。

PLLは，**図2.2.4**に示すように，位相比較器（PC），ローパスフィルター（LPF），電圧制御発振器（VCO）から構成される。入力信号とVCOから出力される信号のずれ，すなわち，位相差に対応した信号をPCから出力する。その信号をLPFで平滑化しVCOに入力する。その値が所定の値であれば，VCOから入力信号と同じ周波数の信号を発振する。このとき入力信号の位相が変化すると，PCからの出力が変化し，LPFの出力，すなわちVCOの入力が変化し，VCOの発振周波数が変化する。すると，発振周波数の変化は位相の変化となって表れるので，PCの出力が元に戻り，VCOの出力は位相が入力信号と同じだけ変化した状態で元の周波数に戻る。すなわち，VCOからは常に入力信号と同じ周波数で一定の位相差の信号を発振する。この様子を，**図2.2.5**以下の図を用いて詳細に説明する。

VCOの出力波形は，素子によって正弦波，三角波等いろいろであるが，本稿では矩形波として説明する。**図2.2.5**の最初の列に，入力信号aとVCOから発信される種々の位相の信号bを示す。第2列には，各信号bに対するPCの出力を示す。PCとして掛け算器を用いる。bの信号の位相によって，PCの出力は図のように変化する。それをLPFで平滑化した信号を，第3列に示す。aに対しbが同相の時最大となり，位相差（説明

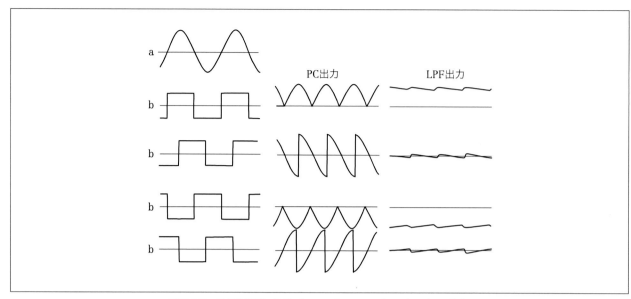

**図 2.2.5** 位相比較器（PC）とローパスフィルター（LPF）の出力

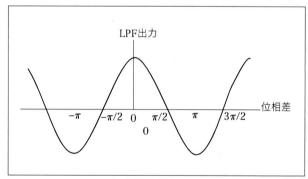

**図 2.2.6** 位相差に対する LPF 出力特性

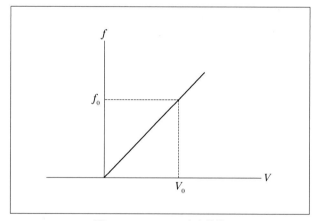

**図 2.2.7** VCO の入出力特性

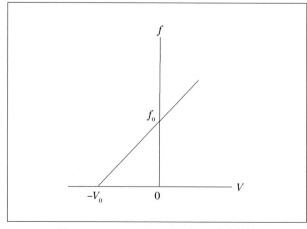

**図 2.2.8** バイアスをかけた時の入出力特性

の便宜上，b の信号の位相が進んでいるときを＋とする）が ±90°（$\pi/2$）の時 0 となり，逆相の時最小（マイナスの最大値）となる。その特性を，**図 2.2.6** に示す(実際には，位相差が $\pi/2$ 近傍のみの特性を利用する。)。この出力が VCO の入力信号となるわけであるが，この値により VCO の発信周波数が変化する。VCO は，一般に，入力信号（電圧）が上昇するにつれ発信周波数が高くなる。その特性を，**図 2.2.7** に示す。VCO からの発信周波数が入力信号の周波数 $f_0$ と一致するためには，VCO の入力信号が $V_0$ である必要がある。そこで，VCO の入力に対し，$V_0$ のバイアスを加える（入力 0 の時，周波数 $f_0$ の信号を発振するようにする。）。その結果の VCO 入出力特性を，**図 2.2.8** に示す。

この PLL 回路は，VCO の発振周波数が入力信号の周波数 $f_0$ と一致し，位相差が $\pi/2$ のとき安定している。すなわち，**図 2.2.6** の特性から，位相差が $\pi/2$ のとき LPF からの出力は 0 であり，**図 2.2.8** の特性から，VCO の出力が $f_0$ である。このとき，例えば，入力信号の周波数が低くなると等価的に位相が遅れ（周波数の低下は連続的な位相の遅れ，周波数の上昇は連続的な位相の進みとして現れる），比較する VCO からの信号の位相が相対的に進む。その結果，位相差が $\pi/2$ から増大し，**図 2.2.6** からわかるように，LPF 出力が負になる。LPF からの出力が 0 から負の値に変化すると，（**図 2.2.8** の特性に従って）周彼数が下がり，等価的に位相が遅れ，位相差が $\pi/2$ に戻り安定する（この状態を，位相がロックされたと言う）。すなわち，VCO からは入力する信号に対し，常に同一の周波数で一定（$\pi/2$）の位相差を持った信号を出力する。入力信号にノイズが乗っていても，強度が変動しても，LPF のおかげで VCO からは入力信号と等しい周波数で一定の位相差（$\pi/2$）を持った，かつ，一定の振幅を持ったノイズのない綺麗な信号が出てくる。これだけでも充分 PLL には価値があるが，それだけではなく，PLL は様々な分野へ応用ができる。その 1 つが周波数の逓倍である。

**図 2.2.9** に，PLL を用いた周波数逓倍法の構成を示す。**図 2.2.8** の構成に対し，VCO の出力の後に周波数を 1/M に減らす分周器（1/M）を配置し，その出力信号を位相比較器へ入れる。その結果，この分周された信号が入力信号とロックして安定する。すなわち，VCO からは入力信号の M 倍の周波数の信号が出力される。ここで，入力信号の位相が 1/2 周期（$\pi$）進むと，VCO からは余分に M/2 の周期の信号が発振され，分周器の出力は 1/2 周期（$\pi$）進み安定する。すなわち，入力信号の位相の変化 $\phi$ は $M\phi/2\pi$ 個の発振波の増加となる。

**図 2.2.3** の測定信号と基準信号の各出力に，それぞれ上記の周波数逓倍回路を接続し，逓倍した信号をアップダウンカウンターのアップ入力とダウン入力に入れると，測定信号の 1 周期の変化，すなわち，移動鏡の $\lambda/2$ の移動に対応して，M 周期のカウント数が計測される。すなわち，1 カウント $\lambda/2M$ の分解能で計測ができる。以上が，周波数逓倍によるヘテロダイン干渉測長法である。

### 2.2.5　He-Ne レーザーと 2 周波光源

では，ヘテロダイン干渉法に用いる直交偏光した 2 周波数レーザーは，如何にして得られるかを説明しよう。その前に，He-Ne レーザーについて説明する。He-Ne レーザーは 50 年以上前に発明されたレーザーであるが，いまだに最も高精度な干渉計用の光源として用いられている。それは，比較的小型のレーザーとしては優れた単色性と安定性を持っているためであろう。この He-Ne レーザーについて詳しく見ていこう。

通常，レーザーの発振波長は単一ではなくドップラー広がり（He-Ne では約 1.4 GHz）の中で，数波長の光が同時に発振している。その波長はレーザーの共振器の共振波長であり，共振器の鏡の間隔（ほぼレーザー管の全長）を $L$ とすると，$\lambda = 2L/N$（N は整数）を満たす。周波数を $f$ とすると，$f = c/\lambda = cN/2L$ である。発振している複数の光の隣接する周波数の差（縦モード間隔という）$\Delta f$ は $c/2L$ である。この様子を，**図 2.2.10** に示す。

よく用いられる 1 mW 程度の出力の He-Ne レーザーでは，数 100 MHz〜1 GHz 程度異なった 2 波長または 3 波長の光が発振している。共振器間隔が 200 mm の場合，発振周波数の間隔は約 750 MHz となる。さらに，

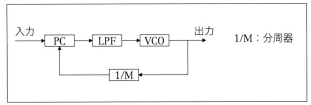

**図 2.2.9**　PLL を用いた周波数逓倍の構成

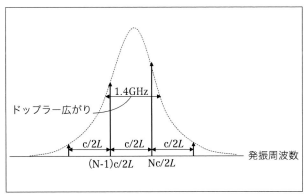

**図 2.2.10**　He-Ne レーザーの発振特性（ゲインカーブ）

発振周波数は $L$ の関数であるので，レーザー管が温まって $L$ が伸びると，周波数は低いほうへドリフトする。すなわち，最初，**図 2.2.10** の右のほうにあった発振線は，次第に左へ移動しながら大きくなりピークを過ぎると小さくなりやがて消える。そして，図の右のほうから，新たな発振線が生じ成長していく。レーザーが温まって安定するまでこの動作を繰り返す。このように光源は変動しかつ複数の周波数の光が発振しているので，(時間的)干渉性が悪く，干渉する 2 光束の光路差が増大すると，コントラストが良い安定した干渉信号が得られなくなる。2.1 節に記載した，測長用干渉計（レーザーマイクロテスター）は測長範囲が短かったので，このようなレーザーでも干渉計用光源として用いることができたが，より長い距離を測る場合，あるいは，形状測定干渉計でも参照面と被検面の光路差が大きい場合にはこのままでは使えない。発振波長が単一で安定した光源を手に入れる必要がある。この問題解決策に関して，徐々に述べていくことにする。

レーザーメーカーのカタログを見ると，He-Ne レーザーは直線偏光タイプと非偏光タイプ（ランダム偏光タイプ）とがある。直線偏光タイプレーザーは共振器中に平行平面板がブリュースター角（ブリュースターアングル）で斜めに挿入されている。平行平面板の入射面に対し平行に振動している直線偏光（p 偏光）はロス無し（反射率ゼロ）で透過する。それに対し，入射面に対し垂直に振動している直線偏光（s 偏光）は，1 面で 15% 程度反射されロスが大きい。その結果，入射面に平行な直線偏光成分のみが共振器内で増幅されレーザー発振する。他方，非偏光レーザーはそのような偏光選択素子を持たず，単に向かい合った鏡からなる共振器内で増幅される。ただし，鏡の多層膜の結晶構造等から特定の方向の偏光とそれに対して垂直な方向の偏光の両方が発振する。非偏光タイプ He-Ne レーザーは偏光していないわけではなく，またランダムに偏光しているわけでもなく，特定の方向の，互いに直交する 2 偏光が発振しているレーザーである。私としては非偏光レーザーとかランダムレーザーと呼ぶのは不適切であり，直交 2 偏光レーザーと呼ぶべきであると思っている。

では，干渉計用光源としてどちらのタイプを用いるべきであろうか。通常の使用には，偏光タイプをお勧めす

る。偏光方向が一定しているので，途中の光学系の偏光特性の影響を予見できコントロールすることができる。例えば，レーザーは戻り光の影響を受けやすく，途中の光学素子の表面反射等でレーザーの共振器に自身の光が戻ると，干渉効果により発振が不安定になる。この影響は，偏光レーザーであれば偏光素子と波長板を組み合わせて大幅に減少させることができる。経験上，上記のような偏光素子と波長板の組み合わせを用いなくとも，偏光レーザーのほうが非偏光レーザーより戻り光の影響を受けにくいように感じている。また，偏光方向が特定されているので偏光を利用した各種の実験計測ができる。2.1 節の測長干渉計の光源には偏光タイプレーザーを用い，偏光素子を用いて効率よく干渉信号を取り出している。

では，非偏光タイプレーザーは全く計測に適さないのか？ 実は，使い方次第ではこちらのほうが適している場合がある。実際，市販の干渉計では，非偏光タイプをうまく使っている場合が多い。使い方としては，大きく 2 つに分けられる。1 つは，直交 2 偏光の片一方の偏光だけ使う方法で，もうひとつは，直交する 2 偏光の両方を使う方法である。

ここで，**図 2.2.10** の発振特性を見る。直線偏光レーザーでは，発振している光はすべて同一の偏光である。ところが，非偏光タイプレーザーでは，**図 2.2.11** のように，直交する 2 偏光が交互に発振している。**図 2.2.11** において，一方の偏光を（↕）で表し，それと直交する偏光を（◉）で表す。

1 mW クラスのレーザーはモード間隔が大きいため，中心の 2 波長以外の（両端の）発振線は十分なゲイン（増

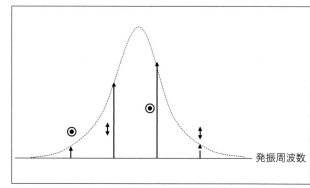

**図 2.2.11** 非偏光タイプ He-Ne レーザーの発振特性

幅率）が得られず，発振しない。その分のエネルギーは，発振しているよりゲインの大きな，かつ，同一の偏光の光の増幅に使われる。結果的には，互いに直交する偏光を持つ2波長の発振線のみが得られる。この2波長は互いに直交しているので容易に分離できる。偏光素子でどちらかの偏光のみを取り出せば，単一の周波数の光が得られる。この方法は簡便であり，我々も用いたことがある。市販の高価なシングルモード（単一波長）レーザーを購入しなくても手軽に行うことができ，光路差の大きな干渉計を組むことができる。ただし，周波数安定化をしていないので，温度変化により共振器長（ミラー間隔）が変化するとモードホップ（発信周波数の跳び）を生じ，一時的に計測が不安定になることがある。それを避ける（できるだけ減らす）ために，レーザーの電源を入れてから30分以上放置し共振器長が安定化してから計測を行うか，電源を入れっぱなしにする。また，環境も，部屋の温度を一定にし，空調の風がレーザーに直接当たらないようにする必要がある。

また，発振波長がドリフトするとこの2波長の発振線の強度比は変化するので，この強度比が1：1になるように共振器長（レーザー管の長さ）を制御してやれば波長のドリフトを抑え安定化させることができる。具体的には，レーザー管にヒーターを巻きあらかじめ温度をある程度上げてからヒーターの電流を制御し，2偏光光（2波長の発振線）の強度比が1：1を維持するようにする。これで，波長の安定化もできる（市販の単一周波数レーザーでは1：1ではなく，一方の偏光が大きくなる位置で安定化しているものがある。これは取り出す単一波長の光の強度をできるだけ強くしようとするためである。）。

賢明な読者は，これでヘテロダイン干渉計に使える2波長の直交偏光レーザーが得られたと思われるであろう。確かに，このレーザーでヘテロダイン干渉計を作ることは可能であるが，2波長の周波数差が大きいので，ヘテロダイン信号が1GH程度の高周波となり，前記の周波数逓倍を行おうとすると，100GHz程度の信号処理が必要となり現実的ではなくなる。実際に，ヘテロダイン干渉計として用いられているのは，以下の3方式である。最も周波数が低いのは，横ゼーマン方式と呼ばれ

るもので，He-Neレーザーのレーザー管を永久磁石で挟みレーザーの光軸に対して垂直方向に磁場をかけるものであり，静岡大学の教授であった高崎先生等が研究されたものである[1]。図2.2.10の発振線が，磁場によるゼーマン効果でわずかに波長（周波数）の異なった直交した2直線偏光に分離するもので，周波数差は数100KHzであり，扱いやすい周波数である。ただこの周波数では，高速で移動するステージは計測できない。例えば，図2.2.3における移動鏡が秒速300mmで動いたとすると，干渉縞の変化（干渉信号）は1秒間に300mm/0.3μm程度，すなわち約1MHzに達し，ヘテロダイン信号に重畳する。これは元々のヘテロダイン信号の周波数数100KHzを上回るので計測不能となる。最も多く市販されているのは縦ゼーマン方式と呼ばれるもので，特別に細く作られたレーザーの放電管にコイルを巻き，電流を流してレーザーの光軸方向に磁場をかけるものである。この方式で，2MHz近い周波数差を得ている。ただし，得られる2周波の光は右回りの円偏光と左回りの円偏光であり，出口に1/4波長板を置いて，直交2直線偏光に変換して用いなければならない。さらに，現在，最も精密かつ高速な測長を必要とする半導体露光装置の分野では，ステージを秒速1m程度で移動して位置を計測しなければならない。そこで，ヘテロダイン干渉計の光源としては，10MHz以上の周波数差が要求されている。この要求を満たすためにはレーザー単体では不可能なので，単一周波数の安定化レーザーを用い，その光を分割し，双方の光線をAOM（音響光学素子）に通し，それぞれ異なる周波数（例えば，60MHzと80MHz）で変調し（周波数シフトさせ），一方の偏光状態を（1/2波長板を用いて）偏光方向を90度回転させ，PBS（偏光ビームスプリッター）等により2光束を再度重ねれば，高い周波数差（20MHz）のヘテロダイン干渉計用光源が得られる。

**参考文献**

1) 高崎 宏，梅田倫弘：「周波数安定化横ゼーマンレーザー」，レーザー研究，Vol 9，No 1，pp. 11–20（1981）

# 第3章　面形状測定用干渉計

## 3.1　形状計測に用いられる基本的な干渉計（トワイマングリーン干渉計とフィゾー干渉計）

　干渉計が最も用いられているのは，形状の精密計測である。干渉計を用いることによって広い面積の形状誤差をナノメートルオーダーで短時間に計測できる。これは干渉計だけが持っている特徴である。ニコンでは，半導体製造装置に用いる高精度光学系作製のため40年以上前に米国のトロペル社製の干渉計を導入した。干渉計の形式は基本的には後述するフィゾー型であったが，次項で述べるトワイマングリーン型の機能も持っていた。本節では形状計測でよく用いられるトワイマングリーン干渉計とフィゾー干渉計について説明し，次節以降実際に用いる場合の詳細な技術課題について解説していく。

### 3.1.1　トワイマングリーン干渉計

　1章にも出てきた最も基本的な干渉計であり，実験室で比較的簡単に組める干渉計である。しかしながら，誤差要因の多い干渉計であるため量産現場で用いられることは少ない。量産現場では，後述するフィゾー干渉計が用いられる。ただし基本的な干渉計であるので，本項で詳しく見ていこう。

　**図3.1.1**は，トワイマングリーン干渉計の簡単な構成図である。光源から出た光をビームエクスパンダーで拡大し，所望の径の平行光を作成する。光源としては通常，単色性が良く安定しているHe-Neレーザーが用いられる。目的によっては他の光源を用いてもよい。光源選択で一番気を付けなければならないのは，可干渉性（コヒーレンス）である。レーザーを光源として用いた場合は，あまり空間的コヒーレンス（光束が横ずれしたときに干渉するかどうか）に気を配る必要はないが，時間的コヒーレンス，すなわち，どの程度の光路差まで十分なコントラストで干渉縞が形成されるかどうかということに気を

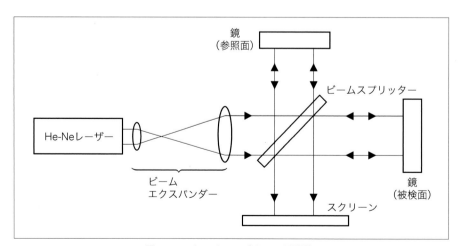

**図3.1.1**　トワイマングリーン干渉計

つけねばならない。逆に，使うレーザーの時間的コヒーレンスを考慮して，光路差を小さくする必要がある。前節で述べたように通常用いる1mWクラスのHe-Neレーザーでは，2~3波長程度の光が同時に発振している。その結果，1.4.2項で述べたうなりが生じており，光路差をこのうなりの周期より十分小さく，例えば数cm以下に抑える必要がある。この距離は巻き尺程度で容易に測れるレベルである。トワイマングリーン干渉計はビームスプリッターで参照面に向かう光束と被検面に向かう光束が分離しているので光路差の調整が容易である。これは，トワイマングリーン干渉計の特徴（長所）の一つである。

ビームエクスパンダーは通常，焦点距離が短く，良く収差補正された集光レンズ（通常は顕微鏡対物レンズを使用する）と，同じく収差（特に球面収差）補正されたコリメーターレンズを組み合わせて構成され，細いビームを太い光束に変換するものである。この調整法に関しては，3.5節および4.3節で詳しく説明する。

ビームエクスパンダーにより広げられた光束（平面波）は，ビームスプリッター（半透鏡）により反射光と透過光に分割される（注：同じ波面を強度（振幅）で分けるので振幅分割という。これに対し，波面の一部をミラー等で取り出して分割する方式を波面分割という。）。ビームスプリッターで反射された光束（平面波）は鏡（参照面）で反射されたのち，ビームスプリッターを透過し，スクリーンに到達する。他方，ビームエクスパンダーを出たのちビームスプリッターを透過した光束は，もう一方の

鏡（被検面）で反射されたのちビームスプリッターで反射され，前記の光束と重なってスクリーンに到達し干渉縞を生成する。干渉計を構成する光学部品に誤差がなければ，スクリーンに到達する2光束はどちらも完全な平面波となる（平面波同士の干渉となる）。平面波同士が互いに傾きを持っていれば傾きに対応した平行等間隔な干渉縞ができる。鏡またはビームスプリッターを調整し平面波同士が平行になるようにすればスクリーン上は一様な明るさとなる。この状態を，ワンカラーと呼ぶ。このとき明るくなるか暗くなるかは，二つの平面波の位相差に依存し，位相差がゼロまたは$2\pi$の整数倍の時最も明るくなり，そこから$\pi$ずれた時最も暗くなる。二つの鏡の一方を基準となる参照面とし，他方を被検面（被検物）とすると，被検面に形状誤差（凹凸）があると，その誤差に応じて光路差が変化し干渉縞の変化となる。形状誤差が$\lambda/2$あると光路差は$\lambda$となり位相差が$2\pi$となるので，形状誤差が$\lambda/2$増えるごとに干渉縞が一周期変化する。すなわち，形状誤差に対し$\lambda/2$の等高線状の干渉縞が生じる。図3.1.2と図3.1.3に，この様子を示す。

これだけでもかなり高い精度であるといえるが，より高精度に形状誤差を測るためには，参照面または被検物をわずかに傾ければよい。平面波の一方を傾けることにより，二つの波面に一様に増大または減少する光路差が付き，形状誤差がなければ図3.1.4のような等間隔の直線状の干渉縞が生じる。波面の傾きが$\theta$（被検面の傾きが$\theta/2$）であるとすると，傾斜方向の$x$に対し波面の間隔が$x\theta$増加するので，$x\theta = M\lambda$（Mは整数）を満たす

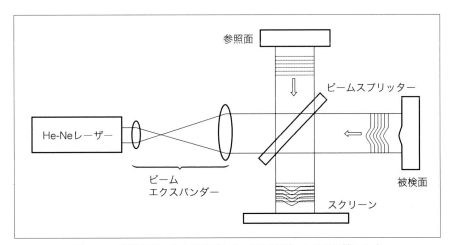

**図3.1.2**　形状誤差のある被検面からの反射波面による干渉縞の生成

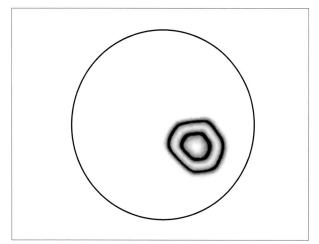

図 3.1.3　等高線状の干渉縞

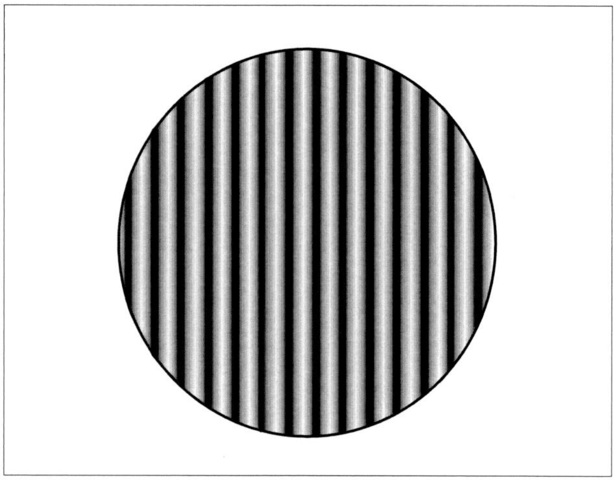

図 3.1.4　傾いた平面波同士による干渉縞

とき同じ干渉条件となる。すなわち，$p=\lambda/\theta$ のピッチ で直線等間隔の干渉縞が生じる。スクリーン上のパターンは，**図 3.1.4** のようになる。これは斜面の等高線とみなすこともできる。

　このとき，被検面に，上記**図 3.1.2** の場合と同じく，$\lambda$ の形状誤差（波面誤差で $2\lambda$）があると直線状の干渉縞は変形し最大で縞 2 本分変形する。その様子を模式的に，**図 3.1.5** に示す。

　形状誤差がわずかで，かつ波面が傾斜していない（ワンカラーの状態の）場合は**図 3.1.3** のような明瞭な干渉縞が現れないが，その場合でも，波面を傾け縦縞を出すことによって，直線の縞のわずかな変形としてとらえることができる。干渉縞を写真にとって定規を当てて直線からのずれ量を計測すれば，容易に縞間隔の 1/5 程度の精度で変形を計測できる。これは反射波面で $\lambda/5$，被検面の形状誤差で $\lambda/10$ の精度で計測できることになる。また，この直線縞の変形方向と波面の傾き方向から被検面の形状誤差が凹であるか凸であるかも容易に判断できる。傾斜により参照波面が被検波面に対して位相が遅れる方向に干渉縞が曲がっていれば凹であり，逆方向に曲がっていれば凸である。波面を傾けない場合は，等高線が凹であるか凸であるかを判定するには工夫が必要である。波面に傾斜がない場合，凹凸を判定する一つの簡単な方法は被検面または参照面のホルダーを指で（軽く）さわり，光軸方向（ビームスプリッターの方向）へ押してみることである。干渉計は非常に敏感であるので，少

図 3.1.5　形状誤差が $\lambda$ ある場合の縦縞の変形（模式図）

しの力でも干渉縞が変動する。被検面のホルダーを光軸方向へ押したとき等高線状の干渉縞が湧き出すように変化するときは，形状誤差が凸である場合である。逆に，干渉縞が沈み込むよう変化するときは凹である。

　上記は，トワイマングリーン干渉計による平面の計測法であるが，では，レンズ等の球面の形状を測定するにはどうすればよいであろうか？　それは**図 3.1.6** に示すように，補助レンズを用いればよい。

　収差が良く補正された補助レンズを用いて平面波を球面波に変換し，その球面波の集光点（補助レンズの焦点）と被検面の曲率中心を一致させれば，被検面で反射された光束（光線）は元の光束（光線）と逆方向に進み，補助レンズを通過して平面波に戻りビームスプリッターで

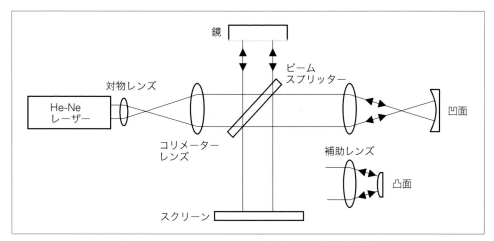

**図 3.1.6**　トワイマングリーン干渉計による球面形状測定

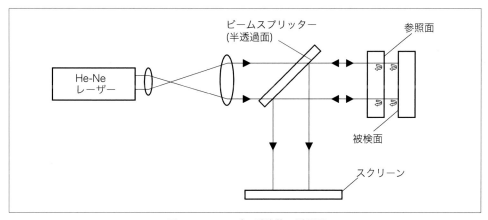

**図 3.1.7**　フィゾー干渉計の原理図

反射したのち，参照面から反射してきた光束（光線）と重なり干渉する。**図 3.1.6** には，凹面を計測する場合と凸面を計測する場合を示した。大きな径の凸面を計測する場合には，光束径を被検面の径より大きくする必要があるので，いったん凹レンズで光束を拡大したのち凸レンズを組み合わせて集光して計測する。

　トワイマングリーン干渉計は参照用光路と計測用光路がビームスプリッターで分離されているので，自由度が大きく実験室等ではよく使われる。私も最もよく使った（実験室で組んだ）干渉計は，トワイマングリーン干渉計である。しかしながら，トワイマングリーン干渉計は誤差要因が大きく，きれいな干渉縞（例えば，ワンカラーや平行等間隔な直線縞）を作るのが困難である。参照面をいくら平面度良く加工しても，途中の光学系，特にビー

ムスプリッターの平面度が悪いと，1 回の表面反射でビームスプリッターの形状誤差の $\sqrt{2}$ 倍（45°入射の場合）の波面誤差を生じる。ビームスプリッターの厚さや材料（屈折率）の不均一性も誤差要因となる。また，測定光路と参照光路が分離されているので片一方の光路に生じた擾乱（例えば空気の揺らぎや振動）も干渉縞に影響を与える。このような光学素子等による誤差要因をできるだけ少なくしたのが，次項で述べるフィゾー干渉計である。

## 3.1.2　フィゾー干渉計

　形状測定用干渉計として一般に市販されている干渉計は，フィゾー干渉計と呼ばれる干渉計である。フィゾー干渉計の原理図を，**図 3.1.7** に示す。

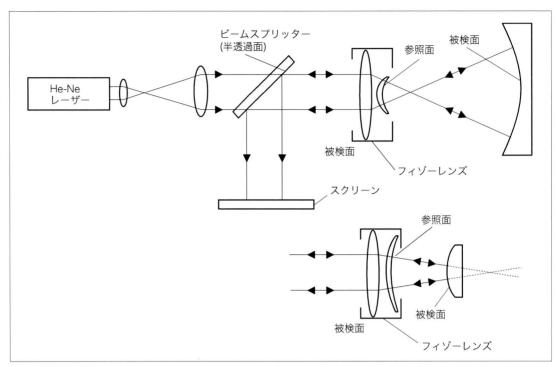

**図 3.1.8** フィゾー干渉計による球面計測

　**図 3.1.7** において，ビームスプリッターを透過した平面波は参照面に入射する。参照面は鏡ではなく，通常は無コートの研磨面が用いられる。その結果，参照面に入射した光は約 4% が反射され，ほとんどの光は参照面を透過し被検面に入射する。被検面も，通常はコート前の研磨面であるので，入射光の約 4% を反射する。二つの反射光はビームスプリッターで反射され，スクリーン上で重ね合わされ干渉縞を生成する。この干渉計の特徴は，参照面と被検面との間に光学素子が入っていないので，干渉縞は両面間の間隔，すなわち両面の形状誤差にのみ依存することである。ビームエキスパンダーやビームスプリッターの誤差は参照面からの反射光と被検面からの反射光の両方の波面に同量載っているので，互いに打ち消し合い，干渉縞の形成に影響しない。

　では，フィゾー干渉計で球面を測るにはどうすればよいであろうか？ それには，**図 3.1.8** に示すような特殊なレンズを用いる。

　この特殊なレンズはレンズの焦点とレンズの最終面の曲率中心が一致しており，かつ最終面は反射防止膜がコーティングされておらず，4% の反射率を持っている。こ

のレンズの光軸に平行な光束を入射すると焦点に収束するが，焦点とレンズの最終面の曲率中心が一致しているので，光線は最終面に対し垂直に入射する。その結果，光束の一部（4%）は反射され，入射光束と同じ光路を戻り，平行光となってビームスプリッターに入射し，反射してスクリーンに到達する。この最終面を高精度に加工し参照面とする。この特殊な参照面をフィゾー面と呼ぶ。大部分の光束はレンズの最終面を透過し，被検面（球面）に入射する。被検面の曲率中心をレンズの焦点に一致させると，光束は被検面で垂直に反射され，戻って，フィゾー面で反射した光束と同じ光路を通ってスクリーンに到達し重ね合わさって干渉縞を生成する。この干渉計も参照面（フィゾー面）と被検面の誤差だけで干渉縞が決まるので，誤差要因の少ない干渉計である。ここで用いた特殊なレンズを通常我々は，フィゾーレンズと呼んでいる。干渉計メーカーでは，基準レンズとか参照レンズとか Transmission Sphere（透過型球面原器）とか呼んでいるが，私的にはフィゾーレンズの方が明確であると思うので，本講座ではフィゾーレンズと呼ぶことにする。図からも容易に想像できることであるが，この干渉計で凹

38

面を測るのは比較的容易であるが，口径の大きい凸面を測るためには被検面（被検レンズ）よりも口径の大きなフィゾーレンズを用いる必要がある。干渉計メーカーではフィゾーレンズを何種類も製造販売しているので，使用目的に応じて購入することができる。しかしながら，特殊な用途，例えば半導体製造装置に用いる縮小投影レンズは直径が30cm近くにもなる。それを計測するためのフィゾーレンズの直径は，金物も含めると50cmを超えることは想像に難くない。このような巨大なフィゾーレンズはカタログには載っていないので，特注するか自作するしかない。上記半導体製造装置用の投影レンズを製造している会社（世界で3社しかない）では，この巨大フィゾーレンズを何種類も自作していると思われる。

フィゾー干渉計による球面計測は，トワイマングリーン干渉計に比べて誤差の少ない計測であるが，反面フィゾーレンズの参照面と被検面の間隔，すなわち，光路差は必然的に一意に決まり，トワイマングリーン干渉計のように参照面等の位置を変えて自由に調節することができない。しかも，かなりの大きさ（凹面計測ではフィゾー面の曲率半径と被検面の曲率半径の和）になる。したがって，常にコントラストの良い干渉縞を得るためには，光源は通常のレーザーではなく単一波長（単一縦モード）のレーザーを用いなければならない。

### 3.1.3　検出器と焦点合わせ

実用的干渉計では，スクリーンに干渉縞を生成し，目視によって計測することはなく，2次元センサー（撮像素子）により干渉縞のパターンを取り込み，画像処理によって形状誤差等を計測する。計測精度はPV値で$\lambda/50$にも達する。

2次元センサーは，私が干渉計開発に携わった40年近く前は，画素数が50×50のCCDであった。当時は，通常の方法で研磨された球面計測が目的であったので，この程度の（横）分解能で十分であった。しかしながら，その後加工方法が進歩し，スモールツール研磨により細かい凹凸も補正できるようになり，更には高精度な非球面が加工できるようになり，干渉計に対する分解能の向上が要求されるようになった。同時に，デジカメの進化で高分解能2次元センサーが容易に入手可能となり，

1000×1000画素以上の2次元センサーが用いられるようになった。

また，被検面から2次元センサーまで距離があるので，波面の伝搬による変形や回折により被検面の形状が2次元センサー上では正確に反映されない（回折による波面の変形の実例は13.3節に示す）。そこで，レンズによって被検面を2次元センサー上に結像する必要があるが，様々な被検面あるいはフィゾーレンズに対して焦点合わせをすると，2次元センサー上の光束径（観察する干渉縞の大きさ）が変化してしまう。それを避けるために，**図3.1.9**のようなアフォーカル（入射した平行光が平行光となって射出する）光学系を用いて，被検面を2次元センサー上に結像する。

被検面の結像の様子を図の破線で示す。被検面はフィゾーレンズの後ろにいったん像を結び，アフォーカル光学系によって2次元センサー上に再結像される。アフォーカル光学系を一体で前後するか，2次元センサーを前後することによってピント合わせが可能である。そして，特筆すべきことは，アフォーカル光学系を前後しても図の実線で示される光束径は2次元センサー上で変化しないことである。この光束径はフィゾーレンズを異なる仕様のフィゾーレンズと交換しても，フィゾーレンズでけられない限り変わらない。2次元センサー上の光束径が変わるのは被検面によってけられるときだけである。これは実用上，重要なことである。

### 3.1.4　アライメント（光学調整）

最後に，アライメントの機構を説明しよう。**図3.1.9**に示すように2次元センサーの前に平行光を2次元センサー上に集光する小さい短焦点距離の集光レンズを光軸へ出し入れする機構を設ける。このレンズを挿入することによって，2次元センサー上に点像が形成され，アライメントが容易にできるようになる。

まず，フィゾーレンズの集光点がフィゾー面の曲率中心と一致するようにフィゾーレンズの光軸の倒れ（傾き）を調整しなければならない。フィゾーレンズの集光点近傍に適当な反射面（被検面で代用するのが簡便である）を置いて集光した光を反射させる。すると，2次元センサー上にはフィゾー面で反射した光による点像と焦点近傍に置いた反射面からの反射光によるぼけた点像が観察

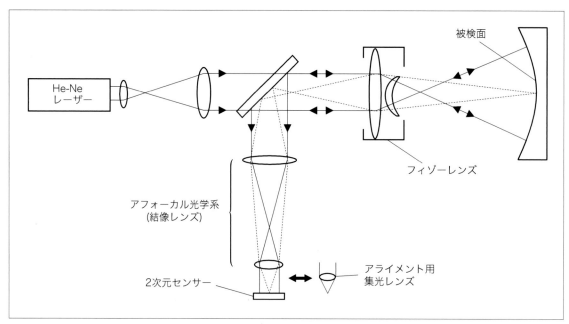

**図 3.1.9** 干渉計の検出光学系

される。反射面を光軸方向に前後してぼけた像が点像になるようにする。その点像の位置はフィゾーレンズの光軸の傾きによらず一定である。この点像を基準とする(市販の干渉計ではこの位置が2次元センサーの中心に来るように挿入する集光レンズの位置が調整されている)。その点像とフィゾー面からの反射光による点像が一致するようにフィゾーレンズの傾き（光軸）を調整する。調整後，反射面を取り除く。

次に，被検面を置く。最初はアライメントが大きくずれているので，集光レンズを挿入したとき，被検面からの反射光は点像とならず広がっている。そこで，被検面を前後して広がった像が点像になるようにする。すると，フィゾー面からの反射光による点像と被検面からの反射光による点像の2個の点像が観察される。この2個の点像が一致するよう被検面の傾きを調節する。2点が一致すれば，フィゾーレンズの集光点（焦点，すなわちフィゾー面の曲率中心）と被検面の曲率中心が一致したことになる。そこで，集光レンズを引き抜けば，干渉縞が2次元センサー上に形成されている。あとは干渉縞を見ながら被検面の位置と傾きを微調整して，所望の（例えばワンカラーの）干渉縞を得ることができる。この出し入れ可能なアライメント用集光レンズは，フィゾー干渉計だけでなく，トワイマングリーン干渉計等ほとんどの干渉計に必須の補助光学系である。

2次元センサーで得られた画像から如何にして形状誤差を算出するかは，次節で説明する。

# 第3章　面形状測定用干渉計
## 3.2　干渉計の信号処理と計測精度

前節で代表的な干渉計であるトワイマングリーン干渉計とフィゾー型干渉計を紹介し，干渉縞の本数や変形から被検面の形状誤差が測れることを示した。本節では，この形状誤差をより高精度に計測するための信号処理その他について解説する。

### 3.2.1.　フリンジスキャン

前節で，干渉縞を$\lambda/2$の等高線とみなして形状誤差を見積もることができ，更に被検面（試料）または参照面を傾けることにより等間隔の干渉縞を出し，その変形量から被検面の形状誤差を$\lambda/10$程度の精度で測定できることを示した。更に高精度で計測するためには，フリンジスキャン（位相シフトとも言う）という方法を用いる。2次元センサー上に結像した干渉縞の像を，接続したコンピューターのメモリーに取り込む。参照面または被検面を光軸方向に移動させると，干渉縞が変化するが，それらの像をいくつか取り込み，画像処理をして被検面の形状誤差を求める。前節で説明したフィゾー干渉計を例にとり説明する。**図 3.2.1** は前節で説明したフィゾーレンズを用いた，球面計測用のフィゾー干渉計である。**図3.2.1** において，被検面またはフィゾーレンズを光軸方向に$\lambda/8$ずつ4回移動してデータを取り込む。原理的にはどちらを動かしてもよいが，市販の干渉計ではピエゾアクチュエーター（通称ピエゾ）を用いてフィゾーレンズを動かしている。ピエゾは nm オーダーから数$100\,\mu\mathrm{m}$の微小な距離を精度良く動かすのに適している。しかも，重いものも動かせ，発熱も少ない。ただしヒステリシスがあるので，計測（データの取り込み）は一方向の移動でかつ予備移動を設けて線形な移動部分を用いるようにしなくてはならない。

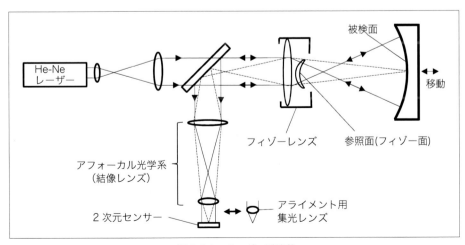

**図 3.2.1**　フィゾー干渉計

以下の説明では，便宜上被検面を移動するものとする。

　参照面と被検面が高精度に作成され（形状誤差がなく）アライメントがきちんと行われている場合，干渉縞はワンカラーとなる。この状態で被検面（または参照面）を光軸方向に動かすと2次元センサーの各画素から出てくる信号は正弦波的に変化する。被検面を$\lambda/2$移動する毎に正弦波信号は1周期変化する。形状誤差がなく，ワンカラーの状態では各画素からの正弦波信号は全く同位相である。被検面に形状誤差がある場合にはその場所の信号の位相がずれてくる。例えば被検面の一部に凸の形状誤差がある場合，被検面を光軸に沿ってフィゾーレンズに近づけると凸形状誤差部分の信号は他の部分からの信号より位相が進んでいる。凸状の誤差量が$\lambda/2$であれば，一周期位相（$2\pi$）が進んでいる。

　数学的に扱ってみる。被検面をフィゾーレンズに$z$近づけたときの被検面の位置（$i, j$）に対応する2次元センサーの出力信号は

$$y_{i,j} = B + A \sin(4\pi z/\lambda + \phi_{i,j})$$

と表される。初期位相$\phi_{i,j}$の値を各点で求めると$\Delta_{i,j} = (\lambda/2) \times (\phi_{i,j}/2\pi)$で，被検面各点の形状誤差量を求めることができる（$\phi_{i,j}$が正のとき凸である）。

　この$\phi_{i,j}$を求めるために，被検面を$\lambda/8$ずつ3回移動させると，移動前を含めて，

$$y_0 = B + A \sin(0 + \phi_{i,j}) = B + A \sin \phi_{i,j}$$
$$y_1 = B + A \sin(\pi/2 + \phi_{i,j}) = B + A \cos \phi_{i,j}$$
$$y_2 = B + A \sin(\pi + \phi_{i,j}) = B - A \sin \phi_{i,j}$$
$$y_3 = B + A \sin(3\pi/2 + \phi_{i,j}) = B - A \cos \phi_{i,j}$$

という4個の信号が各画素ごとに得られる。
　ここから

$$y_2 - y_0 = -2A \sin \phi_{i,j},$$
$$y_3 - y_1 = -2A \cos \phi_{i,j}$$

となり，

$$(y_2 - y_0)/(y_3 - y_1) = \tan \phi_{i,j}$$

から

$$\phi_{i,j} = \tan^{-1}\{(y_2 - y_0)/(y_3 - y_1)\}$$

で$\phi_{i,j}$が求められ，

$$\Delta_{i,j} = \phi_{i,j}\lambda/4\pi$$

で形状誤差量が求められる。これを2次元の画素すべてにわたって求めると，2次元の形状誤差が求められる。

　ここで注意すべきは，上記の式で求められる$\phi_{i,j}$は一般に$-\pi/2$から$\pi/2$までの値である。sinとcosの正負を考慮しても$-\pi$から$\pi$までの値であり，求められる形状誤差$\Delta_{i,j}$は$-\lambda/4$から$\lambda/4$までの値である。これを超える形状誤差量は$\lambda/2$の整数倍を加減算した$-\lambda/4$から$\lambda/4$の間の値として算出される。その結果，形状誤差に$\lambda/2$の段差が生じる。そこで，隣接する画素間で$\lambda/4$以上の差がある場合は$\lambda/2$を加減算して段差が$\lambda/4$以下になるように処理をし，誤差形状に生じた段差を解消し，$-\lambda/4$から$\lambda/4$の範囲を超える形状誤差を正しく計測できるようにする。これを，アンラッピング（unwrapping）処理という。この様子を**図3.2.2**に1次元で模式的に示す。

　以上の説明では，4個の信号を処理して波面を計測しているので4バケット（buckets）法と呼ぶ。

### 3.2.2　計測精度

　上記の式からもわかるようにフリンジスキャン法により計算される位相$\phi$や形状誤差$\Delta$は$A$や$B$の値によらない。すなわち測定光の光量ムラやコントラストの影響を受けない。計算上では容易に1度以下の分解能で位相を算出でき，形状誤差を1nm以下の分解能で計測できる。しかし，様々な要因により測定精度はそこまで高くない。ここで測定精度に影響を与える誤差要因について考えてみよう。誤差の要因となるのは装置固有のシステマチック（系統的）エラーと光電的ノイズや測定環境等に起因するランダムエラーである。システマチックエラーとしては参照面の誤差と，フリンジスキャンのスキャン（移動量）誤差によるものが大きい。これらの誤差要因と低減法について記す。

### 3.2.3　参照面の誤差（基準面の誤差）

　システマチックなエラーの最大のものは，フィゾー干渉計では参照面（フィゾー面）の誤差である。トワイマングリーン干渉計では，参照面よりもビームスプリッター

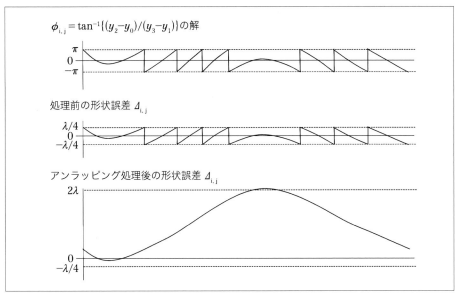

$\phi_{i,j} = \tan^{-1}\{(y_2-y_0)/(y_3-y_1)\}$ の解

処理前の形状誤差 $\Delta_{i,j}$

アンラッピング処理後の形状誤差 $\Delta_{i,j}$

**図 3.2.2**　アンラッピング処理

等の光学系の誤差の影響が大きい。これらの誤差を補正するためには，被検面を計測する前に高精度に加工された基準面（平面原器，球面原器）を計測する。その後被検面を計測し，その計測値から基準面の計測値を差し引けば，参照面を含む光学系の誤差を差し引くことができる。残る光学系に起因するシステマチックな誤差は基準面の誤差のみとなる。基準面すなわち平面原器と球面原器は干渉計メーカーや光学部品メーカーから市販されており，$\lambda/20 \sim \lambda/50\,\text{PV}$ の精度（確度）のものが入手できる。これ以上の精度を得ようとすると原器の較正が必要である（補遺：本来原器（prototype）という用語は，メートル原器やキログラム原器のように世界または業界で唯一の基準となるものに対して用いられる用語であり，測定工具として用いられるものは原器ではなくゲージ（gauge）と呼ぶべきである。しかしながら機械の業界ではゲージという用語を使っているものの，光学の業界では（特に製造現場では）原器という用語を一般的に使っている。本講座でも原器という用語を用いることにする。）。

　平面原器の較正でよく知られているのは，3枚合わせと呼ばれる方法で，3枚の原器を用意し相互に向かい合わせにして相対計測する方法である。**図 3.2.3** において各面の形状誤差を $W_1$, $W_2$, $W_3$ とする。各面を向かい合わせにして（一方を参照面，他方を被検面として）フィゾー干渉計で計測する。計測値を各々 $W_{12}$, $W_{23}$, $W_{31}$ と

すると，$W_{12}=W_1+W_2$, $W_{23}=W_2+W_3$, $W_{31}=W_3+W_1$ であり，これらを足した値を $W_{123}$ とすると，$W_{123}=W_{12}+W_{23}+W_{31}=2(W_1+W_2+W_3)$ となり，$W_1+W_2+W_3$ の値が求まる。すなわち，$W_1+W_2+W_3=W_{123}/2$ である。この値から，$W_1+W_2$, $W_2+W_3$, $W_3+W_1$ を差し引けば，$W_1$, $W_2$, $W_3$ の値が求まる。すなわち，$W_1=W_{123}/2-W_{23}$, $W_2=W_{123}/2-W_{31}$, $W_3=W_{123}/2-W_{12}$ である。しかしながら，この方法では各面を向かい合わせにするとき，1軸（例えば $x$ 軸）を合わせると直交する軸（例えば $y$ 軸）は座標が反転するので，正しく求められるのは1軸（ここでは $x$ 軸）のみであり，全面が正しく求められるわけではない。全面を求めるには面を相対的に回転[1]やシフト[2]して複数回計測し処理する必要がある。

　平面原器の較正法としてもう一つ知られている方法は，液体を原器とする方法である。静止状態の液体は平面と考えられる。厳密には地球と同じ半径の球面の一部であり，直径 $300\,\text{mm}\phi$ の円形平面原器を考えると，中央が約 $1.7\,\text{nm}$ 盛り上がっている。この値は十分小さくかつ計算により補正可能である。実際には，表面張力による周辺部の変形と，熱や振動による揺らぎの影響のほうが大きく，水平でかつ上向き面でなければ使えないという制約がある。蒸発等の問題もあり実用上の問題が大きく現場で使われることはほとんどないと思われる。現

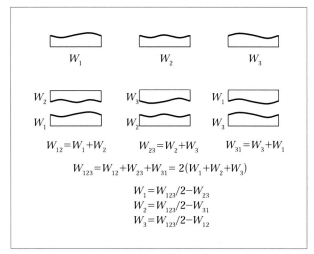

図 3.2.3　3枚合わせ

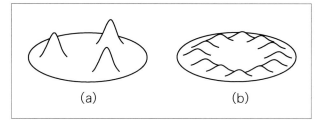

図 3.2.4　回転平均

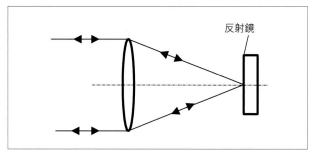

図 3.2.5　キャッツアイ

実には，ドイツ物理工学研究所（PTB）で平面原器として使われている[3]。

　現実的には最高精度の原器を購入し，国内では産総研等の公的機関に較正を依頼するのが良いであろう。その時最も気を使うべきはホルダーであり，較正時と実使用時で原器の変形（ホールドひずみ，重力変形）が等しくなるように計測条件を等しくすべきである。

　これらの較正法ではホールドひずみ，重力変形，測定環境等の影響で絶対精度（確度）は 10 nm 程度と見積もられている[1]。

　平面原器は被検物と同じか，より大きなものが必要であり，製造もホールドも大変であるが，球面原器は（測定光束が収束発散光であるため）被検物より小さなもので済むので，製造もホールドも楽である。更に，球体を用いて較正することも可能である。精度の悪い（真球度の悪い）球でも，あらゆる方向から計測し平均化することによって真球とみなすことができる。したがって，球をいろいろな向きに置いて球面度を計測し平均値を求め，その値を真値として球面原器を較正すればよい。このときランダムに球の向きを変えるのではなく，一定の角度で変えれば効率よく（少ない回数で）真球に近づけることができる。球体はベアリングに用いる鋼球が非常に安価で高精度のものが使える。鋼球は反射率が高いので高精度で干渉計測するため（コントラストの高い干渉縞を得るため）には反射光の光量を減らす等の工夫が必要である。鋼球ではなく石英球，あるいはガラス球であ

れば反射率の問題はなくなるが，裏面反射の問題が出てくる。また価格も高くなる。

　球を用いない場合でも，球面原器自体を回転等して較正することができる。例えば，球面原器を中心軸の周りに $360°/N$ ずつ $N$ 回回転（$N$ は整数）して平均化すれば，$MN$（$M$ も整数）回対称成分以外の回転対称成分はゼロとなる。この様子を図 3.2.4 に示す。図 3.2.4(a) は，高次の成分を含む（正弦波状ではない）3 回対称な形状誤差を示している。それを 4 回（90°ずつ）回転して平均化したのが図 3.2.4(b) である。図 3.2.4(b) では，3 回対称成分は消え高次の 12 回対称成分が残っているのが分かる。また，周辺近くの盛り上がり，すなわち，高次の回転不変成分（後述）も残っているのが見て取れる。この平均値を球面原器の測定値から差し引けば，球面原器の $MN$ 回対称成分以外の回転対称成分が求められる。残る $MN$ 回対称成分は $N$ がある程度（例えば 4 以上に大きければそれほど大きくないと考えられる。回転対称成分はこの方法でほぼ較正することができるが，（中心軸周りに任意角度回転しても不変な）回転不変成分（すなわち $r^4$ 等の半径方向のみの関数の成分。円対称成分，軸対称成分あるいは無限回転対称成分ともいう）は残る。これを較正するにはキャッツアイ（Cat's eye）という光学配置を用いるとよい。キャッツアイの配置を図 3.2.5 に示

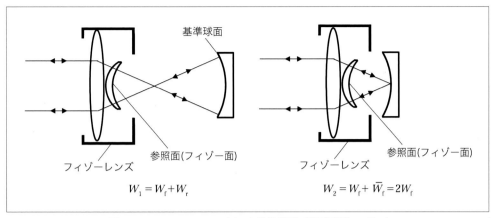

$$W_1 = W_f + W_r \qquad\qquad W_2 = W_f + \overline{W}_f = 2W_f$$

**図 3.2.6**　キャッツアイを用いた基準球面（球面原器）の較正

す。集光レンズの集光位置（平行光が入射していれば焦点位置）に反射鏡を置くと，反射光束は入射光束と同じ光路を戻っていく（ただし波面は反転している。）。夜，猫や野生動物をライトで照らすと目が異常に光る。これはキャッツアイの原理により猫の目の網膜が反射鏡の役割を果たし，光束をライトのほうへ戻すためである。反射鏡は平面である必要はなく球面でも構わない。また反射面が傾いても反射光束がずれる（平行移動する）だけであり，光束が元に戻る方向（入射光束と平行な方向）は変わらない。キャッツアイは 2.1.1 節に記載したコーナーキューブと似て，入射光束を反射して元の光束と平行に戻す性質がある。コーナーキューブに比べて低精度ながら簡便な光学系であり，干渉計のみならずいろいろな用途に用いられる。

　このキャッツアイを用いて基準球面の回転対称成分を較正するための手順を**図 3.2.6** に示す。

　**図 3.2.6** においてフィゾー面の形状誤差を $W_f$，基準球面（球面原器）の形状誤差を $W_r$ とする。通常の計測結果を $W_1$ とすると $W_1 = W_f + W_r$ である。キャッツアイでの計測結果を $W_2$ とすると，$W_2 = W_f + \overline{W}_f$ である。ここで $\overline{W}_f$ は $W_f$ の座標を反転したものを表す（キャッツアイによって波面の座標が反転する。）。$W_f$ の回転対称成分のみに着目すれば $\overline{W}_f = W_f$ であるので，$W_2 = 2W_f$ となる。その結果 $W_r = W_1 - W_2/2$ となる。この $W_r$ の回転対称成分が求める基準球面（球面原器）の回転対称成分である。

### 3.2.4　フリンジスキャンの誤差

　もう一つ大きなシステマチック誤差は，フリンジスキャンのスキャン移動の誤差に起因するものである。すなわち，被検面または参照面を $\lambda/8$ ずつ移動させるとき，移動量の誤差によって測定誤差が生じる。移動誤差によって生じる位相の誤差を $\delta$ として計測誤差を見積もってみよう。簡単のため，位相の誤差は移動量に比例するとする。すなわち，移動によって位相は，$0$，$\pi/2 + \delta$，$2\pi/2 + 2\delta$，$3\pi/2 + 3\delta$，と変化するとする。その結果前出の式は，

$$
\begin{aligned}
y_0 &= B + A\sin(0 + \phi_{i,j}) = B + A\sin\phi_{i,j}\\
y_1 &= B + A\sin(\pi/2 + \delta + \phi_{i,j}) = B + A\cos(\delta + \phi_{i,j})\\
&= B + A(\cos\phi_{i,j} - \delta\sin\phi_{i,j})\\
y_2 &= B + A\sin(\pi + 2\delta + \phi_{i,j}) = B - A\sin(2\delta + \phi_{i,j})\\
&= B - A(2\delta\cos\phi_{i,j} + \sin\phi_{i,j})\\
y_3 &= B + A\sin(3\pi/2 + 3\delta + \phi_{i,j}) = B - A\cos(3\delta + \phi_{i,j})\\
&= B - A(\cos\phi_{i,j} - 3\delta\sin\phi_{i,j})
\end{aligned}
$$

となる。ここで，$\delta$ が小さいとした（$\sin\delta = \delta$，$\cos\delta = 1$）。

$$
\begin{aligned}
y_2 - y_0 &= 2A(\delta\cos\phi_{i,j} + \sin\phi_{i,j}),\\
y_3 - y_1 &= -2A(\cos\phi_{i,j} - 2\delta\sin\phi_{i,j})
\end{aligned}
$$

となり，

$$\tan\phi'_{i,j} = (\delta\cos\phi_{i,j} + \sin\phi_{i,j})/(\cos\phi_{i,j} - 2\delta\sin\phi_{i,j})$$

となる。

表 3.2.1　フリンジスキャンの移動誤差による計測誤差

| $\phi_{i,j}$ | $\sin\phi_{i,j}$ | $\cos\phi_{i,j}$ | $\tan\phi'_{i,j}$ | $\phi'_{i,j}$ | 誤　差 |
|---|---|---|---|---|---|
| $0$ | $0$ | $1$ | $\delta$ | $\delta$ | $\delta$ |
| $\pi/4$ | $1/\sqrt{2}$ | $1/\sqrt{2}$ | $1+3\delta$ | $\pi/4+3\delta/2$ | $3\delta/2$ |
| $\pi/2$ | $1$ | $0$ | $-1/2\delta$ | $\pi/2+2\delta$ | $2\delta$ |
| $3\pi/4$ | $1/\sqrt{2}$ | $-1/\sqrt{2}$ | $-1+3\delta$ | $3\pi/4+3\delta/2$ | $3\delta/2$ |
| $\pi$ | $0$ | $-1$ | $\delta$ | $\pi+\delta$ | $\delta$ |
| $5\pi/4$ | $-1/\sqrt{2}$ | $-1/\sqrt{2}$ | $1+3\delta$ | $5\pi/4+3\delta/2$ | $3\delta/2$ |
| $3\pi/2$ | $-1$ | $0$ | $1/2\delta$ | $3\pi/2+2\delta$ | $2\delta$ |
| $7\pi/4$ | $-1/\sqrt{2}$ | $1/\sqrt{2}$ | $-1+3\delta$ | $7\pi/4+3\delta/2$ | $3\delta/2$ |

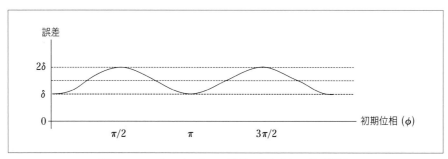

図 3.2.7　フリンジスキャン誤差により生じる計測誤差

このときの $\phi_{i,j}$ の誤差 $\phi'_{i,j}-\phi_{i,j}$ は $\phi_{i,j}$ に依存する。例として，$\phi_{i,j}$ が $0, \pi/4, \pi/2, 3\pi/4, \pi, 5\pi/4, 3\pi/2, 7\pi/4$ の時の $\phi_{i,j}$ の誤差を計算してみると，**表 3.2.1** のようになる。

移動による位相誤差 $\delta$ に対し計測結果（波面の位相）は，初期位相により $\delta$ から $2\delta$ まで変化（増加）する。この誤差を初期位相に対して図示すると**図 3.2.7** に示すように，初期位相に対して 2 倍の周期で変化することが分かる。全体的に一定量（ここでは $3\delta/2$）増加するのは単なるバイアス（被検面または参照面の平行移動）に相当するので被検面の形状計測には影響しない。しかしながら，このバイアス量に対し初期位相 $\phi$ が変わると，計測値は $\pm\delta/2$ 変化し，計測誤差となる。

これらのことを利用して干渉計のフリンジスキャンの精度を調べることができる。干渉計を調整してワンカラーの状態でフリンジスキャンを行い被検物の形状誤差を求める。その後，干渉縞が数本出るように被検面を若干傾けてフリンジスキャンを行う。求められた形状誤差からワンカラーの時の形状誤差を差し引く。フリンジスキャンが正確に行われていれば，得られた差分は傾き成分のみとなり，傾き成分を補正すれば完全な平面となる（はずである）。しかしながら，フリンジスキャンに前述のリニアな誤差があると，被検面を傾けたときにでていた干渉縞のちょうど 2 倍の周期の凹凸が現れる。これは干渉計のフリンジスキャンに誤差がある証拠である。

位相誤差量は $\pm\delta/2$ であるので，形状誤差に換算すると $\pm\delta\lambda/8\pi$ となる。フリンジスキャンの誤差を移動量の 1 割とすると $\delta$ は $0.1\pi/2$ である。その結果，形状誤差は $\pm\lambda/160$ となる。この誤差は小さいとはいえ，数 nm もあるし，移動量の誤差が 1 割以下に収まるという保証もない。また後で述べるように，周辺部ではもっと大きな誤差になりうる。そこで 40 年近く前，干渉計開発当時，文献をいろいろ調べたところ，フリンジスキャンを，上記で説明した一般的な 4 バケットではなく奇数回バケットで行うと，フリンジスキャンによる誤差が低減できる

ことが分かった。特に，5バケット法は4バケット法と同じく被検面を$\lambda/8$ずつ移動し，ストロークを$\lambda/8$延長し1回余計にデータをとればよいので，この方式を採用することにした。この方式は計算処理のとき単純に移動距離0のデータ$y_0$の代わりに移動距離$\lambda/2$，すなわち，位相$2\pi$のデータ（$y_4$とする）と移動距離0（位相0）のデータ$y_0$の平均値を用いるという簡単なものであった。すなわち位相計算の，$\phi_{i,j} = \tan^{-1}\{(y_2 - y_0)/(y_3 - y_1)\}$の$y_0$の代わりに$(y_0 + y_4)/2$を用いればよい。ただし，$y_4 = B + A\sin(2\pi + \phi_{i,j})$である。リニアなフリンジスキャン誤差がある場合は$y_4 = B + A\sin(2\pi + 4\delta + \phi_{i,j})$である。$\delta$が小さいとすると$y_4 = B + A\sin(4\delta + \phi_{i,j})$ $= B + A(4\delta\cos\phi_{i,j} + \sin\phi_{i,j})$となり，$y_2 - (y_0 + y_4)/2$ $= -2A(2\delta\cos\phi_{i,j} + \sin\phi_{i,j})$となる。その結果，$\tan\phi'_{i,j} = (2\delta\cos\phi_{i,j} + \sin\phi_{i,j})/(\cos\phi_{i,j} - 2\delta\sin\phi_{i,j})$となる。

この式を元に，表1と同様な計算をすると，詳細は省略するが，誤差は$\phi_{i,j}$によらず$2\delta$となる。すなわち，単純なバイアス成分のみとなるので誤差はゼロとなる。これは$\delta$が小さい場合の近似計算の結果であるが，4バケットから5バケットに増やすことによって，移動距離に比例する誤差に起因した形状誤差は大幅に減らすことができる。一般にはバケット数を奇数にし，増やすことで誤差が低減できる。移動誤差がリニアでない場合も効果がある[4]。

ピエゾをきちんと調整するか，あるいはピエゾによる被検面の移動距離を計測してフィードバックすればこの誤差は生じないように思われる。が，そうではない。**図3.2.8**に示すように，被検面を正確に$\lambda/8$動かしたとしても，周辺部は光線方向に対し$\cos\theta$倍しか動いていな

い。その結果，$\theta$が大きい球面の計測では大きな誤差となる。したがって，上記のようにバケット数を増やしてフリンジスキャンの誤差による影響を除くことは高精度計測には必須である。

### 3.2.5　環境によるランダムな誤差

ランダムエラーに関しては光電的なノイズよりも，環境依存のノイズが大きい。その主なものは，振動，気圧変動を含む空気の揺らぎ，温度変動である。そして気を付けなければならないのは，ホールドによる変形歪である。

振動を除去するため除振台の使用は必須である。これがなければ，干渉計計測はほとんど不可能といってもよい。除振台はいろいろな種類があるので，予算と使用目的を明確にして業者と相談するのが良い。また置き場所も，できれば地下あるいは1階の床の安定したところを選びたい。高層ビルでも除振台があれば干渉計測は可能であるが，除振台は重いものが多いので床強度の確認が必要である。また床の振動が問題になる場合もあるので，できれば梁の上に除振台を置くようにしたい。

空気の揺らぎは，一般に振動より周波数が低く数Hzといわれている。空気の揺らぎを抑えるためには，部屋の温度を均一にし，かつ干渉計に（空調等の）風が当たらないようにする。フィゾーレンズや被検物の周辺を覆うのも有効であるが，完全に覆ってしまうと操作性が悪くなったり熱がこもったりするので完全に覆うのは得策ではない。

これらの振動や空気の揺らぎは測定結果にランダムな誤差を与える。上記の対策を行ってもまだ十分に小さくできない場合は，繰り返し測定して平均化を行う。

振動や空気の揺らぎは，変化が時間的に短いのですぐに影響が分かり対処がしやすいが，温度の変動の影響は時間的に緩やかであり，思わぬところで影響が出ることが多いので注意が必要である。高精度な測定を行うためには空調により部屋の温度を一定にすることはもちろんであるが，できるだけ発熱するもの（光源や電気系）を干渉計から遠ざけるのが望ましい。また被検物の温度管理も重要である。これは実際に計測を繰り返してみれば計測値が安定しないことから実感できるであろう。一般には，被検物（レンズ等）の加工職場と干渉計のある計測職場は別室となっており温度が異なる。したがって，

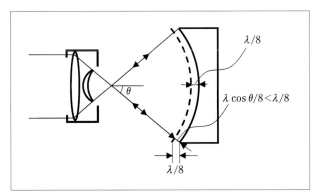

**図3.2.8**　球面周辺部のフリンジスキャン誤差

計測する前に被検物を計測室の温度環境になじませるため一定時間放置しておくことが必要である。また留意すべきは被検物の取り扱い方法であり，素手で扱うと手の温度により被検物が部分的に温度上昇し変形する。部屋の温度になじませた後は素手で取り扱わないように工夫する（工具等を用いる）ことが必要である。ランダムな誤差は，一般的には計測回数を増やし平均化すれば，回数の平方根に逆比例して小さくなる。しかし，上記のように温度の影響は平均化では簡単に除去できないので注意が必要である。気圧変動は緩やかであり形状には影響しないので，一般には考慮する必要はない。

　空気の揺らぎと温度変動を考慮すると真空中で計測するとよさそうに思えるが，実際には逆効果となる。それは真空には断熱効果があるため温度ムラがあると安定化するのに時間がかかるからである。EUVA（技術研究組合極端紫外線露光システム技術開発機構）において真空ではなく蛇腹で囲ったヘリウム雰囲気での計測を行い，なんと 0.03 nm rms の計測再現性を得ている[5]。

　最後に，被検物のホルダーについて記す。やむを得ない場合を除き，締め付けるような（固定するような）ホルダーを使うべきではない。必ず変形してしまう。干渉計を縦型にして，被検物は水平にそっと置くのが良い。それでも重力によって変形してしまう。よく用いられる3点座を用いると，大きな被検物では明瞭に3回対称の変形をしている。この変形量は構造解析で見積もることができ補正が可能であるが，面倒であるし補正誤差も残る。多点で均等に支持できるホルダーを使うべきである。それでも中心部は若干へこむが，3点支持に対して変形量はずっと少なく補正の誤差も小さくなる。

**参考文献**

1) 尾藤洋一：「フィゾー干渉計による絶対平面度測定装置」
https://www.nmij.jp/~nmijclub/kika/docimgs/bito_20080715.pdf

2) 打越純一，岡本太一朗，近本元則，森田瑞穂：「交点基準を用いた絶対平面形状測定」，2003 年度精密工学会秋季大会学術講演会講演論文集, pp. 372 (2003)

3) R. Bünnagel, H.-A. Oehring, and K. Steiner："Fizeau Interferometer for Measuring the Flatness of Optical Surfaces," Applied Optics Vol. 7, Issue 2, pp. 331–335 (1968)

4) Y. Zhu, and T. Gemma: "Method for designing error-compensating phase-calculation algorithms for phase-shifting interferometry", Applied Optics Vol. 40, Issue 25, pp. 4540–4546 (2001)

5) 大滝桂：「高精度測定のための点回折干渉計」，光学 Vol. 31, Issue 7, pp. 538–544 (2002)

# 第3章　面形状測定用干渉計
## 3.3　究極の絶対精度干渉計－PDI

　3.2節で干渉計の信号処理と精度向上の話をした。絶対精度は参照面の絶対精度（確度）で決まり，その較正法を述べた。その較正法はかなり面倒なものである。より高精度な計測を簡単にできないものであろうか？　絶対精度が参照面の絶対精度で制限されるのであれば，参照面を使わないで測定できる方法があれば良い。

　参照面を使わない干渉計としては，シアリング干渉計が良く知られている。何らかの方法により被検波面（被検物からの反射波面等）を分離し，互いにずらし（シアし），干渉させ，差分を計測すれば，被検波面の微分（差分／ずらし量）が求められる。それを積分（積算）すれば，波面すなわち求める被検面の形状等が求められる。しかしながら，ずらすための光学系の誤差，積分による誤差の蓄積等があり，高い精度は期待できない。

　何らかの手段で理想的球面波を生成できれば，それと被検波面を干渉させ計測することによって，参照面等光学部品に起因するシステマティック（系統的）誤差をなくすことができ，絶対計測ができる。この理想球面波を発生させることができるのは，点光源ならぬピンホールである。すなわち，波長より小さい直径のピンホールを透過した光は，回折（回折については8.1節を参照）によりきれいな球面波となって広がっていく（計測する被検光学系の開口数（明るさ）によっては，ピンホールの大きさは波長より大きくても回折波を理想球面とみなすことができる。）。このピンホール，あるいは微小点物体からの回折光を利用する干渉計を，点回折干渉計，通称PDI（Point Diffraction Interferometer の略）と呼ぶ。PDIには様々なタイプがあるが，これらを順次（私がかかわった順に）紹介する。

　私がPDIに最初に出会ったのは，35年位前，日本光学工業㈱（現㈱ニコン）の同じ研究室（第2光学研究室）で先輩の永田浩氏が，トカマク型核融合実験の国家プロジェクト（JT60）の計測系の開発を担当していたことによる。永田氏は，プラズマの温度を計測するための真空紫外分光器用のグレーティングの開発を行っていたが，そのグレーティングの基板となるトロイダル面の計測を私に依頼された。氏からは実際に同じ目的（真空紫外分光器開発）でトロイダル面をPDIを用いて計測した外国の研究者の論文を紹介された。その論文には，PDIをリニク（Linnik）干渉計として紹介してあった。Linnikのオリジナル文献を調べようと思ったが，古すぎて見つけることができなかった。現在Linnikの発明と思われる最も簡単なPDIは，その後PDIを研究したSmartの名をとって，Smart干渉計と呼ばれている。他方，現在Linnik干渉計と呼ばれているものは，顕微鏡に同じ倍率の対物レンズを2本組み込んだ2光束干渉計であり，市販もされている全く別なものである。

### 3.3.1　基本的なPDI

　まず，Smart干渉計と呼ばれている基本的なPDIを紹介しよう[1]。

　**図3.3.1**は，レンズの波面収差を測定するPDIを示している。図において（He-Neレーザーを集光した）点光源から出た光を被検レンズによって点像に結像する。結像位置に，**図3.3.2**に示すPDIプレートと呼ばれるプレートを置く。PDIプレートとは，透明基板に半透膜を

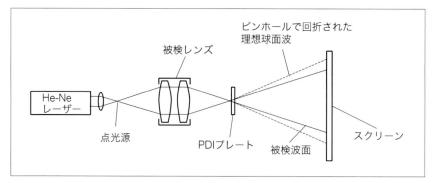

**図 3.3.1** PDI（Point Diffraction Interferometer 点回折干渉計）

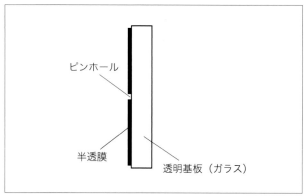

**図 3.3.2** PDI プレート

つけ，半透膜にピンホールを開けたものである。半透膜の透過率は 1/100 程度である。ピンホールの直径は測定したい光学系の NA に依存する（NA が小さければピンホールは大きくてもよい）が，通常 1 から数 µm 程度のものを用いる。

この PDI 上には，**図 3.3.3** に示すように，被検レンズの収差および回折によって広がった点像が結像される。結像された点像の一部は半透膜に開けられたピンホールにより透過回折し，理想的な球面波としてスクリーンに達する。PDI プレート上で広がった点像は半透膜を透過し収差を持ったままスクリーンに達し，前記の理想球面波と干渉する。ピンホールからの回折光は非常に弱いが，被検波面も半透膜を通過することによって強度が弱くなっているので，コントラストの良い干渉縞を生じる。

この干渉縞は，従来の干渉計のように，ビームスプリッターや参照面等，誤差要因となる光学部品を含まないので，それらに起因する測定誤差が生じない。誤差要因と

なる光学部品は PDI プレートだけである。PDI プレートのピンホールにより回折される参照用の球面波はピンホールの大きさを 1 µmφ 以下にすれば，He-Ne の波長では，NA が 0.4 以下の被検波面に対して無収差とみなせる[2]。基板の厚みおよび基板裏面の形状誤差の影響は，被検波面と参照理想球面の両方に等しく出るので相殺する。基板表面の形状誤差および半透膜の厚みムラは，点像が十分小さいので無視できる。また，被検波面に対してピンホールが与える影響は，ピンホールにより過剰に透過した部分を（半透膜で減衰した）元の波面と同じ振幅と残りの大きな振幅に分けて考えると，この残りの大きな振幅の成分が回折された理想球面を作成すると考えれば，元の波面はピンホールの影響を受けず，振幅のみが減少したとみなすことができる。以上のことから，PDI は誤差要因のない絶対測定干渉計といえる。

読者の中には，1 度点像に結像してから伝搬した波面と被検レンズの波面収差とは多少異なっていると危惧される方もいると思う。その差はわずかであるが，厳密に計測するには，**図 3.3.4** に示すように，結像レンズによって被検レンズの瞳面をスクリーン，または撮像面に結像すれば，伝搬による波面の変形および回折の影響は除去できる。この結像レンズの収差は，被検波面と参照用理想球面波の両方に等しく影響するので相殺する。また He-Ne レーザーの光を集光して点像を作るレンズの収差の影響も気になる場合は，この点光源の位置にもピンホールを置けば完璧である。

この干渉計の特徴は，絶対測定ができることに加えて，参照光と被測定光がほぼ同じところを通る，いわゆる共通光路干渉計となっていることである。共通光路干渉計

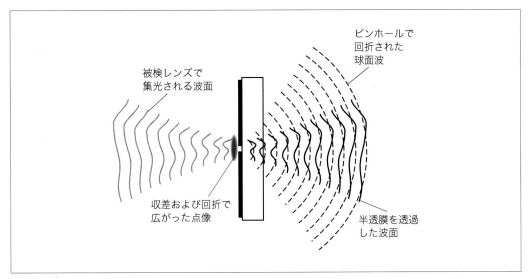

**図 3.3.3** PDI 原理図

被検レンズで
集光される波面

ピンホールで
回折された
球面波

収差および回折で
広がった点像

半透膜を透過
した波面

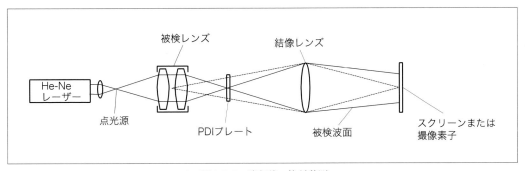

**図 3.3.4** 瞳収差の絶対計測

He-Ne
レーザー

被検レンズ

結像レンズ

点光源

PDIプレート

被検波面

スクリーンまたは
撮像素子

の特徴として，振動や空気の揺らぎ等，環境の影響を受けにくいことである。したがって，安定した干渉縞が得られる。共通光路干渉計のもう1つの特徴として，参照光と被測定光の光路差が小さく，単色でない光源でも高いコントラストで干渉するということがある。実際に，私はハロゲンランプ（白色）を光源として干渉縞の生成を試みたが，見事成功した。このとき気を付けなければならないのは光源の大きさであり，光源をPDI面上に結像したとき，その光源像の大きさが被検光学系の回折による点像の広がりより大きくならないようにしなければならないことである。この広がりより大きい光源部分からの光はPDI上のピンホールを通らないので干渉縞を作らない。それゆえこの光は無駄となり，干渉縞のコントラストを低下させる。

## 3.3.2　PDI の改良，格子分離式 PDI

　さて，本題のトロイダル面の計測にこのPDIを用いることを考えよう。トロイダル面とは，トーリック面とも言い，円をその円の中心を通らない軸の周りに回転してできる面で，**図 3.3.5** に示すようにドーナツ状の面である（中心の穴がない場合もある）。

　回折格子の基板として用いるのはこの面の一部分であり，幸いなことに，（長軸の周りに回転してできる）回転楕円体面の一部分に近い形状をしている。永田氏からは回転楕円体面とみなして計測してくれればよい（トロイダル面との差は計算で出せる）との指示があったので，回転楕円体面として計測した。回転楕円体面はよく知られているように，**図 3.3.6** に示すように，2個の焦点を

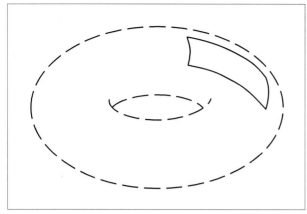

図 3.3.5　トロイダル面

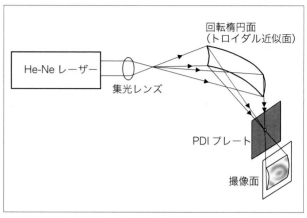

図 3.3.7　回転楕円体面の PDI による計測

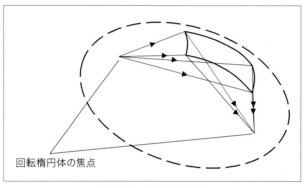

図 3.3.6　回転楕円体面

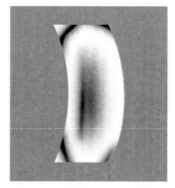

図 3.3.8　干渉縞（イメージ図）

持ち，一方の焦点から出た光は，他方の焦点に無収差で集光（結像）する。したがって，一方の焦点に点光源を置き，他方の焦点位置に PDI プレートを置けば PDI ができる。その様子を，**図 3.3.7** に示す（図には示していないが，実際には，干渉縞はカメラでトロイダル面の中心付近にピントを合わせて撮影した）。

得られた干渉縞（イメージ図）を，**図 3.3.8** に示す。トロイダル面の長手方向は斜入射で観察・計測しているので短く見える。その結果，図では横長ではなく縦長に見える。この図を見ると，周辺（四隅）に形状誤差があることが分かるが，これはトロイダル面と回転楕円体面の差に起因する。中心部は干渉縞 1 本分（斜入射の計測であるので面形状としては数波長）程度の誤差がありそうであり，かつ左に形状誤差があることは何となくわかるが，はっきりした形状誤差はわからない。通常の干渉計であれば，ここで被検面や参照面を傾けて数本の縦縞（または横縞）の干渉縞を出して，その曲がり具合から

波面の形状を読み取ったり，被検面や参照面を移動してフリンジスキャンをして高精度に波面を計測できるのであるが，Smart 方式の PDI では参照面は存在しないし，被検面（被検レンズ）を移動させると点像がピンホールから外れてしまい，干渉縞が消えてしまう。そこで，何とか縦縞を発生させたり，フリンジスキャンをできる方式がないかと検討した結果，回折格子を使うことを思いついた。

**図 3.3.9** において，被検レンズと PDI の間に回折格子を挿入し，1 次回折光による点像の位置に PDI プレートのピンホールを置いた。PDI プレート近辺の詳細を，**図 3.3.10** に示す。ピンホールを透過してできた球面波と半透膜を透過してきた 0 次光（元の波面）とが角度を持って干渉し，縦縞（横縞）を作ることができた。このとき，ピンホールを 0 次光の点像の位置に置くか，1 次回折光による点像の位置に置くかについて考えたが，以下の理由で 1 次回折光の方へ置いた。それは，回折格子

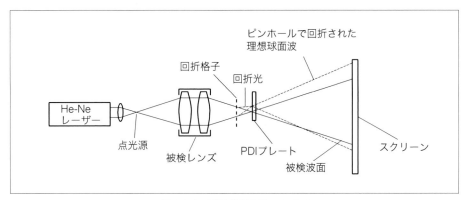

**図 3.3.9**　回折格子を用いた PDI

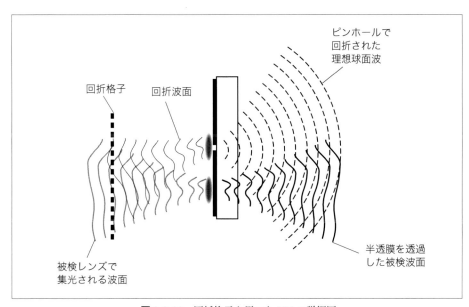

**図 3.3.10**　回折格子を用いた PDI の詳細図

のパターン誤差の影響を除くためである。パターン誤差は 0 次光には影響しないが，回折光には波面収差となって影響する。格子の位置が 1 ピッチ分ずれると，回折波面の形状が 1λ 変形する（1 次回折光の場合）。それを避けるため 0 次光を被検波面とした。回折光側へピンホールを置いたため，参照球面波の強度が非常に弱くなった。そのため，半透膜の透過率を 1/1000 程度に低くする必要が生じた。社内で製作してもらった PDI プレートの透過率は 1/100 程度であったので，別のものを探した。たまたま手元に感光現像して真っ黒になった銀塩フィルムがあり，それにいくつものピンホールが開いていた。感光した銀塩フィルムではよくあることで，たまたま埃

等がフィルム面に付着していると，その部分は感光しなかったり現像液が回らなかったりして，ピンホール状に透過部分ができてしまう。通常は欠陥品となるが，本実験では最適な PDI プレートとなった。すなわち，容易に低い透過率の PDI プレートを得ることができたし，いくつも開いているピンホールから最適な大きさのもの（結果として，できる干渉縞が一様でコントラストの良いもの）を選ぶことができた。透過率が低いことはさらに良いことがある。従来の PDI では，ピンホール周辺から透過してくる光は信号光すなわち被測定波面であったが，回折格子を用いた PDI では，ピンホール周辺から半透膜を透過してくる光は参照球面波に対するノイズ光であ

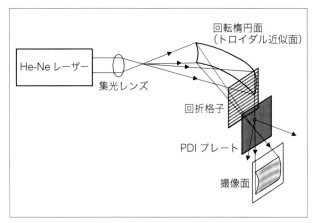

**図 3.3.11** 回転楕円体面の回折格子を用いた PDI による計測

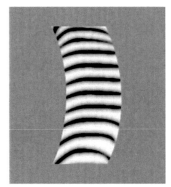

**図 3.3.12** 回折格子を用いた PDI による干渉縞（イメージ図）

る。この半透膜の透過率が低くなることにより，このノイズ光は十分小さく（最終的波面測定誤差として $\lambda/200$ 程度に）抑えることができた。また，社内製の PDI はガラス基板に半透膜として金属膜をつけたものであったため，PDI プレートの裏面で反射した光が金属膜で再度反射し，ノイズ光となってしまっていた。感光したフィルムでは，感光層（半透膜）の反射率は非常に低く，ノイズ光の影響は観測されなかった。

**図 3.3.11** に，回転楕円体面（トロイダル近似面）の回折格子を用いた PDI による計測を示す。得られた干渉縞を,**図 3.3.12** に示す。等間隔の横縞が観測され,縞の一部,特に左側が曲がっているのが明瞭にわかる。

この干渉縞の微妙な曲がり具合から面形状誤差を知ることができた。また，実際には行わなかったが，回折格子を 1/4 ピッチずつ動かせばフリンジスキャンもでき，より正確に形状誤差を測定出来る。これらの成果は，

1981 年の応用物理学会で発表した[3]が，当時は，他に用いられることはなかった。その後 20 年近くたって，最先端の半導体露光装置用の光学系検査に用いられることになる[4]が，その詳細は 6.2 節に記す。

### 3.3.3 反射型 PDI の開発

上記干渉計は，レンズ等のように点像を結像する光学系の検査に適した干渉計であるが，通常の球面計測には適していない。例えば，凹面（球面）を計測しようとすると，無収差で結像する光は球面の曲率中心から出て，球面で反射し，再度曲率中心へ集まる光である。そのため光源と PDI プレートが重なってしまい，うまく配置できない。

上記計測を行ってしばらくたったころ，世の中で EUV（極端紫外光）を用いた半導体露光装置用の光学系の検討が始まった。主たる波長は 13 nm であった。この波長域では屈折材料は使用できず，光学系は全て反射系である。最初は球面だけで設計が試みられたが，後に，全ての面が非球面となった。非球面計測に関しては別の機会に譲るとして，球面の計測をするにしても，使用する波長が短いため，面の形状誤差は 1 nm 以下に抑えなければならない。加工部門の人と話をしたら，「計測ができるなら加工はできる。」と豪語されてしまった。売り言葉に買い言葉ではないが,「それならば 1 nm 以下の絶対精度で測ってやろう。」ということになった。1 nm 以下の精度（絶対精度）の計測は参照面を用いる通常の干渉計では到底達成できない値であり，PDI でなければ計測できない。そこで考え出したのが，**図 3.3.13** のような，PDI プレートとして半透膜ではなく反射膜を用いた干渉計である。

**図 3.3.13** において，PDI プレートは半透膜ではなく反射膜で構成し，反射膜にエッチングでピンホールを開けた（ピンホールミラー）。PDI プレートの裏面からピンホールへレーザー光を集光する。すると，ピンホールから理想的球面波が発生する。その球面波の一部（図では上部）を被検面の検査用に用い，一部（図では下部）を参照光として用いる。測定できる凹面の NA（開口数）は小さくなるが，EUV の光学系では極端に明るい（NA の大きい）光学素子を用いることはないので，小さい NA の凹面が測れれば十分である（凸面に関しては PDI で測った高精度凹面を参照面としてフィゾー型の干渉計

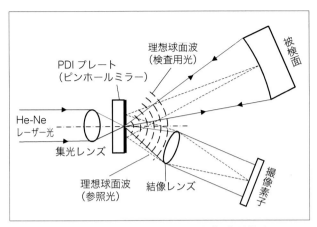

**図 3.3.13**　反射型 PDI による凹球面の絶対計測

を組めばよい）。被検面に入射した理想球面波は，被検面（凹球面）で反射され PDI プレートに戻り PDI プレートで反射され参照球面波とともに撮像素子に達し，干渉縞を形成する。撮像素子と被検面とが共役になるように結像レンズを置くのは，3.3.1. に説明した通りである。被検面を傾ければ縦（横）縞の干渉縞を作ることもできるし，被検面を前後に移動することによってフリンジスキャンも容易に行うことができる。この方式は単に実験し，特許[5] を出しただけではなく，後に国家プロジェクトである，EUVA（技術研究組合極端紫外線露光システム技術開発機構）において高精度計測器として製作された[6]。

　PDI は高価で高精度な光学部品を用いず，しかも，非常に高い絶対精度を得ることができる，優れた干渉計である。エッチング等で高精度に作成された PDI プレートがなくても，黒く感光したできの悪い（ピンホールの

多い）フィルムや写真乾板があれば，ぜひ試していただきたい干渉計である。

**参考文献**

1) R. N. Smartt, W. H. Steel: "Theory and application of point-diffraction interferometers," Japan J. Appl. Phys. 14, pp. 351–356 (1975)
2) Katsura Otaki, Florian Bonneau, Yutaka Ichihara: "Absolute measurement of a spherical surface using a point diffraction interferometer," Proc. SPIE 3740, Optical Engineering for Sensing and Nanotechnology (ICOSN' 99), 602–605 (May 7, 1999)
3) Y. Ichihara, N. Magome, Conference of J. Appl. Phys., Technical Digest, 31p–Q-5 (1981)
4) K. Murakami, J. Saito, K. Ota, H. Kondo, M. Ishii, J. Kawakami, T. Oshino, K. Sugisaki, Y. Zhu, M. Hasegawa, Y. Sekine, S. Takeuchi, C. Ouchi, O. Kakuchi, Y. Watanabe, T. Hasegawa, S. Hara, and A. Suzuki: "Development of an experimental EUV interferometer for benchmarking several EUV wavefront metrology schemes," Proc. SPIE 5037, pp. 257–264 (June 13, 2003)
5) Y. Ichihara: "Interferometer," U. S. Patent No. 5076695 (1991)
6) 大滝　桂：「高精度測定のための点回折干渉計」，光学 Vol. 31，Issue 7, pp. 538–544 (2002)

# 第3章　面形状測定用干渉計

## 3.4　フーリエ変換縞解析法

### 3.4.1　はじめに

　干渉縞の縞解析（画像処理）でどうしても述べておきたい解析法がある。それはフーリエ変換を用いた方法である。この解析法は電気通信大学の武田光夫名誉教授の考案によるものであり[1]，干渉計測における大発明である。私は幸運にも武田先生から直接この話を聞く機会を得た。私が入社して間もない（40年以上前）ころ，当時の研究室長の鶴田氏から，東大生産技術研究所の小瀬・小倉研究室の輪講会へ参加することを勧められた。その研究会のメンバーは，今思うととんでもない人たちであった。後の役職（私の記憶違いがあればお許しいただきたいが）込みで主な方々の名前を上げると，武田先生をはじめ，黒田和男東大名誉教授，谷田貝豊彦宇都宮大学教授（筑波大学名誉教授），山口一郎理化学研究所名誉研究員，芳野俊彦群馬大学名誉教授，松田浄史光産業創成大学院大学教授，中島俊典文教大学教授，久保田敏弘京都工芸繊維大学名誉教授等々，後に日本の光学界を代表する新進気鋭の若手研究者が研究会に参加されていた。若いときにそのような方々と御一緒できたことは，その後の私の研究者人生にとって大きな財産となった。このような機会を与えてくださった上司に感謝するとともに，今の若手研究者にもぜひこのような機会が与えられるよう願っている。

　では本題に戻って，フーリエ変換を用いた干渉縞解析法（以下，フーリエ変換法と称す）について説明しよう。3.2節では，最も精度の高い干渉縞解析法としてフリンジスキャン法の説明をした。フリンジスキャン法は高精度な方法であるが，被検面または参照面を光軸方向に微小移動する駆動装置（通常はピエゾを使用）が必要であり，計測にもある程度の時間を要する。また，3.1節では，被検面または参照面を若干傾けて等間隔の縦縞（横縞）を出しその縞の直線からのずれによって波面形状を測定する方法を述べた。この方法は簡便であるが，計測精度は波面で1/5~1/10波長，被検面の形状に換算すると1/10~1/20波長であり，フリンジスキャン法と比較して1桁程度精度が悪い。また正確な3次元形状も得られない。それに対しこれから述べるフーリエ変換法では，フリンジスキャン法のような特別な装置を必要とせず，1回の測定で精度よく被検面の形状を計測できる。

### 3.4.2　フーリエ変換縞解析法の概要

　フーリエ変換法では被検面または参照面をより傾け，**図3.4.1**(a)に示すように等間隔な縦縞（横縞）を数10本から100本程度発生させる。その画像をコンピューターに取り込み2次元フーリエ変換する。フーリエ変換はFFT（Fast Fourier Transform：高速フーリエ変換）のアルゴリズムが使えるので高速に処理できる。周波数面（フーリエ変換面）には，**図3.4.1**(b)に示すように，原点を中心とした低周波成分と，干渉縞のピッチに対応した高周波成分が現れる。この高周波成分に干渉縞の曲がり具合の情報が含まれている。フィルタリングでこの高周波成分とその近傍のみを取り出し（他の成分は0にし），かつ，この成分を**図3.4.1**(c)に示すように周波数座標の原点に移動し，2次元フーリエ逆変換を行う。そ

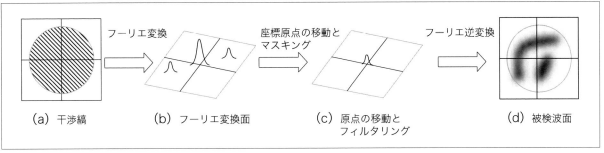

**図 3.4.1**　フーリエ変換縞解析法

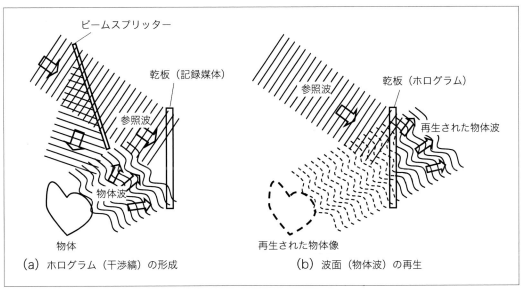

(a)　ホログラム（干渉縞）の形成　　　　　(b)　波面（物体波）の再生

**図 3.4.2**　ホログラフィーの原理図

の結果，得られる関数の位相成分が被検波面の形状を表している。（位相成分は通常 $-\pi$ から $\pi$ までの値しか得られないので波面の形状に戻すには 3.2 節で述べたアンラッピング処理を行わなければならない。）

### 3.4.3　ホログラフィーによる波面の記録と再生

　上記の説明で納得される読者はほとんどいないであろう。私も初めて武田先生からこの話を聞かされたときは，キツネにつままれたような釈然としない気分であった。が，この説明の後，武田先生はホログラフィーの概念を用いてこの原理をものの見事に分かりやすく説明をされた。ここでもその説明をしておこう（私の説明が分かりやすいかどうかは別として）。

　多くの読者はホログラフィーに関してはよくご存じと思

うので詳細は省略するが，簡単な原理図を**図 3.4.2** に示す。

　**図 3.4.2**(a) において，コヒーレントな光（レーザー光束）をビームスプリッターで波面分割し，一方の光束を物体にあて物体からの散乱波（物体波）を乾板（感光材料）に記録する(感光させる)。このときビームスプリッターを透過した光束を参照波として同時に乾板に入射させ，物体波と干渉させて干渉縞として記録する。この記録された干渉縞を，ホログラムと呼ぶ。次に物体を除き，このホログラムに記録時の参照波と同じ光束を照射すると，ホログラム（干渉縞）によって回折が生じる。この回折波は元の物体波と同じ位相（波面）を持っており，あたかも元の物体から出てきたかのように見え，元の物体と同じ像（虚像）が，元の物体の位置に見える。

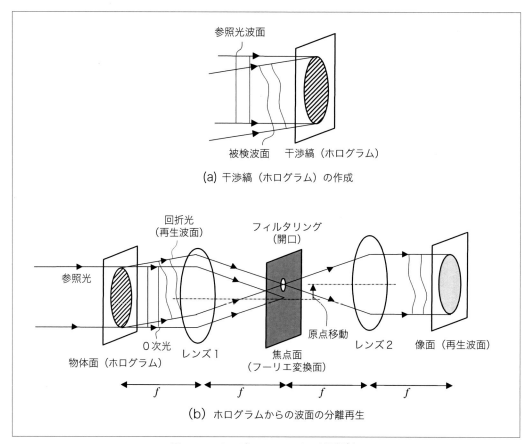

図 3.4.3　ホログラフィーによる波面再生

### 3.4.4　干渉縞からの被検波面の再生

　フーリエ変換を用いた縞解析法は，ホログラフィーによる波面の再生を実際に光によって行うのではなく計算機上で行うものである。

　**図 3.4.3** を用いて説明しよう。**図 3.4.3**(a) は干渉縞の生成を示している。被検波面(例えばトワイマングリーン干渉計における被検物からの反射波面) と参照波面を互いに傾けて干渉させ多数本の干渉縞を発生させる。傾けるといってもせいぜい (度のオーダーではなく) 分のオーダーである。この干渉縞を感光材料に焼き付け，ホログラムとする。次に**図 3.4.3**(b) のように，得られた干渉縞をホログラムとして左から参照光を照射して波面を再生する。このとき参照光を傾けず入射させると，再生波面 (回折波面) は図のように傾いて再生される。回折波面は図示した再生波面 (1 次回折光) のほかに −1 次回折光も生じるが，煩雑になるのでここでは図示していない。

　この再生光 (再生波面) のほかに 0 次光や −1 次光が合わせて出てくるので，レンズ 1 により各次数の光を後側焦点面に集光しその面にアパーチャー (開口) を置き所望の再生光のみ取り出す。アパーチャーを透過した光を元の波面に戻すため，レンズ 2 をその焦点距離だけ離れた位置に置く。その時，波面の傾きを補正するためレンズ 2 の光軸をずらし，アパーチャーすなわち再生光の集光点がレンズ 2 の光軸上に来るようにする。これで元の波面 (被検波面) が光学的に再生できる (ただし座標の正負は逆になっている)。(なお観察できるのはあくまで強度なので，この波面は直接には観察できない。)

### 3.4.5　計算機による波面の再生

　これを計算機で行うにはどうすればよいか？　それを理解するにはレンズのフーリエ変換作用を理解すればよい。レンズのフーリエ変換作用については，補遺 1 と 2 に詳細を説明するが，要は，レンズの前側焦点面の位置

に透過物体を置き平行光で照明すると，後側焦点面に透過物体の振幅透過率のフーリエ変換が得られる。したがって，**図3.4.3**(b)を計算機で実現するには，干渉縞を振幅分布関数としてフーリエ変換すれば，**図3.4.3**(b)の焦点面上の振幅分布が求められる。その分布のうち干渉縞の基本周波数の近傍のみを残し他を0にすれば，アパーチャーを通すことに相当する。その残した部分を原点に移動すれば，**図3.4.3**(b)の光軸移動（原点移動）に相当する。最後にフーリエ逆変換を行えば，**図3.4.3**(b)の像面での波面が求められる。レンズはフーリエ変換しかできないので座標の正負が逆になるが，計算機ではフーリエ逆変換が可能であるので，フーリエ逆変換によって座標の向きも含めて元の波面が再生できる。この関数の位相部分が波面を表す。これが武田先生の発明されたフーリエ変換縞解析法である。

### 3.4.6 あとがき

当時は，この解析法に必須の画素数の多い2次元固体撮像素子は，入手困難か入手できても高額であった。今ではデジタルカメラの進歩やハイビジョンの普及とともに，高画素数の撮像素子が容易に安価に入手できるとともにCPUの性能も向上し，本方式は非常に有効な干渉縞解析法となった。特に，ピエゾ素子やピエゾの変位に同期したデータ取り込み回路等の余分な装置が必要ないので，実験室レベルでの縞解析法として有効である。ただし，高精度計測を行うには注意が必要である。それは，干渉縞のピッチが細かいので干渉縞のちょっとした変形が大きな誤差要因になることである。例えば，被検面から撮像面までの光学系にディストーション（歪曲収差）があると，それによって縞が曲がり計測誤差になる。後にZeiss社がDIRECT100という名称でこの方式を使ったと思われる干渉計を発売したが，光学メーカーならではの収差補正されたものであろう。

武田先生の偉いところはこの大発明に対して，「この方法は多くの人に使ってもらいたいので特許は申請しません。」とおっしゃったことである。ニコンでこの方式を実用化することはなかったが，この方式の話を聞いて感動した私はさっそく社内で実験してみた。

上記したように，当時は2次元の良い素子は入手困難であったが1次元の高画素数（512画素）の素子は入手

できたので，1次元で実験を行った（2次元の干渉縞の1 lineのみのデータをとった）。私はプログラミングが苦手だったので入社したばかりの馬込伸貴氏（最初のニコンフェローの一人）に計算をしてもらった。フーリエ変換面のアパーチャーの径をいろいろ変えて計算をしてもらったが，アパーチャーの半径を干渉縞の周波数の1/3に相当する大きさ，すなわち**図3.4.3**(b)の焦点面の2個の集光点の間隔の1/3の長さにすればよいことが分かった。これより小さいと波面がなまってくるし，大きくすると0次光の影響が出てきて波面にリップルが乗ってくる。

干渉縞の本数（参照波面の傾き）に関しては，あまり傾けすぎて干渉縞の本数を増やすと，光学系の収差等誤差要因の影響が大きくなる。逆に本数を少なくすると，0次光の分離が困難となる。干渉計の光学素子による収差を極力小さくしフーリエ面で0次光と回折光の二つのピークのすそ野が十分に分離する程度に干渉縞の本数を増やすのが良い。

### 補遺1 レンズによるフーリエ変換

レンズによるフーリエ変換を一言で説明すると，「レンズの前側焦点面の位置に透過物体を置き平行光で照明すると，後側焦点面に透過物体の振幅透過率のフーリエ変換が得られる。」というものである。

実際に計算してみることにする。式を簡単にするため，1次元で計算する。

**補図3.4.1**において，左から波長$\lambda$の平行光がきているとする。$xy$平面上に振幅透過率が$f(x,y)$の2次元透過物体が置かれ，その後方に，焦点距離$f$のレンズがちょうど焦点距離$f$だけ離れて置かれている。このとき，レンズの後側焦点面（$XY$面）での振幅分布を計算してみる。ホイヘンスの原理により，2次元透過物体の各点からは新たに微小球面波（wavelet）が発生する。それらはレンズを通過後，平面波となる。それらの平面波の重ね合わせによって，レンズの後側焦点面に求める（フラウンホーファー）回折パターンが形成される。2次元透過物体上の点$(x,y)$から発生したwaveletがレンズを透過後作る平面波は，後側焦点面に対して角度$\theta$（$\sin\theta=\dfrac{x}{f}$）傾いている。その結果，後側焦点面上の点$(X,Y)$の波面は，原点に対して距離$X\sin\theta=Xx/f$だけ進んでいる。すなわち，

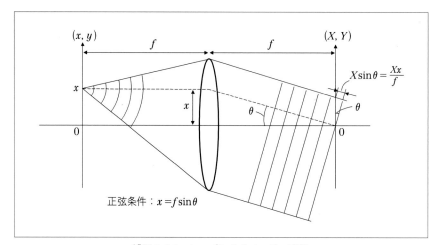

補図 3.4.1　レンズによるフーリエ変換

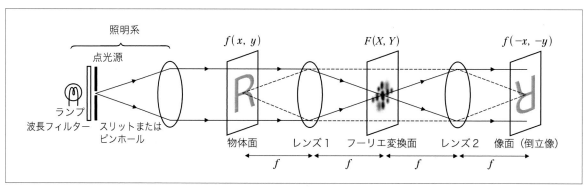

補図 3.4.2　フーリエ変換による結像

$2\pi Xx/f\lambda$ 位相が進んでいる。点 $(X,Y)$ には，物体面 $(x,y)$ から出た振幅 $f(x,y)$ の光が重ね合わさるので，それらを積分すると，点 $(X,Y)$ での振幅 $F(X,Y)$ が求められる。すべての点 $(x,y)$ から出て $XY$ 面の原点を通る光は同位相であるので，その位相を基準 (0) にする (1 次元のみ書くと) と，

$$F(X) = \int_{-\infty}^{\infty} f(x)\,e^{-i\left(\frac{2\pi Xx}{f\lambda}\right)}\,dx$$

ここで，$\xi = X/f\lambda$ と座標変換すると

$$\mathcal{F}(\xi) = F(\xi\lambda f) = \int_{-\infty}^{\infty} f(x)\,e^{-i(2\pi\xi x)}\,dx$$

となる。これはまさにフーリエ変換の式そのものである。

### 補遺 2　フーリエ変換による結像

　よく知られているように，フーリエ逆変換によって，フーリエ変換を元の像（振幅分布）に戻すことができる。フーリエ逆変換はフーリエ変換とほぼ同じ式で，座標のみが異なってくる。これをレンズ系で行うと**補図 3.4.2**のようになる。

　振幅分布 $f(x,y)$ はレンズ1によってフーリエ変換され $F(X,Y)$ となり，更にレンズ2によってフーリエ変換される。フーリエ逆変換ではなくフーリエ変換であるので，座標の正負が逆になっている。すなわち物体の倒立像が得られる。この結像では，振幅分布が再現されるのみならず，位相すなわち波面までも再現される。また，第2レンズの焦点距離は第1レンズの焦点距離と異なっても構わない，その場合は焦点距離の比で像の倍率が変化する。またフーリエ変換面は（点）光源と共役な位置にあり，通常（不図示の）絞りが置かれている。

この光学系は，結像を波動光学的に考えるうえで非常に重要な光学系である。例えば，照明系の光源（**補図3.4.2**のように，単なる点光源による照明ではなく，光源が有限な大きさを持っている場合）の形状を変えることによって，像のコントラストと解像力をコントロールしたり，フーリエ変換面（レンズ1の後焦点面）にいろいろな透過率分布を持った空間フィルターを置いて画像処理を行うことができる（結像面には，空間フィルターのフーリエ変換像と，元の像のコンボリューション（重畳積分）が得られる。）。この光学系に関しては8.2節で再度詳しく述べる。

**参考文献**

1) M. Takeda, H. Ina, and S. Kobayashi: "Fourier-transform method of fringe pattern analysis for computer-based topography and interferometry", J. Opt. Soc. Am. Vol. 72, pp. 156–160 (1982)

# 第3章　面形状測定用干渉計

## 3.5　シアリング干渉計とその応用
### （平行光束の調整法）

　面形状測定用干渉計の章の最後に，シアリング干渉計について触れておこう。シアリング干渉計とは，調べたい波面（被検面からの反射波面あるいは被検物の透過波面等）を波面分割し，互いにずらし（shear），干渉させるものである。通常の干渉計と異なり参照面（基準面）を用いないのが特徴である。ただし，これまで見てきた干渉計のように，得られる干渉縞は波面の形状誤差（より正確には基準面との差）そのものを表している訳ではない。干渉縞に現れるのは，波面とその波面と同じ波面を横にずらした波面との差である。すなわち，波面をずらしたときに生じる変化分（差分）である。元の波面の形状を求めるには，その差分を積算してやらなければならない。そのほかにもあとで述べるように問題はあるが，比較的簡便で安定した干渉計であるので種々の利用価値がある。

　波面を互いにずらす（シアすると言うことが多い）には様々な方法があるが，そのうち主なものをいくつか紹介する。本節では，主に被検レンズによって生じた波面の計測を例としているが，実際の応用ではそれに限らず，被検面からの反射波面や被検物の透過波面等でも用いることができる。また，計測ではなく透明物質あるいは波面にコントラストを付けて形状を可視化する手段としても用いられる。

### 3.5.1　平行平面板による方法

　**図 3.5.1**(a) は，平行平面板を用いて波面を横ずらしする，最も簡便なシアリング干渉計である。**図 3.5.1** において光源（He-Ne レーザー）から出た光は，収差の

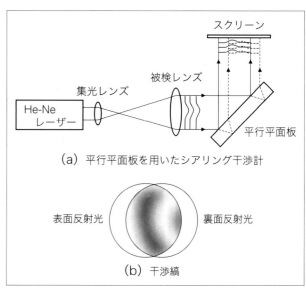

（a）平行平面板を用いたシアリング干渉計

（b）干渉縞

**図 3.5.1**　平行平面板によるシアリング干渉計

良く補正された集光レンズ（対物レンズ）で集光され，点光源となり，ほぼ理想的な球面波となって被検レンズに入射する。被検レンズは点光源から焦点距離だけ離れたところに置かれ，被検レンズからは平面波が射出する。平面波は斜めに置かれた平行平面板に入射し，表面と裏面で反射しスクリーンに到達する。裏面で反射した光束は平行平面板の厚みの影響で，表面で反射した光束に対し横にずれる。このずれ量は平行平面板の厚みと反射する角度を変えることで変えることができる。**図 3.5.1**(b)のように，ずれた 2 光束の重なった部分で干渉が起こりスクリーン上に干渉縞が観察される。この 2 光束の波面は（平行平面板に誤差がないとすると）同じ形状をして

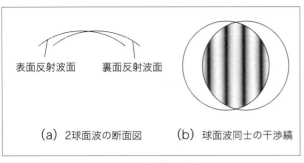

表面反射波面　　裏面反射波面

(a) 2球面波の断面図　　(b) 球面波同士の干渉縞

**図3.5.2**　球面波の干渉

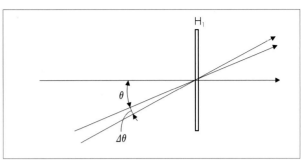

**図3.5.3**　シアリング干渉計用ホログラムの作成法

いる。被検レンズの収差が小さければ，きれいな平面波を横にずらして干渉させた状態であるので，干渉縞はワンカラー（一様な明るさの状態）となる。このワンカラーの状態が明るい（強め合う干渉）か，暗い（弱めあう干渉）かは，平行平面板の角度と厚さに依存して変わる。被検レンズに収差や欠陥があれば，ワンカラーとはならず干渉縞が生じる。

　被検レンズの代わりに収差の良く補正されたレンズを用い，レンズと平行平面板の間に透明試料を置けば透明試料の位相分布を計測できる。例えば，ガラスの均一性測定，気体や液体の密度分布計測等に利用できる。また被検レンズの検査ではなくコリメーターの調整（平行光束の作成）時の工具として利用することもできる。すなわち，コリメーターから射出した平行光を図の平行平面板に入射させると，コリメーターの調整が不十分であればコリメーターからは平行光ではなく球面波が出てくるので，スクリーン上には横にずらした球面波同士の干渉縞ができる。**図3.5.2**(a) のように，互いに横ずれした2つの球面波の波面の間隔は，ずらし方向にリニアに増加（減少）するので，スクリーン上には**図3.5.2**(b) に示すように，等間隔の縦縞ができる。コリメーターを調整するにはこの縞のピッチが粗くなるように点光源とレンズの間隔を調整してやればよい。干渉縞がワンカラーになれば光束は平行光束にできたことになる。この平行光束の調整法は昔からよく用いられてきた方法である。

　この干渉計は1枚の平行平面板があればできる簡便なものであるが，平行平面板の平行度と平面度が測定誤差に大きく影響する。それらの誤差がない方法が，次に述べるホログラムによる方法である。

## 3.5.2　ホログラムを用いる方法

　波面をずらす方法でよく用いられる方法に，2方向の波面を記録したホログラムを用いる方法がある。**図3.5.3**に，ホログラムの作成法を示す（図では煩雑さを避けるため，平行光束を直線で表している。）。ホログラム作成のための物体光として$\Delta\theta$の角度差をつけた2平行光束を用い，それらに対し角度$\theta$のついた理想的な平行光を参照光として入射し，干渉縞をホログラムとして記録する。ホログラムには若干ピッチの異なる等間隔な2種類の直線状の干渉縞が重なって記録されている。この等間隔な干渉縞は回折格子として機能するので，このホログラムに光束を入射すると，それぞれの格子ピッチに対応した角度で2光束が回折される。すなわち，角度$\theta$と角度$\theta+\Delta\theta$で回折される。**図3.5.4**は，このホログラムを用いたシアリング干渉計の1例である[1]。点光源から出た光束は被検レンズによりホログラム上に集光しホログラムで角度が$\Delta\theta$異なる2方向に回折され，各々球面波として広がっていく。図では，回折された2光束を実線と破線で示してある。その後ろに焦点距離分離れた位置にコリメータレンズを置き，球面波を平面波に変換する。すると，**図3.5.1**と同様に互いに横ずれした平行光束が得られ，スクリーン上にシアリング干渉による干渉縞が観察される。この干渉計はほとんど誤差要因がない。光路はすべて共通光路となっているので，途中の光学素子の誤差や空気の揺らぎ等は干渉縞に影響しない。ただし，図から分かるように回折光束のほかに0次光があり，Fナンバーの小さい，すなわち明るいレンズでは0次光と回折光が完全には分離されず，余計な干渉が生じてしまう。すなわち，この光学系は明るい光学系

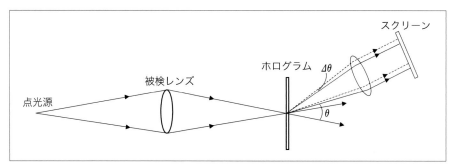

**図 3.5.4** ホログラムを用いたシアリング干渉計

の検査には適していない。F ナンバーの小さい（あるいは開口数 NA の大きい）明るい被検レンズの計測には，次に述べる 2 枚のホログラムを用いる方法が適している。

### 3.5.3　2 枚のホログラムを用いる方法

　最初に述べたように，シアリング干渉計の最大の特徴は参照用の光学系を必要としないことである。その結果，参照光学系（例えば基準球面）等の精度の影響を受けないという利点がある。また，分離された 2 光束は共通光路である場合が多いので，空気の擾乱や振動の影響を受けにくく安定した干渉縞を得ることができる。一方，得られる干渉縞は波面の変形（基準面との差）そのものではなく，ずらしたことによって生じる変化（差分）である。したがって，波面（または形状誤差）を求めるためには差分を積算（積分）しなくてはならない。積算することによって誤差が蓄積される。また，一方向に横ずらしするだけではそれに直交する方向の成分は検出されないので，それと直交する方向に横ずらしして 2 回干渉計測をする必要がある。また，ずらし量と同じピッチ（および，ずらし量の整数分の 1 のピッチ）の形状誤差があっても計測されない。一般に，ずらし量を大きくすると感度が高くなるが，重なる部分が少なくなり計測できない部分が出てくる等々の問題がある。このように，シアリング干渉計はデータ処理が面倒であること，誤差の蓄積が懸念されること等々，精度に不安があるので，私はあまり使ってこなかった。（ニコン）社内では，高精度な計測を要求されることが多く，それに応じて一流の技能者が高精度の基準面を作ってくれ，優秀な技術者が振動や揺らぎの影響を受けにくい，しっかりした干渉計装置を

作ってくれたので，シアリング干渉を使う機会がなかったといえる。その中でも，唯一利用し重宝したシアリング干渉計を紹介しよう。そのきっかけになったのが，前節にも記載した，東大生研小瀬小倉研究室の輪講会である。その会のメンバーである，当時機械技術研究所の研究員であった，松田浄史光産業創成大学院大学教授から，2 枚のホログラムを用いたシアリング干渉計の最新の研究成果[2] をお聞きする機会に恵まれた。

　ホログラムを 2 枚用いることにより空間フィルターを用いて余分な次数の回折光を除去できるだけでなく，自由度が増え応用が広がる。**図 3.5.5** がその干渉計である。その干渉計に用いる 2 枚のホログラム $H_1$，$H_2$ は同一のものではなく，作成時の参照光の角度を**図 3.5.6** のように変えてある。**図 3.5.6** において参照光の角度が $\theta_1$，$\theta_2$ で異なることと，2 つの物体光の角度差 $\Delta\theta$ が両方で等しいことが重要である。また各光学素子やホログラム基盤の精度に起因する誤差をキャンセルするため，実際の光学系（**図 3.5.5**）と同じ光学配置で，被検レンズを無収差のレンズに替え，角度が $\Delta\theta$ 異なる 2 つの物体光と角度 $\theta_2$ の参照光を加えて 2 つのホログラムを作成することも重要であるが，ここではそれについての説明を省略する。**図 3.5.5**，**図 3.5.6** も，実際には平行光束を用いるが，煩雑さを避けるために直線で表してある。

　**図 3.5.5** において，被検レンズから出てきた平行光束は，第 1 のホログラム $H_1$ によって角度 $\theta_1$ と $\theta_1 + \Delta\theta$ の 2 つの角度で回折される。2 つの光束は進行するにつれ互いにずれてくる。所望のずれ量になったところに，第 2 のホログラム $H_2$ を置く。入射した 2 つの光束は，さらに，各々 $\theta_2$，および $\theta_2 + \Delta\theta$ の角度で回折される。合計 4 光束の回折光束となるが，そのうちの 2 光束は同

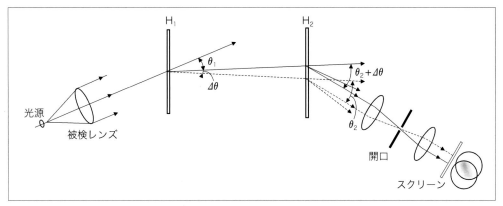

**図 3.5.5**　ホログラム 2 枚を用いる干渉計

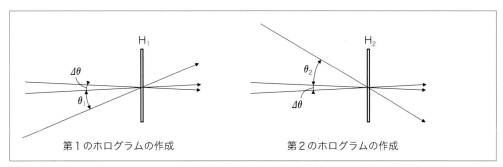

**図 3.5.6**　2 枚のホログラムの作成

じ角度となり，横ずれした 2 つの平行光束（図の破線と実線で示す）となる。図にあるように，その 2 光束をレンズと開口によって取り出し干渉させる。0 次光を含めて余計な次数の回折光は開口によってカットされるので，3.5.2 の系と異なり被検レンズとして明るい光学系にも用いることができる。また，$H_1$ と $H_2$ の間隔を変えることによってシア量（横ずらし量）を変えることができる。

松田氏の 2 枚のホログラムを用いたシアリング干渉計が優れているのはこれだけではなかった。この干渉計では，第 2 のホログラム $H_2$ をホログラム面内で横ずらし方向（シア方向）に移動すると，各回折光を生じさせる（第 2 のホログラム内に作られている）干渉縞のピッチが異なるので，2 つの回折光の位相差が変化する。干渉縞の強度は位相差に応じて正弦波状に変化し，変化の度合は位相差が 0（明るいとき）と π（暗いとき）の時もっとも小さく，π/2 の時最大となる。したがって，$H_2$ をホログラム面内で平行移動し位相差を π/2 にしてやれば，被検波面の傾斜のある部分（波面を横ずらししたとき差分が生じる部分）で，干渉縞の強度変化が大きくなる。

すなわち，被検波面の変化が微小であっても，そこで生じた微小な位相の変化が強度の変化として観察できる。より詳しく言うと，波面に変化のない（一様な）部分では 2 つの波面の位相差は π/2 で一定であり，強度は平均的な明るさである。波面にわずかな凸部があると，横ずらしによって斜面部で 2 つの波面に位相差の変化が生じ，その凸部の登りの傾斜部が明るくなり下りの傾斜部が暗くなり，あたかも凸部に斜めに光を当てた時凸部に陰影ができたかのように見え，凹凸が直感的にわかるようになる。これだけでも素晴らしい干渉計であるが，この干渉計はさらに次のような能力がある。

第 2 のホログラムを作成するときに，物体波に相当する 2 光束を角度 $\Delta\theta$ ずらすだけでなく，一方の光束を，ずらし方向に対し直交する方向へわずかにチルトを与える（言い換えると，**図 3.5.6** において紙面に対してわずかに角度を持たせる）。その結果，開口を通過してスクリーン上で干渉する 2 光束は，単に波面が横にずれているだけでなく，互いにわずかに傾いている（開口部での集光点で見ると，2 つの集光点は一致せず**図 3.5.5** の

65

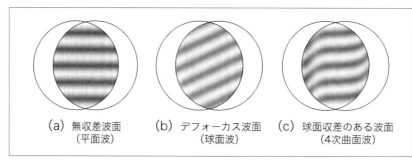

(a) 無収差波面　　　　（b) デフォーカス波面　　　（c) 球面収差のある波面
　　（平面波）　　　　　　　（球面波）　　　　　　　　（4次曲面波）

**図3.5.7**　チルトのあるシアリング干渉計による横収差計測

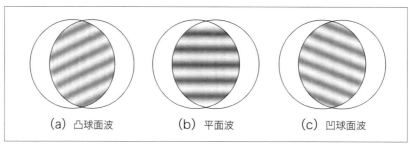

(a) 凸球面波　　　　　　（b) 平面波　　　　　　　（c) 凹球面波

**図3.5.8**　チルトのあるシアリング干渉計による平行度調整

紙面に垂直な方向へわずかにずれている。）。その結果，被検レンズが無収差の時には，スクリーン上の干渉縞はシア方向へ伸びる等間隔直線の横縞となる。被検レンズに収差がある場合は，干渉縞は直線ではなく被検レンズの横収差曲線となる。その理由は，シアリング干渉で表れている位相差，すなわち（一方の波面を基準波面とした差）波面は（波面収差そのものではなく）波面の横ずれした時の差分，すなわち波面収差の微分を表している。波面収差の微分にレンズの焦点距離をかけたものが集光面上での光線のずれ，すなわち横収差である。したがって，シアリング干渉している2つの波面の一方を傾けてやれば，波面（すなわち波面収差の微分）の断面形状が横縞の直線からの変形となって表れる。この変形した曲線は比例係数を別にすれば，横軸を波面の座標とした横収差を示している。その干渉縞の様子を**図3.5.7**に示す。**図3.5.7**(a)は，無収差の場合であり上に述べたように等間隔の横縞となる。**図3.5.7**(b)は，デフォーカスがある場合であり斜めに傾いた横縞になる。球面収差（半径方向座標に対し4次関数で表わされる）がある場合には**図3.5.7**(c)のように，横縞の両端に行くほど曲がりが強くなる（3次関数となる）。シアリング干渉計の波面にチルトを与えることによって，横収差曲線が得られ

ることは既に知られており，鶴田匡夫氏は偏光干渉によりそれを実現している[3]。松田氏は，これをホログラム干渉計で実現した。このチルトを付加した2枚のホログラム干渉計を用いると，3.5.1の平行平面板によるシアリング干渉計の後半に記した平行光の調整の精度と操作性が向上する。すなわち，調整したい平行光を**図3.5.1**の干渉計に入射すると，入射光が完全に平行光（平面波）の場合は，平行平面板によるシアリング干渉縞はワンカラーとなるが，この（シアとチルトを組み合わせた）干渉計では，平行で等間隔な横縞となる。平行光の調整がずれて球面波になった場合は，平行平面板による干渉計では**図3.5.2**のように縦縞となるが，この干渉計では横縞と合わさって斜めの縞となる。そして，この干渉計の優れているところは，調整の方向，すなわち凹凸が分かることである。球面波の凹凸が逆になると，上記斜めの干渉縞の傾きが逆になる。この様子を**図3.5.8**に示す。

### 3.5.4　チルト付きシアリング干渉計による平行度調整

私は小瀬・小倉研究室の輪講会で松田氏からこの干渉計の詳細を聞き，非常に感心すると同時にあることを思いついた。当時，私の所属していた研究室の片隅に，1枚の平行平面板が放置されていた。それは直径が

250 mm もあり，厚さも 4 cm 程度の巨大なものであった。あまりにも大きいため，完全には平行ではなく，わずかにウェッジがついており，表面と裏面の反射光で干渉させると，4 cm 間隔程度の等間隔の横縞が発生する。大変高価なものであろうが，何に使われたかもわからないし，研究室内では無用の長物と化していた。

　私はこの（出来損ないの）平行平面板を使えば，松田氏のチルトとシアを組み合わせたシアリング干渉計と同様なことができ，平行光の調整に役に立つと思った。翌日，出社すると，早速実験室で大型の He-Ne レーザを光源とし，直径 100 mmφ 程度の平行光束の作成を試みた。適当に調整した平行光を垂直に近い角度で平行平面板に入射し，反射光をスクリーンに投影し，観察される等間隔横縞から平行平面板のウェッジの方向を特定し平行平面板にマジックで印をつけた。定盤の上にこの平行平面板を立てておき（厚さが 4 cm もあるのでホルダー等を用いなくても簡単に定盤の上に立った），印を頼りにウェッジの方向が鉛直方向を向く（ウェッジによる横縞が水平方向になる）ように平行平面板の方位を決めた（平行平面板は円形であり，ホルダーも使っていないので，方位は簡単に変えられる）。そして，**図 3.5.1**(a) と同様な配置の光学系を組んだ。このとき光軸は定盤に対して平行であり，平行平面板は定盤に対して垂直である。スクリーン上には，**図 3.5.8** と全く同じ干渉縞が得られた。集光レンズをマイクロメーターで前後すると，干渉縞は面白いようにスムーズに，**図 3.5.8** の (a) から (c) へと変化した。3.5.1 で説明した，完全な平行平面板を用いた場合，干渉縞からどちらの方向へ集光レンズを動かせばよいかわからないし，ワンカラーの状態に近づくと，調整が十分なのか不十分なのか，さらには，どちらの方

向に集光レンズを動かせばよいかわからない。それに対して，ウェッジのついた平行平面板の場合は，動かす方向も最適な状態も一目瞭然であった。縞の変化も主に回転運動であり，縞を追い込む（縞を横にする）ことが非常に簡単にできた。この実験はうまくいったが，平行平面板が大きすぎて扱いが厄介であり，また，通常製品や工具に用いる 30 mmφ 程度の光束の調整には不向きであった。そこで，直径 100 mmφ でウェッジ角が 10 秒程度の平行平面板を光学部品メーカーに特注で作ってもらい，250 mmφ のものと合わせて用途に応じて使い分けた。この調整方法と工具（ウェッジ付き平行平面板）は，長らくニコンの門外不出のノウハウとして社内で活用してきたが，現在ではだれでも利用できる技術となっている。というのは，元になったホログラム干渉計の発明者である松田氏が平行平面板を用いた特許を出されたし[4]，いくつかの光学部品（機器）メーカーから，（きちんとしたホルダーに入っている）ウェッジ付き平行平面板が平行度調整工具として製品化されているからである。使いやすく精度の高い方法であるので，読者諸氏にもおすすめである。製品を買わなくてもできの悪い平行平面板があればできるので，ぜひやってみることをお勧めする。

**参考文献**

1) J. C. Wyant: Appl. Opt. 12 (1973) 2057.
2) 松田浄史：「ホログラムシアリング干渉計」，応用物理，Vol. 49, No. 11, pp. 1142–1146 (1980)
3) 鶴田匡夫：「偏光干渉によるレンズの横収差測定法」，応用物理，Vol. 32, No.3, pp. 225–226（1963）
4) 松田浄史：日本国特許第 3845717 号（2006）

# 第4章　光学実験法（干渉計実験法）

前節では，わずかにウェッジのついた平行平面板を用いた平行光の調整方法に触れた。

本章では，平行光の調節に限らず，干渉計実験法について話そう。今回紹介するのは，実際に私が現役時代に行ってきた光学（干渉計）実験の経験を基にした話である。

実験の方法は，目的に応じて最適な方法が異なってくる。大きく分けると，光学レール等を使用して光学系をリジットに行う方法と，定盤の上に自由に光学部品を並べる方法とに分かれる。前者は，同じような光学系で実験を繰り返す場合に適している。それに対し，私はいろいろな実験を行ったので，固定されたれ光学系ではなく，後者の自由に配置する方法を行ってきた。レール等のガイドを用いないので，実験のたびにアライメント（光学調整，特に光軸調整）を行わなくてはならないので，面倒に思われるがコツをつかめば簡単にできる。本章では，後者の自由に光学系を組み立てる方法を述べる。

## 4.1　準備と役に立つ工具

まず実験室であるが，干渉実験では振動や空気の揺らぎ，更には温度や気圧の変化が気になるところである。しかしながら，特殊な実験，例えば，ホログラフィーのように長時間安定した干渉縞を保持する必要がある場合を除き，市販の防振台を使えば特に実験室の設置場所を深刻に考える必要はない。実際，私が入社当時は，戦前からある古い頑丈な建物の地下に実験室があった。居室のある棟から遠くて不便であったので，居室のある建物の3階に実験室を移したが，特に不都合はなかった。尤

も半導体露光装置のような超精密な製品の量産にかかわる計測機（干渉計）は，常に安定した高精度な計測を要求されるので設置場所は十分吟味する必要があるが，本稿では，そこまでの安定性が必要のない，一般的な干渉実験を念頭に置いて説明する。ただし，居室程度の環境下に置いてもよいといっても，オフィスビル等では耐荷重の問題がある。重い防振台を置くので，安全上の問題を考慮して床の耐荷重だけはしっかり確認をしておかなければならない。また，耐荷重がOKでも柱から離れた部屋の中心部では，強度的に最も弱いうえに床振動の振幅が最も大きくなる。できれば，柱と柱の間の梁の上に防振台を置くようにしたい。

地下室以外に実験室を作る場合に行わなくてはならないことは，外（特に窓）からの光を遮光することである。

定盤と防振台はいろいろな種類があるが，定盤は大きく分けて，石定盤，鋳鉄製箱型定盤，ハニカム定盤がある。石定盤は，黒御影石等が用いられ，錆びず，耐摩耗性に優れ，温度による変形も少なく，精密機械のベースにも用いられるが，当然ながら，マグネットスタンドで光学部品を固定することができず，本章の目的にはそぐわない。私は箱型定盤と呼ばれる，鋳鉄製でリブの入った定盤を用いていたが，重量があり除振能力が高く不満なく使用できた。ただし，重量が大きいので耐荷重の問題がある。今は，鋳鉄製の定盤はあまり使われず，軽量で合成の高いハニカム定盤が使われている。ハニカムも，アルミ製とスチール製があり，どちらも私は使った経験がないが，何となくスチール製のほうが安心感がある。どちらもハニカム構造の上面に着磁性のステンレ

ス板が接着されており，マグネットスタンドを使用できる。

定盤の大きさであるが，私の所属した研究室には，$2\,m \times 1\,m$ のものと $2\,m \times 1.5\,m$ のものがあったが，$2\,m \times 1.5\,m$ のもののほうが使い勝手が良かった。大は小を兼ねるというわけである。部屋の広さと予算が許せば，大きいほうを購入することを勧める。とはいえ，$2\,m \times 2\,m$ では大きすぎるように思う。実際に，$2\,m \times 1.5\,m$ より大きい定盤の必要性は感じなかったし，$2\,m \times 2\,m$ では中央に手が届きづらく実験しづらいように思う。

これらの定盤を防振台に乗せて使うわけであるが，市販の空気ばね式のもので十分であるが，自動的に水平を維持できるレベリング機構のついたものをお勧めする。

次に，光源であるが，干渉計実験に使用すべき光源は，ヘリウムネオン（He-Ne）レーザーである。60 年以上も前に発明され製品化されたものが，いまだに干渉計用光源として最も適しているのは，日進月歩の科学技術の世界で驚異といえる。半導体レーザーや各種固体レーザーが発明されても，コストを考えると，ビームの安定性や指向性，単色性で，He-Ne レーザーに勝るものは開発されていない。もちろん半導体レーザー等でも，波長を狭帯域化したり複雑なフィードバック回路を付けて安定化させたりした製品もあるが，コストアップになり（波長可変レーザーのような）特殊な目的のためにしか用いられていないようである。

では，He-Ne レーザーはどのように選べばよいか？ 2.2 節にも記したが，He-Ne レーザーは偏光タイプと非偏光タイプがあり，干渉計実験には偏光タイプを使うべきである。理由は，2.2 節を参照していただきたい。また，出力はできるだけ大きいものが良い。入社当時（45 年前），研究室には定格出力が $100\,mW$ はあろうかと思われる，全長 $2\,m$ の He-Ne レーザーがあった。電源を入れると，温度上昇に伴って共振器が変動し，毎回電源を入れる度に，数 10 分間ウォームアップをしたのち，共振器のミラーを微調整しなければならなかった。調整しても，出力は $30\,mW$ 程度しか得られなかった。にもかかわらず，私はほとんどの実験にこのレーザーを用いた。ほかにも，$5\,mW$，あるいは $1\,mW$ 程度でスイッチをオンするだけで，無調整で使えるレーザーもあったが，私は不便な大型のレーザーを使い続けた。それはやはり出

力の大きさにあった。暗室とはいえ，$1\,mW$ クラスのレーザーでは，$10 \sim 20\,mm\phi$ 以上に光束を広げると暗くなってしまう。$10\,mm\phi$ 程度の光束で干渉縞を観察するには，かなり近づいてみなければよくわからない場合が多い。$30\,mW$ クラスのレーザーであれば，$100\,mm\phi$ 近く光束を広げても，暗室であれば十分な光量が得られ，干渉縞もかなり離れても（例えば，定盤の反対側からでも）容易に観察できる。また，暗室が多少明るくても光束が小さければ，干渉実験が可能となる。したがって，大出力のレーザーを使ったほうが，ストレスなく干渉実験を行うことができる。現在では，もっと小型（全長 $1\,m$ くらい）の He-Ne レーザーでも，$30\,mW$ 程度の出力が得られる。価格は高くなるが，干渉実験を本格的にやる場合には，ぜひ検討してほしい。ただし，大出力レーザーは発振波長が単一ではなく，（ドップラー広がりの中の）複数の近接した波長が同時に発振している。したがって，干渉計を組む際には，干渉する 2 光束の光路差が大きくならないようにする必要がある。フィゾー型干渉計のように，一定の光路差のある干渉実験をする際には，高価な単一波長のレーザーを用いるか，$1\,mW$ クラスのレーザーの可干渉性を考慮しながら用いる必要がある（レーザーの可干渉性に関しては，11 章に記す。）。また，大型のレーザーを常時使用するとしても，手軽な実験のため，小型の $1\,mW$ クラスのレーザーも別途常備しておきたい。

干渉計を構成する光学部品は，最低限必要なものとして，（ビーム発散用）対物レンズ，コリメーターレンズ，ビームスプリッター，平面ミラー（2 枚）がある。それらをホールドし定盤に固定する，ホルダー類，ポール，スタンド，マグネットベースがある。そのほかに，レーザービームを引き回すための小型のミラーとそのホルダー類も必要である。

光学部品メーカーのカタログを見ると，光学部品には非常に多くの種類があるので，選択に迷ってしまうと思う。本章の趣旨である，比較的明るい（すなわち大型の）干渉計を定盤上で自由に配置するという前提で，選択の目安を述べよう。どうしても暗い $1\,mW$ クラスのレーザーしか使えない場合は光学部品を小さくし，ビーム径を小さくして対応していただきたい。まず，$1\,mm\phi$ 程度のレーザービームを $50\,mm\phi$（50 倍）以上に広げるた

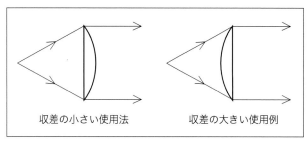

収差の小さい使用法　　収差の大きい使用例

**図 4.1**　平凸レンズ使用法

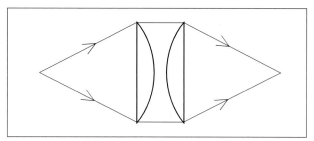

**図 4.2**　平凸レンズを用いた結像法

めには，（顕微鏡用）対物レンズでレーザービームを集光し（点光源を作り），そこから発散してきた球面波を焦点距離の長いコリメーターレンズで平行光束にする。その対物レンズとコリメーターレンズの焦点の比率を 50 倍以上にしなければならない。コリメーターレンズは収差の良いものが望ましいので，単レンズではなく貼り合わせのアクロマートレンズ（色収差の補正されたレンズ）を選ぶ。単色の He-Ne レーザーを用いるのに，色収差の補正されたレンズを使うのは奇異に感じるが，アクロマートレンズは, 色収差と同時に球面収差（とコマ収差）も補正されているので，単色で使っても意味がある。お勧めはしないが，どうしても単レンズで済ませたいという向きには，両凸レンズではなく平凸レンズを使うべきである，平凸レンズは使用する向きによって，球面収差とコマ収差を小さくできる。ただし，使い方を誤ると，逆に収差が大きくなるので注意が必要である。正しい使用法を，**図 4.1** に示す。平凸レンズの平面側を集光点側に向け，凸面側を平行光側へ向けるのである。アクロマートレンズも両側で曲率が違うので，曲率ののろい方の面を集光側，すなわち対物レンズ側に向ける。レンズホルダーにどちらが集光側かの印をつけておくとよい。両凸レンズはどうしても口径の割に焦点距離の短いレンズが必要なときのみ用いるべきである。では，両側に集光する（すなわち結像する）場合はどうすればよいか？それは**図 4.2** のように，平凸レンズ（またはアクロマートレンズ）を，凸面を向かい合わせにして 2 枚用いればよい。ユメユメ逆向きには使わないようにしよう。

さらに，レンズは F ナンバー（焦点距離と口径の比）が大きいほうが，収差は小さい。すなわち，同じ口径であれば，焦点距離が長いほうが良い。定盤の大きさによる制約もあるので，焦点距離が 1000 mm 程度のものを選びたい。すると，口径を 50 倍以上にするためには，レーザービームを発散させる対物レンズの焦点距離は 20 mm 以下にしなければならない。顕微鏡対物は通常，倍率で区分されているが，焦点距離 20 mm の対物レンズは，10 倍の対物レンズが相当する。ビーム径を 100 倍に広げたければ，焦点距離 10 mm，すなわち倍率 20 倍の対物レンズを用いる。ここで注意すべきは，顕微鏡の対物レンズは，有限系と無限系（結像するために補助の結像レンズを用いる）に分けられる，更には，各々生物用と金属用に分けられる。有限系を平行ビームの発散に用いると球面収差が発生し，また，生物顕微鏡用をカバーガラスなしで用いると，同じく球面収差が発生する。10 倍程度の対物を細いレーザービームの発散用に用いる場合は，どれを用いても問題はないが，厳密には無限系の金属顕微鏡対物を用いるべきである。またコリメーターレンズの直径も大きくしたい（平行光の光束径を大きくしたい）ところであるが，手軽に入手できるのは 50 mmφ 程度までである。100 mmφ で収差補正されたものは，天体望遠鏡のレンズに匹敵するので高価となる（幸い私は光学メーカーに勤務していたので，口径の大きいコリメーターレンズを容易に入手できたが。）。

ハーフミラーは，干渉計で最も重要であり，精度の良い大型のものを選びたい。収差的には，平面ミラータイプではなくキューブプリズム型が良いが，大型のものは高価であるので平面ハーフミラーを用いる。平面ハーフミラーは平行度が良いタイプと 1°程度ウェッジ（楔）を付けたものがある。干渉実験では，わずかな迷光でも余計な干渉縞ができる。ビームスプリッターの反射膜（半透膜）の着いている表面だけでなく裏面でも反射を生じる。反射防止膜がなければコントラストの高い余計な干渉縞を生じる。反射防止膜をつけても，1%でも反射率

があれば，ある程度目に見えるコントラストの余計な干渉縞が生じる（補遺参照）。その影響をなくす最も簡便な方法はビームスプリッターにウェッジを付けることである。すると，余計な干渉縞が生じても干渉する2光束に角度がついているため，干渉縞のピッチが非常に小さくなり，目の分解能以下となって実質的に見えなくなる。例えば，1度のウェッジがついていると，基板の屈折率を1.5とすると，裏面の反射光には（$1 \times 2 \times 1.5 =$）3°の角度がつく。その結果，生じる干渉縞のピッチは約10μm（$\lambda \sin 3°$）となり，細かすぎて目には見えない。また，測定光束と角度が異なるため，空間フィルターで除去することもできる（4.3節(9)で詳述する）。また，ビームスプリッターの入射角を通常の45°からブリュースター角（基板の屈折率を1.5とすると約56°）にすると，半透膜のついていない裏面でのp偏光の反射率はゼロとなる。光源のレーザーの偏光方位をp偏光に合わせれば，すなわち偏光方位を定盤と平行にすれば，裏面の反射率はゼロとなり，裏面反射光による余計な干渉縞の発生を抑えることができる。この方法は経験上，下手な反射防止膜をつけるより有効である。ただし，ビームスプリッターへの入射角が大きくなるため，より大きなビームスプリッターが必要となるのが欠点である。

　ビームスプリッターと2個のミラーは，ジンバル（回転調整機構）の着いたホルダーにマウントし，微小な角度調節を可能とする。原理的には，微調機構はどれか1個のホルダーについていればよいが，3個ともついていたほうが何かと都合が良い。

　上記の光学部品はすべてマグネットスタンドに取り付ける。一般には，ポールの付いたホルダーに入れマグネットスタンドにポールを差し込むわけであるが，このポールの直径も，8mmφ，12mmφ，20mmφと3種類ある。経験上，できるだけ12mmに統一したほうが良く，いろいろな太さのポールを混在させると互換性が低下して不便である。また，対物レンズホルダーに関しては，普通のマグネットスタンドではなく光軸方向にマイクロメーターで前後に微動ができるステージがついたものを利用する。

## 4.2　あると便利な工具や小物

　光学部品のカタログには載っていないが，光学実験及び光学調整をするときに，あると便利な工具をいくつか紹介しよう。

ガラス板：ホルダーに入っていないもの。ウェッジの付いていないもの。面精度不問。傷，汚れ等があってもよい。手を切らないよう面取りを施したもの。大きさは適当。顕微鏡のカバーガラスでもよい。本章では対物レンズの光軸出しに使用する。

ミラー：上記と同じくホルダーに入っていないもの。ウェッジの付いていないもの。面精度不問，傷，汚れ等あってもよい。手を切らないよう面取りを施したもの。大きさは長手方向がコリメーターレンズの直径より長いもの。本章ではコリメーターレンズの調整に使用する。

いらなくなった名刺：高さ調節に使用。光学部品のベースの下に敷けば，おおよそ20μm単位で高さ調整ができる。意外と安定しているので，ビームスプリッターとミラー以外には使える。高さ調整だけではなく，スクリーン代わりにレーザービームや集光点の位置を検出するのにも手軽に使える。実験室では結構重宝した。

Vブロック：鉄製で安定して設置でき，高さ調整や光学部品を仮置きしたりするのに便利である。1個のVブロックでも置き方により3種類の高さが使える。大小2種類のものが2個ずつあるとよい。ほとんどのHe-Neレーザーは円筒形であるので，Vブロックに置くだけで定盤に平行なビームが得られる。私は1mWクラスの小型のHe-NeレーザーをVブロックのV溝の部分に乗せ，安全のためにガムテープで固定したものを時々使っていたが，簡便であった。

メジャー（巻き尺等）：光学系の配置を決めたり，レーザービーム（光軸）の高さを測ったり，何かと利用する。

衝立：スクリーン兼指標（ターゲット）兼遮光板。必須アイテムであるが，市販品には使い勝手の良いものがないように思う。私の研究室では，先輩が図4.3(a)のように，ベニヤ板製で黒く塗装したものを多数作成し使っていた。黒いままではレーザービームをカットする遮光板として使え，白い紙を貼ればスクリーンとなり，その紙の上に十字線等の指標を描けば光軸調整等の指標となる。軽量で大変使い勝手の良いものであった。もっと簡便には，適当な大きさの菓子箱があ

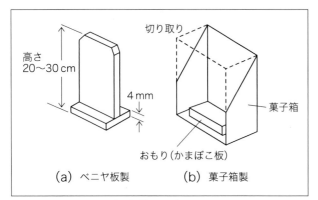

図4.3　遮光板兼ターゲットスクリーン

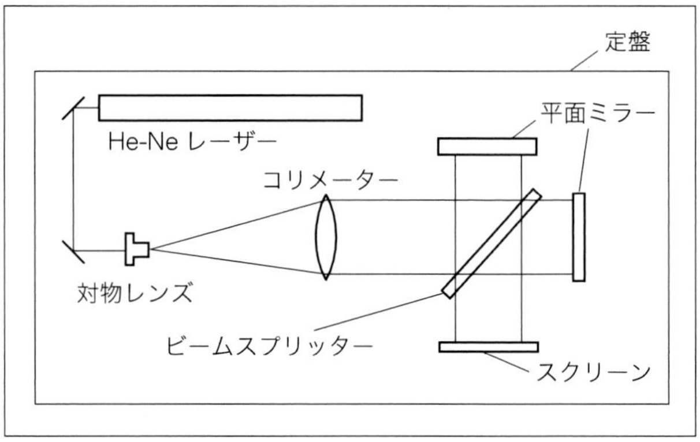

図4.4　トワイマングリーン干渉計

れば，それを図のように切って使えばよい。それだけ
では軽すぎて不安定であるので，かまぼこ板のような
重りを図のように張り付けてやればよい。

化学実験で使うクランプ：なくてもよいが，あればレン
ズを含むいろいろなものをはさんで用いるのに便利で
ある。マグネットスタンドに直接取り付けるよりクロ
スクランプ等を介して取り付けることが多い。

エタノール（無水アルコール）とハンドラップとシルボン
紙（ダスパー）：エタノール，または，エタノールと
エーテルの混合液をハンドラップという容器に入れ，
シルボン紙と呼ばれるけば立たない紙につけて汚れを
拭きとる（汚れをきれいに拭きとるためには，シルボ
ン紙をケチって繰り返し使うようなことをしてはいけ
ない。一度拭いたらすぐ捨てること。）。主に，レンズ
の汚れを拭きとるのに用いるが，レンズ以外の汚れ一
般に使える。デパートやホームセンター等では入手で
きないと思われるが，ネット通販で簡単に入手できる。
ただし，エタノールは揮発性で引火しやすいので，購
入および使用にあたっては職場の安全衛生担当者か総
務部門の許可を必ず受ける必要がある。また，光学実
験室でタバコを吸うなど言語道断である。

### 4.3　光軸調整

では，準備が整ったところで，干渉計を組んでみよう。
代表的干渉計として，本節ではトワイマングリーン型の
干渉計を念頭に置いて説明する。**図4.4**は，定盤を上か
ら見た模式図である。

まずこの配置を念頭に，すべての部品を並べてみる。

特に，対物レンズとコリメーターの間隔は，メジャーで
測ってコリメーターの焦点距離とほぼ等しくする。2枚
の平面ミラーもメジャーで測って，ビームスプリッター
からの距離がおおざっぱに等しくなるようにする。ビー
ムスプリッター周辺は，ついたてを置くスペースを確保
し空間に余裕をもたせる。また，後で述べる補助レンズ
（集光レンズ）を用いる際は，その焦点距離分，ビーム
スプリッターとスクリーンの間隔をあけておく。大まか
な配置が決まったら，部品の大体の位置をマーキングし
ておく。その後，レーザーとレーザー直後にある2枚の
光路変更用のミラー以外の光学部品をどかして光学調整
を開始する。

### （1）He-Neレーザーの偏光方位の調整

本章の初めに記した通り，He-Neレーザーは非偏光型
ではなく，必ず（直線）偏光型を使う。では，その偏光
方位はどうやって決めるのか？　ほとんどの小型のHe-Ne
レーザーは円筒形であり，回転させることによって偏光
方位を自由に変えられる。ビームスプリッターのところ
で説明したように，ブリュースター角を利用してビーム
スプリッターの裏面で生じる迷光を除去するには，偏光
方位を定盤に平行（すなわち水平方向）にする。通常は
レーザー出口に偏光方向を示す印がついているが，ない
場合は方位のわかった偏光板で調べる。それらがない場
合でも，実際にレーザービームを飛ばして調整すること
が可能であり，そのほうが正確にできる。やり方はレー
ザービームをビームスプリッターに対し，45°ではなく
ブリュースター角（ビームスプリッターの基板の屈折率

を 1.5 とすると約 56°）で入射する。その反射光をスクリーンにあてると，半透膜からの反射光と裏面からのやや暗い（といってもかなり明るい）反射光が見える。He-Ne レーザーをホルダーの中で回転し裏面からの反射光が一番弱くなる方位で回転を止める。これで，レーザーの偏光方向が定盤と水平な方向になる（レーザーに偏光方向が分かるように印をつけておく。）。

## (2) 光軸の決定

　光軸の高さは，最も高さを調整しづらい光学部品を基に決定する。私が愛用した大型の光学部品では，ビームスプリッター（ハーフミラー）が一番大型で，かつ高さが固定（ミラーホルダーがマグネットスタンドに固定）されていたので，そのハーフミラーの中心を光軸の高さとした。V ブロックに固定したレーザーの光軸をそのまま干渉計の光軸としてもよいであろう。すべての光学部品の高さが調整可能な場合は，光軸の高さは適当に決めればよい。

　高さが決まったら，ターゲットスクリーン（の紙）にボールペンで光軸の高さの位置に十字線を記入する。（ボールペンで十字線を引くかわりに方眼紙を貼ってみたことがあるが，暗い実験室では殆ど線が見えないのでお勧めしない。）このターゲットを前後に動かしても常に十字線の高さにレーザービームが当たるように，レーザーの高さと水平性を調整する。

　その方法はいろいろある。もっとも簡単な方法は，市販の（He-Ne）レーザーホルダーを用いることである。

高さ調節も粗調であれば簡単にできるし，ホルダー部のねじを調整すれば角度と高さの微調もできる。前項で記載した V ブロックを用いる場合は，V ブロックの下に板を重ねて高さを調整すればよい。高さの微調はできないが，ビームはほぼ水平になる。私が愛用した大型のHe-Ne レーザーでは高さ調整は困難であるが，ミラーを 2 枚組み合わせればビームの高さと水平を調整できる。その時注意すべきは，ミラーでビームを反射させるとき，反射ビームの方向がほぼ定盤に対し垂直または水平になるようにすることである。それ以外の（斜め）方向に反射させると，ミラーの偏光特性によって直線偏光が楕円偏光になる。また，偏光の方位も変わってしまう。図 4.4 のレーザー直後の光路折り曲げ用ミラーを上下 2枚として最初のミラーでビームを上へ（大型レーザーといえども，ビームの高さは光学実験には低すぎる場合が多い）折り曲げ，2 番目のミラーで所望の高さで水平に折り曲げる。この時ミラーの入射面は入射ビームの偏光方位に対し平行または垂直でなくてはならない。その理由は先に述べたように，直線偏光が楕円偏光にならないようにするためである。ところが，第 1 のミラーで鉛直方向に折り曲げたときは偏光方向は水平のままであるが，第 2 のミラーで図 4.4 の定盤を上から見て直角に曲げると偏光の方位は鉛直となってしまう。その様子を図 4.5(a) に示す。それを避けるには，第 2 のミラーでいったん図 4.4 と異なり最初の入射ビームに対し平行方向に反射させ水平なビームにしたのち，さらにミラーを 1 枚追加して直角に曲げればよい。しかし，

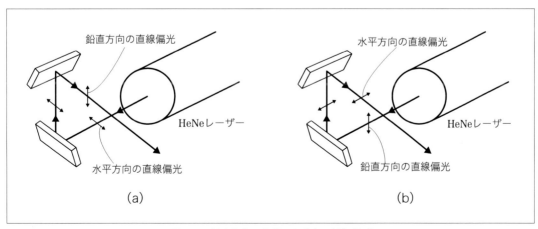

**図 4.5** 偏光方向を考慮した光束の折り曲げ

それでは光学系が冗長になるので，**図4.5**(b) に示すようにレーザー本体を90度回転して射出ビームの偏光方位を垂直（鉛直）にしてやれば，2番目のミラーで直角に曲げると所望の水平方向に偏光したビームが得られる。幸いなことに（私が愛用した）大型の He-Ne レーザーは円筒型ではなく回転できない角型であったが，偏光方位は鉛直方向であったので都合がよかった。

次に，**図4.4** のビームスプリッターを透過した光束を反射する平面ミラーを置く予定の位置にターゲットを置き，その中心（十字線の交点）に He-Ne レーザービームが当たるように対物レンズ直前の光路折り曲げミラーの向きを調整する。これで光軸が決まる。

光軸が決まったら，それ（He-Ne レーザービーム）を基準に，以下の手順で光学部品を並べていく。

ターゲットを，反射ミラーとビームスプリッターを置く予定の位置の間に移動する。

**(3) コリメーターレンズの位置調整**

コリメーターレンズをマーキングした位置に置く。コリメーターレンズを透過したビームがターゲットスクリーンの中心にあたるように，コリメーターの横位置及び高さを調整する。また，レンズホルダーの光源側に 4.2 で用意したミラーを押し当て反射光が元のビームに重なるようホルダーの向き（傾き）を変える（反射したビームがレーザー出口付近に到達するようにする。）。

**(4) 対物レンズの調整**

マーキングした位置に，対物レンズを置く。**図4.6** に示すように，対物レンズのホルダーに透明なガラス板を押し当て，反射光が元のビームに重なるよう，ホルダーの向きを変える（反射したビームがレーザー出口付近に到達するようにする）。同時に，対物レンズを透過して広がった光束の中心がコリメーターレンズの中心に来るように，対物の横位置と高さを（ターゲットに広がった光束が映るので，その光束の中心部が十字線の中心に来るように）調整する。両方同時に達成したら，対物レンズの調整は完了である。

**(5) コリメーターの再調整**

これには，**図4.7** に示すオートコリメーションを用い

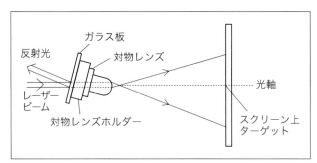

**図4.6** 対物レンズの調整

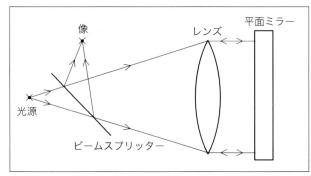

**図4.7** オートコリメーション

る。**図4.7** に示すように，レンズの前側焦点位置に置かれた点光源から出た光は，レンズを透過後，光軸に平行な光束となる。その光を光軸に垂直なミラーで反射すると，光は元の光路を戻り光源の位置に像を結像する。それを，オートコリメーションという。その戻り光の状態（焦点が合っているか，横にずれていないか，ずれているとしたらどの程度ずれているか）を見えるようにビームスプリッターを挿入し観察できるようにしたのが，オートコリメーターである（通常は点光源のかわりに十字線型の光源を使用する。）。

このオートコリメーションを利用してレンズの光学調整ができる。すなわち，光源とレンズの光軸及び焦点位置を一致させることができる。レンズのホルダーの面にミラーを押し当てると，ミラーはレンズの光軸に対して垂直となり，オートコリメーションが可能となる（本節の調整では，**図4.7** のビームスプリッターは用いない。）。**図4.8** に示すように，レンズに傾きのある場合とレンズの中心がずれている場合，反射光は元の光源の位置には戻らず横にずれる。また，光源がレンズの焦平面にない場合には，像は前後にずれる。

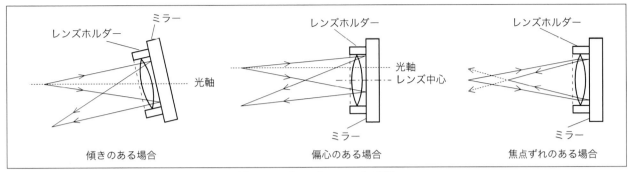

**図4.8**　コリメーターレンズの調整

コリメーターレンズは，すでに (3) で光軸（レンズの横位置と高さ）と傾きが調整されているので，焦点ずれだけが残っているはずである。そこで，コリメーターレンズのホルダーにミラーを押し当てると，**図4.8** の焦点ずれが確認できる。紙などで集光点位置を確認しながらコリメーターレンズを前後に動かし，光源と像が一致するようにする。その時 (3) で調節したコリメーターレンズの横位置がずれるが，その量は通常前後の移動量に対してわずかであるので無視できる。傾きは光源点と像点を一致させることによって調整できる。最初のメジャー測定による大雑把な配置の誤差が大きく，移動量が大きくなって横位置のずれが気になる場合は，(3) に戻って調整をやり直せばよい。

これで，ほぼ平行光束の調整は終わりであり，通常の計測には十分である。より完璧な平行光を作成するためには，3.5.4 項で述べた，ウェッジの付いた平行平面板によるシアリング干渉計を用いるとよい。このときの焦点調整は，コリメーターレンズではなく対物レンズの移動で行う。4.2 節の最後に記したように，対物レンズホルダーはマイクロメーターで前後に微動ができるステージがついたマグネットスタンドに取り付けてあるので，マイクロメーターで移動（微動）して調整を行う。

(6) ビームスプリッターと平面ミラーの調整

これ以降の調整は広がった平行光束に対する調整であり，ビームスプリッターと平面ミラーの位置はあまり重要ではなく角度の調整が重要となる。

対物レンズをホルダーから外す。対物レンズはレンズの金物に切られたねじで取り付け取り外しするので，取り付け取り外しを繰り返しても光軸は保たれる。対物

レンズを外すと，途中にコリメーターレンズがあっても，レーザー光は細いビームのまま進む。ビームスプリッターは通常 45° またはブリュースター角（約 56°）に設定する。45° は厳密である必要はない。ブリュースター角はビームスプリッター裏面からの余計な反射光強度が最小になるように角度調節する。また，反射光のビームの水平性が維持できるように，ビームスプリッターのあおり角をジンバル機構の微動ねじを利用して調整する。平面ミラーはビームがほぼミラーの中心に来るように位置を調整し（大雑把でよい），ジンバル機構の微動ねじを利用して反射したビームが元の光路に戻るように角度を調整する。すなわち，ビームスプリッターの半透膜上には入射するビームによるスポットが観察され，平面ミラーから反射されたやや弱いスポットが観察される。半透膜上には，裏面反射やもう一方のミラーからの反射ビーム等いくつかのスポットが見えるが，もう一方のミラーの前に遮光板（4.2 節で説明した衝立）を置き，余計なスポットを減らし，ミラーを微動すれば反射されたビームによるスポットのみ動くので，区別は簡単にできる（動くビームも 2 つ以上あることがあるが，その中で一番強度の強いものを選択すればよい。）。その反射ミラーからのビームによるスポットが，半透膜上の入射光のスポットに重なるように調整する。この調整を 2 枚の平面ミラーに対して行う。すると，**図4.4** のスクリーン上に 2 つのミラーからの反射光がほぼ重なって観測される。これが完璧（と思われるレベル）にどちらかの平面ミラーを動かして調整する。その状態で対物レンズを取り付けると，スクリーン上に広がった光束が観測され，その中に非常に細かいピッチの干渉縞が観測される。万一観測されないときは，再度対物を外して調整

する（何度繰り返しても干渉縞が見えないときは，いくつかあるスポットの選択を変えてみる。）。

この細かいピッチの干渉縞が粗くなるように，どちらかの平面ミラーの傾きを微調する。最終的には，ほぼワンカラー，あるいは光学部品（ビームスプリッターと平面ミラー）の形状誤差に依存した等高線状の干渉縞が観察できる。これで，トワイマングリーン干渉計の調整は完了である。

（おまけ）（だけれどもぜひやってみてほしい）この後，コリメーターレンズのホルダーに紙等拡散性のあるものを貼る（拡散板を置いてもよい）と，当然のことながらスクリーン上の縞は消え，光もほとんど来ない。この状態でスクリーンをどかし，スクリーンのあった位置からビームスプリッターを通してコリメーターレンズを見ると，コリメーター（上の紙）の奥に，同心円状の干渉縞が見える。これが，1.3節で説明した，マイケルソン干渉計の等傾角干渉縞である。ただし，平面ビームスプリッターのガラスの厚さに起因する非点収差のため，綺麗な円環の縞ではなく，楕円の縞になっている。平面ミラーが対物レンズと同じように微動ステージに乗っていれば，平面ミラーを移動して，平面ミラーとビームスプリッターとの距離を変えることができる。各々の平面ミラーとビームスプリッターの間の距離が等しくなる方向にどちらかの平面ミラーを移動すると，同心円状の縞のピッチが粗くなる。この縞がワンカラーに近づいたとき，ビームスプリッターと各々の平面ミラーの間の距離は等しくなる。

（おまけのおまけ）上記同心円状の干渉縞が見えたとき，眼鏡（多くの読者は近眼用の眼鏡をかけていると思う）を外して観察すると，干渉縞は消えるかほとんど見えなくなる。その理由は以下のとおりである。等傾角干渉縞は通常，集光レンズの焦点面に置かれたスクリーン上に生じるが，ここで集光レンズに相当するのが目のレンズ（水晶体）であり，スクリーンに相当するのが網膜である。近眼の人は眼鏡をはずすと無限遠の光（平行光）を網膜に集光できず干渉縞が観察できなくなる。

干渉縞が消えたり見えたりまた消えたりと，非常に面白く，等傾角干渉縞を実感できるのでぜひ試していただきたい。

(7) 補助レンズ（集光レンズ）を用いた調整法

対物レンズの着脱が面倒，あるいはできない場合，簡単に平行平面板の傾きを調整する方法を述べる。(6) において，光束が広がったまま平面ミラーの角度を大まかに変え，光束全体がビームスプリッターを通してコリメーターレンズに戻るようにする。両方の平面ミラーを調整したら，ビームスプリッターとスクリーンの間にレンズを挿入し平行光束をスクリーン上に集光させる。このとき，集光レンズ（補助レンズ）の焦点距離は，スクリーンに集光点が作れる（焦点を結ぶ）範囲内でできるだけ長いものを選ぶ（焦点距離が長いほど集光点のずれがよくわかる）。上下左右の位置は適当でよい。集光点はまぶしいので減光処置を施す（簡便には，シルボン紙を数枚重ねてコリメーターレンズにかぶせる。）。スクリーン上には，近接した明るいスポットが2つ見える。このスポットが重なるように，どちらかの平面ミラーの角度を調整する。ほぼ完全に重なったと思われたら集光レンズを除けば (6) と同様に，細かいピッチの干渉縞がスクリーン上に見える。その後は (6) と同様にする。この方法は3.1.4項のフィゾー干渉計のアライメント用集光レンズの働きと同じである。

(8) ゴミによる干渉縞とスペイシャル（空間）フィルター

以上で干渉計の話は終わりであるが，一般的には，この干渉縞はきれいではなく，さまざまな大きさの，小さなニュートン縞状のパターン（干渉縞）が重畳している。これは対物レンズに付着したごみによる回折光による余計な干渉縞である。このごみを，エタノールとシルボン紙で拭きとれば，かなり改善する。しかし，対物レンズの先端部はきれいに拭けても，反対側は拭きづらい。また傷等があれば，拭いてもダメである。したがって，きれいな干渉縞を作りたいと思ったら，対物レンズの集光点に $10\,\mu\mathrm{m}\phi$ 程度のピンホールを置いて，ごみ等による回折散乱光を除去してやる必要がある。これが，スペイシャルフィルターである。スペイシャルフィルター付きの対物レンズホルダーは，光学部品メーカーから販売されているのでそれを利用すればよい。調整はそれほど困難ではないので詳細は省略する。

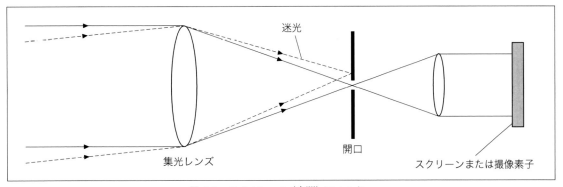

**図4.9**　スペイシャル（空間）フィルター

**(9) 迷光の除去とスペイシャルフィルター**

　対物レンズ以外の光学部品にもごみや傷はあるし，レンズの表面及び裏面での反射等，余計な光は多数ある。特に，ビームスプリッターの裏面反射光は基板にウェッジを付けたとしても，干渉縞が細かすぎて見えないだけで除去されたわけではない。これら余計な干渉を引き起こす迷光をまとめて除去するために，観察用のスクリーン手前にスペイシャル（空間）フィルターを置くことがある。**図4.9**に示すように，凸レンズの後焦点位置に（ピンホールというより，より大きな）開口または絞りを置く。4.1節でビームスプリッターの例として示した1°のウェッジ（反射光の角度で3°）を用いた場合，直径が集光レンズの焦点距離の1/20以下の開口で十分裏面反射光を除去できる。また，集光点の後にレンズを置き，平行光に戻しその後ろにスクリーンもしくは撮像素子を置くと，像の大きさ（光束径）を変えることができ，かつ被検物（平面ミラー）をスクリーン（撮像素子）上に結像できる（詳細は3.1.3項を参照）。このようなスペイシャルフィルターをもった光学系は実験室では（面倒なので）あまり使われることはないが，精密な干渉測定器では必須である。このスペイシャルフィルターの開口を小さくすれば迷光をより多く取り除けるが，あまり小さくすると開口のアライメント（位置合わせ）が難しくなるだけではなく被検物の横方向空間分解能が低下する。

ビームスプリッターの裏面反射を除去できる数mmφが適当である。また，このスペイシャルフィルターがあれば対物レンズに用いているスペイシャルフィルターは不要になるかというと，残念ながらそうはいかない。これを兼用しようとすると，スクリーン前の開口径は数10μmφにする必要があり現実的ではない。

## 補遺　微小光の加算による強度変化

　レーザーのような可干渉性の高い光では，わずかな迷光でも高いコントラストの余計な干渉縞を生じる。具体的数値で見てみよう。観察している光の強度を1とする。そこに1/100の強度の迷光が加わったとする。光がたがいに干渉しない場合は強度の加算となる。1/100程度の強度の変化（増加）があっても，目視では観察することはできない。しかしながら，この迷光が観察している光と干渉する場合は，状況が異なる。強度が1/100の光の振幅は1/10である。したがって，観察している振幅1（強度1）の光と同位相で強め合う場合，振幅は足し合わされて1.1となり，強度は2乗して1.21となる。それに対して，逆位相で弱めあう場合，振幅は差し引かれて0.9となり，強度は2乗して0.81となる。その結果，強度は0.81〜1.21の間で変化し，明瞭な干渉縞として観察される。

# 第5章　非球面計測用干渉計
## 5.1　いろいろな非球面計測法

前章までは，主として球面形状の干渉計測に関して述べてきた。この章では非球面の計測に関して述べる。非球面計測は様々な方式があり，必ずしも干渉計を使うわけではなく，また干渉を使うとしても様々な方式がある。本節ではいろいろな非球面計測法を紹介し，次節（次号）では私がかかわった超高精度な非球面干渉計を紹介する。

### 5.1.1　3次元測定機による方法

昔はレンズといえば殆ど球面レンズであった。被球面レンズが一般製品用に本格的に用いられるようになったのは，CD（コンパクトディスク）の再生に用いる光ピックアップレンズからである。光ピックアップレンズも，開発段階では球面ガラスを組み合わせた顕微鏡対物のようなものが用いられていたが，商業生産の段階では軽くて安価なプラスチックの単レンズが開発され，用いられた。これらのレンズは金型に溶けたプラスチックを入れプレスして固めることにより大量生産された。部品単価としては100円を切るものであるので，製品を計測することはほとんどなく，金型を精密に計測し，レンズ形成時のプラスチックの収縮等を考慮して精度を確保していた。

この金型計測には干渉計ではなく3次元測定機が用いられた[1]。その理由は，当時，非球面が測れる干渉計が入手できなかったことと，製品（ピックアップレンズ）の形状精度が$0.1\,\mu m$程度であり，高精度な3次元測定機で計測可能であったからである。また，形状がほぼ球面であるので通常の$x$, $y$, $z$座標の測定ではなく$r$, $\theta$, $\phi$座標を高精度に測る測定機も用いられた。$x$, $y$, $z$座標の測定では，被検物であるレンズの光軸中心から離れるほど被検面の傾斜が大きくなるので，$z$座標だけでなく$x$, $y$座標も正確に測る必要があり，かつ傾斜と触針の先端部の大きさにより生じるプローブ（触針）の位置ずれを補正する必要がある。それに対し非球面の近似球面の曲率中心を原点とする$r$, $\theta$, $\phi$計測では，一般に$r$のみを高精度に測ればよく，かつプローブも被検面に対して垂直に接するので位置ずれ等もなく高精度で測れる[2]。高精度3次元測定機は精度的にピックアップレンズ等の測定には十分であるが，基本的に点計測であるので全面を計測するには測定点を間引いたとしても非常に時間がかかる。したがって，この測定機で製品をすべて計測することはできないので，主として金型の計測に用いられる。

その後，ガラス材料の開発が進み，ガラスモールド（成形）によって非球面レンズが量産されるようになると，コンパクトカメラやスマホカメラに用いられ，スマホカメラの高性能化に大きく貢献した。このガラスモールドの金型も同様に3次元測定機で計測されている。

### 5.1.2　回転2次曲面の計測

天体望遠鏡等の大型ミラーや半導体露光装置に用いる高精度な非球面レンズの計測では，3次元測定機の精度では不十分である。また，球面の加工では比較的大きな球面状の研磨皿で広い面積を同時に研磨加工するのに対し，非球面の加工では部分的に研削研磨して所望の形状を作りこむので，うねり等の微小な形状誤差を生じる。した

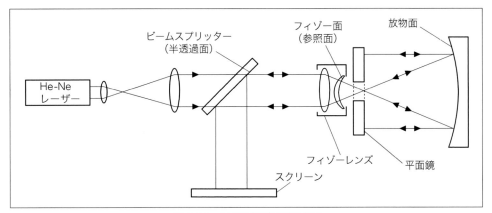

**図 5.1.1**　回転放物面の干渉計測

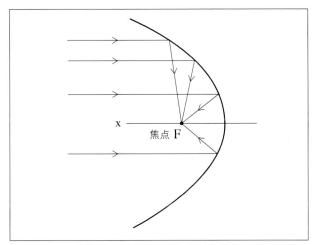

**図 5.1.2**　回転放物面の反射と焦点

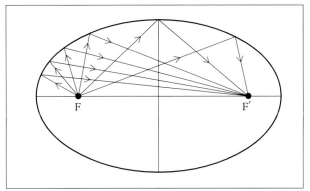

**図 5.1.3**　回転楕円体面の反射と焦点

がって，とびとびの点計測ではなく連続した全面計測，つまり干渉計による計測が必要となる。非球面を通常の球面干渉計で計測すると，干渉縞のピッチが細かくなりその部分で計測不能となる。そこで工夫が必要となる。

　非球面の中でも，2次曲線を対称軸を中心として回転させた回転2次曲面は，2次曲線（面）の焦点を利用し，球面や平面を組み合わせることにより，非球面からの反射光を球面または平面に変換できる。**図 5.1.1** に，回転2次曲面の1種である回転放物面の計測の様子を示す。回転放物面は，**図 5.1.2** のように回転軸（対称軸）に平行に入射した平面波を反射によって焦点Fに集光する。すなわち，球面波に変換する。逆に，焦点から出た球面波を回転軸に平行に進む平面波に変換する。**図 5.1.1** の左半分は，3.1節で説明したフィゾー型の干渉計であり，フィゾーレンズ（基準レンズ）の最終面（フィゾー面）

の曲率中心とフィゾーレンズの焦点とが一致しており，このフィゾー面からの反射光が参照波面となる。この焦点と放物面の焦点を一致させると，放物面からの反射光は平行光となる。そこで，図のように焦点面近傍に穴の開いた平面鏡を置いて反射させれば，光束は元の光路を戻り，参照波面と重なり観察面（スクリーン）に到達し，干渉縞を作る。この干渉縞は，光学系に誤差がなければワンカラーとなる。干渉縞の変形要因は，被検物（放物面）を除けばフィゾー面（球面）の形状誤差と折り返しの平面鏡の形状誤差であり，この2つを精度良く作成すれば，干渉縞の変形が放物面の誤差に対応する。平面鏡と球面鏡は高精度に加工できるし，誤差があっても較正は容易である。また，干渉縞から計測される波面の誤差に対して，形状誤差は（波面が）2回被検面で反射しているので1/4となる。すなわち，干渉縞の縞1本の変形が放物面の形状誤差 $\lambda/4$ に対応している。

　回転楕円体面の場合は，**図 5.1.3** に示すように焦点が

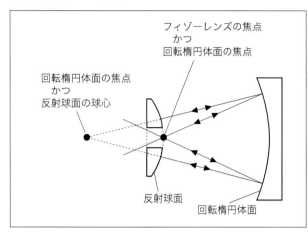

**図 5.1.4** 回転楕円体面の干渉計測

2つあり，一方の焦点 F から出た光は回転楕円体面で反射したのち，もう一方の焦点 F′ に集まる。このことを利用し，**図 5.1.4** のように，被検面である回転楕円体の一方の焦点とフィゾーレンズの焦点（集光点）を一致させ，フィゾーレンズの集光点の位置に穴の開いた球面を置き，その球面の中心と回転楕円体面のもう一方の焦点を一致させる（それを可能にするため，あらかじめ，球面の半径を楕円の2つの焦点の間隔と等しくしておく）。すると，放物面の計測と同様に，楕円面に形状誤差がない場合，観察面にワンカラーの干渉縞を生じる。

回転双曲面は，**図 5.1.5** に示すように2個の焦点を持ち，一方の焦点 F′ から出た光は双曲面で反射した後，あたかももう一方の焦点 F から出たかのように進む。そこで，**図 5.1.6** のように，被検面である回転双曲面の一方の焦点とフィゾーレンズの焦点（集光点）を一致さ

せ，フィゾーレンズの集光点の位置に穴の開いた球面を置き，その球面の中心と回転双曲面のもう一方の焦点を一致させる（それを可能にするため，あらかじめ，球面の半径を双曲面の2つの焦点の間隔と等しくしておく）。すると，楕円面の計測と同様に双曲面に形状誤差がない場合，観察面にワンカラーの干渉縞を生じる。このとき双曲面が凸面であっても，**図 5.1.6** 右図のようにして，同様に計測できる。

このように補助の反射面を用いて往復で計測するとき，被検面で2回反射するので反射光が非常に弱くなってしまう。焦点位置に置く穴あきの反射球面に反射膜を蒸着しても光量が不十分であり，コントラストの良い干渉縞を得ることができない。したがって，被検面に反射膜を蒸着して光量を稼ぐ必要がある。このとき，被検面に仮銀と呼ばれる膜を蒸着する。これは，1.2 節にも書いたが，無加熱で銀またはアルミニウムを蒸着した膜で，計測終了後，アルカリ溶液等で容易に剥がすことができる。

これらの2次非球面は天体望遠鏡に多く用いられる。放物面だけでも，**図 5.1.7** に示すニュートン式天体望遠鏡で，焦点位置近傍で無収差の像が得られる。像は鏡筒の中にできるため，45°の折り曲げミラーで鏡筒外に像を作り，接眼レンズで拡大して観察する。

だが，2枚の非球面を組み合わせることにより，観察系の同軸化，画角の拡大，像面の平たん化等多くのメリットが出る。**図 5.1.8** に，カセグレン式と呼ばれる天体望遠鏡を示す。

これまで述べてきた干渉計測法は Null 計測，すなわち非球面全体の干渉縞をワンカラーにする計測であり，

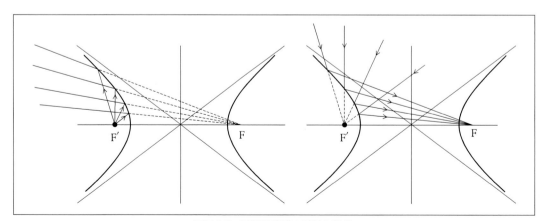

**図 5.1.5** 回転双曲面の反射と焦点

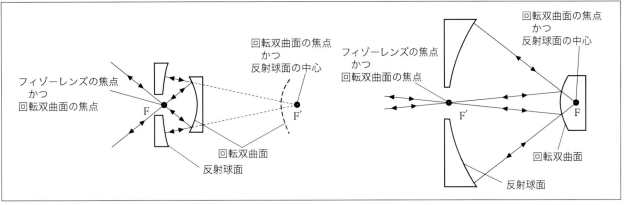

図 5.1.6　回転双曲面の干渉計測

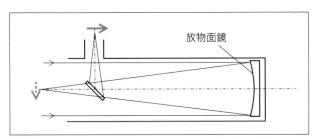

図 5.1.7　放物面を用いたニュートン式天体望遠鏡

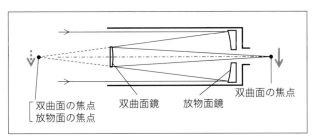

図 5.1.8　カセグレン式天体望遠鏡

非常に高い精度が期待できる。しかしながら，1種類の非球面計測（例えば回転楕円体面計測）ごとに個別の反射球面（すなわち，楕円の2つの焦点の間隔に等しい曲率半径を持った反射球面）を用意する必要があるという欠点がある。また，回転2次曲面は，上記のように天体望遠鏡等では非常に有効であったが，大型のレンズを小型化したりレンズの収差を極限まで追い込んだりするためには2次曲面では不足であり，より高次の非球面が用いられる。したがって，いろいろな次数あるいはいろいろな非球面係数の非球面に対応するためには，汎用性のある測定法が求められる。それを可能にしたのが，次項で述べるゾーン走査法である。

### 5.1.3　ゾーン走査法

　放物面を参照面が球面である通常の干渉計，例えばフィゾー干渉計で計測する場合を考える。アライメントして中心部でほぼワンカラーになるようにすると，**図5.1.9**(a) に示すように，周辺部では多数の縞が発生し，計測不能となる。被検物(放物面)，あるいはフィゾーレンズを光軸方向へ動かし周辺部でワンカラーに近づくようにすると，**図5.1.9**(c) のように，周辺部で干渉縞の密度が粗くなり計測可能となるが，中間部の縞の密度が高くなりその部分が計測不能となる。**図5.1.9**(b) のように，中間部でワンカラーになるように被検物を移動しても縞の密度は低くなるものの，非球面量が大きい場合は計測不能な部分が生じる。そこで，被検物またはフィゾーレンズを光軸方向に少しずつ動かし，干渉縞の本数が少ない（計測可能な）部分のみ計測し，計測した部分をつなぎ合わせる。このように参照面または被検面を移動し，計測可能な領域（ゾーン）をつなぎ合わせる計測法をゾーン走査法と呼ぶ。**図5.1.10**に，被検物あるいはフィゾーレンズを光軸方向に動かしたとき，被検物とフィゾーレンズの集光点との位置関係とワンカラーの干渉縞の発生個所を示す。

　つなぎ合わせる方法はいくつか提案されている。例えば，重なって計測された部分の曲率を最適化し重なる部分の差を小さく（差の2乗和が最小になるように）してつなぐことが考えられるが，つなぎの回数が増えると誤差が蓄積されていく。より正確な方法として，大阪大学の横関俊介先生のグループでは，以下のような方法が

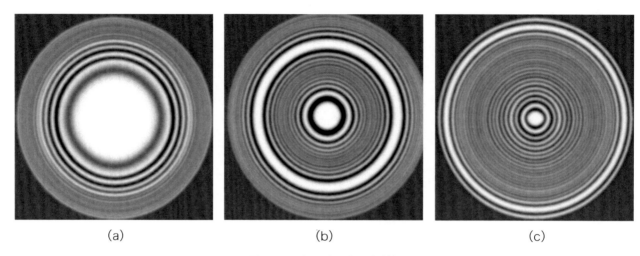

| (a) | (b) | (c) |

図 **5.1.9** ゾーン走査法の干渉縞

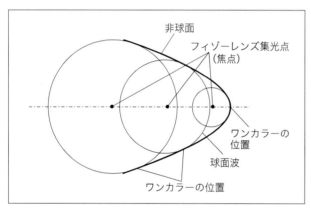

図 **5.1.10** 被測定非球面と参照球面波の位置関係

開発された[3]。フィゾーレンズ又は被検物を光軸方向に移動していくと，干渉縞のワンカラーの部分が周辺方向（あるいは中心方向）に移動していく。それと同時に，ワンカラー部の中心から縞が湧き出してくる（あるいは沈み込んでいく）。この（輪帯状の）湧き出し位置（すなわち，**図 5.1.10** における球面と被検面との接点）と被検物の（中心）位置（フィゾーレンズの集光点を原点とした位置）

から被球面形状を算出する。被検物の位置は干渉式レーザー測長器を用いて正確に測定する。より詳しくは，参考文献を参照していただきたい。

このゾーン走査方式は，高価ではあるが，市販品も販売されている[4]。現在では，汎用高精度非球面干渉計測のスタンダードともいえる。

**参考文献**

1) http://www.panasonic.com/jp/company/ppe/ua3p.html

2) http://www.taylor-hobson.jp/products/33/145.html

3) 大西邦一，横関俊介，鈴木達朗："被測定面の移動による非球面の干渉測定法"，光学，Vol. 11, No. 5, pp. 471~477 (1982)

4) http://cweb.canon.jp/indtech/zygo/lineup/verifire/asphere/index.html

# 第5章　非球面計測用干渉計
## 5.2　非球面の高精度干渉計測法

前節では一般的な非球面計測法について解説したが，私がかかわったのはより高精度な，というより世界で最も高精度な非球面計測であり，その開発経緯に沿ってお話ししよう。

この開発は，半導体露光装置の開発および製造のために行われた。半導体露光装置とは，マイクロプロセッサーやメモリー等の半導体集積回路の製造の中核となる装置で，マスク（レチクルともいう）上に描画された集積回路のパターンをウェハに焼き付け転写する装置である。集積回路の集積度の向上に合わせ露光装置も進化（高性能化）してきた。現在（2018 年 1 月），最先端の半導体露光装置では 38 nm 以下の解像度（半導体業界でいう解像度とは，ラインアンドスペースのパターンをレジスト等に焼き付けた時できる最小パターンの幅で，ピッチの 1/2，光学でいう解像度のおよそ 1/2 に相当する。物理屋の視点からすると違和感のある定義であるが，電気屋およびプロセス屋の視点からは実用的な定義である）を達成している。これは一朝一夕に達成されたものではなく，絶え間なき技術革新によって達成されたものである。約 45 年前（1973 年），私が入社しすぐに担当した業務が，等倍の近接露光装置（マスクがウェハに接触して傷つかないようにするためマスクとウェハを密着させず数 10 μm 離して置き，上から照明し露光する装置）の回折による像の劣化のシミュレーションプログラムの作成であった。その装置の目標とする（半導体業界でいう）解像度は 3~5 μm であり，現在のおよそ 100 倍であった。40 年ちょっとの間に解像度が 100 倍も向上したことになる。その進歩は驚異的なものであるが，この進歩に関して話すと長くなるので，露光装置について概略のみを記す。

露光装置は前述の等倍の近接露光装置から，回折とボケの影響を減らした等倍の投影露光装置を経て，開口数（NA）が大きく解像力が高い（水銀ランプの g 線を光源として用いる）縮小投影露光装置へと進歩してきた。さらに，露光波長は g 線（436 nm）から i 線（365 nm），KrF エキシマレーザー（248 nm），さらに，ArF エキシマレーザー（193 m）へと短波長化し，投影レンズの開口数も 0.28 から 1.35（液浸）へと大きくなり，プロセス（半導体業界でいう解像度は物理限界ではなく実際に作ることができる線幅であり，プロセスにも依存する）等の改良も相まって，上に述べたように 38 nm の解像力を達成できている。私は，この長期に渡る開発において，露光装置の心臓部ともいえる縮小投影レンズの開発製造に必須の計測にかかわってきた。

本節では，その中の非球面計測について記す。このような開発は通常なら守秘性の高い開発であり公表ははばかられるが，幸いなことに，後にこの技術は国家プロジェクトである技術研究組合極端紫外線露光システム技術開発機構（通称 EUVA）に応用展開されたため，一部が公表されている[1]。この公表された論文を基に，当時の業界の動向も加味しながら測定原理と開発過程を説明していこう。

### 5.2.1　半導体露光装置と投影レンズの発展

半導体露光装置は，人類が作り出した最も精密かつ高精度な装置の一つであろう。おおよそ 100 mm 四方の

マスク（縮小する場合はレチクルと呼ぶこともある）を5分の1または4分の1（おおよそ20mm四方から25mm四方）に縮小して，数nm以下の精度（パターン寸法およびパターン位置）でウェハ上に次々と焼き付ける。しかも，それを300mmφのウェハ全面に対し15秒以下で行う。その精度は，例えるなら，国立競技場（約150mφ）のグラウンド全面に髪の毛より細い20μm（0.02mm）の線幅のパターンを1μm程度の（位置）精度で描画するのに相当する。その露光装置の心臓部ともいえるのが，縮小投影レンズである。

露光装置の性能の向上とともに投影レンズは巨大化，高性能化し，1990年代の終わり頃には，KrFエキシマレーザーを光源とした投影レンズでNA0.68を達成していた。このとき，レンズは全長（マスクウェハ間距離）で1mを超え，レンズ枚数は20枚を超え，レンズ単体の直径は30cmに迫り，製造（量産）限界に近付いていた。更なる高解像力化，すなわち大NA化を行うと，レンズが大きくなり過ぎるだけでなく収差も増大し，その収差を補正するためにレンズの枚数も加速度的に増え，明らかに製造限界を超えてしまう状況であった。

そこで，私の勤めていたニコンでは，レンズを非球面化し限界を打破することを検討した。まず『レンズ設計』（東海大学出版会）の著者でもあるニコン光学技術開発部の故 高橋友刀氏がNA0.75の投影レンズの非球面化設計を試みた。結果は画期的なものであった。球面系だけで設計するとレンズ枚数は30枚を超え，全長は1430mm，単体レンズの直径は最大340mmとなり，製造不可能であったものが，たった2面を非球面にすることにより，レンズ枚数を10枚も減らすことができ，全長を1250mmに短縮し，単体レンズの最大径を280mmに抑えることができた。この結果に勇気づけられ，全社プロジェクトで非球面投影レンズを開発することとなった。プロジェクトは，非球面研削機開発，加工研磨法開発，計測機（非球面干渉計）開発の3つのサブプロジェクトに分かれて進行し，私は非球面干渉計のプロジェクトリーダーを務めた。

### 5.2.2 非球面干渉計測

非球面計測を球面計測と同程度の精度で行うことを目的とし，その目的達成のため，非球面干渉計としてNull素子（被検非球面形状と同じ形状の波面を創生する光学素子）を用いた干渉計を開発した。Null素子としてレンズ（Nullレンズと称する）を用いたものと，ゾーンプレート（通常の球面波を発生する代わりに所望の非球面波を発生するようにゾーンの位置を計算して作成した非球面ゾーンプレート）を用いるものを別個に作成した。別途開発が進んでいた超高精度3次元測定機[2]による計測値と，上記2種のNull素子による干渉計測値の3つの測定値を相互比較して精度保証することとした。

非球面干渉計は光学技術開発部の玄間隆志氏を中心に生産技術部等と共同で開発された。図5.2.1に示すフィゾー型干渉計である。3.1節に示したフィゾー型干渉計と原理は同じであるが，参照面としてフィゾーレンズではなく，フィゾーフラット（平面）を用いた。フィゾーフラットの裏面（図の下面）が高精度に研磨された無コートの基準面である。フィゾーフラットを透過した光束をNullレンズによって，測定したい非球面の形状とほぼ同じ波面を生成し，被検非球面にほぼ垂直に入射させる。そして，反射した波面をフィゾーフラットで反射した（基準）平面波と干渉させる。この干渉計の測定精度は，主としてNullレンズによって決まる。Nullレンズによる誤差を最小にするため，Nullレンズの構成枚数はできるだけ少なく（1〜3枚）し，各構成レンズはその製造工程においてできるだけ正確に加工し計測する。計測には，第3章で紹介した精度（再現性）および確度（絶対精度）を向上させる種々の方法・手段が採用された。Nullレンズの設計による残留誤差とNullレンズの製造における（計測された）加工誤差は，厳密に管理され，非球面干渉計の測定値の補正に使われる。

図5.2.2と図5.2.3に3枚構成と2枚構成のNullレンズの例を示す。図5.2.3のように一度集光する光学系を採用することによって設計の自由度を増すことができるが，座標系が反転するので後の処理で注意が必要である。

ゾーンプレートを使った干渉計測は，図5.2.4（干渉系ユニット部は省略）の構成をとり，フィゾーフラットの反射面（基準面）とゾーンプレートの形成面を兼用とした。それによりゾーンプレート基板の誤差（基板の材料の不均一性と基板裏面の形状誤差）は，基準波面（基準面からの反射波面）と被検波面（被検非球面からの反射波面）の両方に等しく影響するのでキャンセルされる

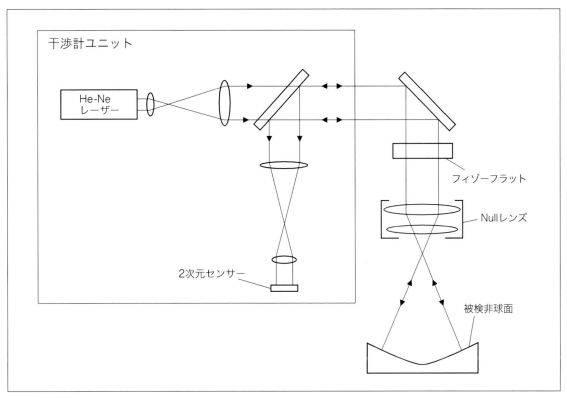

**図 5.2.1**　Null レンズを用いた非球面干渉計

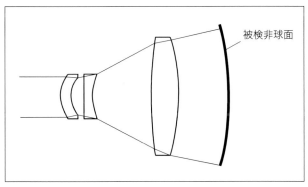

**図 5.2.2**　3 枚構成の Null レンズの例

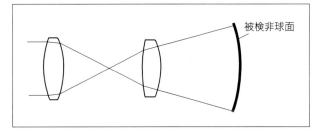

**図 5.2.3**　2 枚構成の Null レンズの例

（基準面の形状誤差の影響は残るが，それは通常のフィゾー干渉計の基準面（フィゾー面）と同じであり，フィゾー干渉計と同様補正，較正を行う。3.2 節参照）。ゾーンプレートにより生成された波面は補助レンズと相まって所望の非球面波面となり，計測すべき非球面に垂直に入射し，反射され元の光路を戻り，基準面で反射した参照光束と合わされ干渉する。

ゾーンプレートを用いた干渉計の主たる誤差要因は，ゾーンプレートパターンのゾーンプレート面内の位置誤差である。ゾーンプレートの位置が 1 ピッチずれると，回折される波面は 1 波長ずれる。パターンの位置ずれ量（位置誤差）のパターンピッチに対する割合が，生成される波面の波面収差の波長に対する割合となる。したがって，ゾーンプレートによる生成波面の形状誤差を 0.6 nm（He-Ne レーザーを用いると $\lambda/1000$）以下に収めようとすると，パターンの位置ずれ（製作誤差及び位置計測誤差）を 10 nm としてパターンのピッチは（1000 倍の）10 μm 以上にしなければならない。す

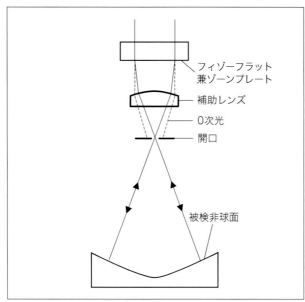

図 5.2.4　ゾーンプレートを用いた非球面干渉計（部分）

るとゾーンプレートのピッチが粗くなり，ゾーンプレートによる回折角が小さくなり非球面全面での計測ができなくなる。そこで，**図 5.2.4** のように補助レンズを 1 枚追加し，非球面全体を計測するためのパワーは補助レンズにもたせ，ゾーンプレートは主として補助レンズにより生成される波面に対する補正成分を受け持たせる。その結果，ゾーンプレートのパターンを粗くすることができ，ゾーンプレートのパターン誤差による計測誤差を軽減することができる。実際の計測ではゾーンのピッチは 20 μm 以上にして，パターンの位置誤差による影響を無視できるようにした。もちろん補助レンズも Null レンズを構成するレンズと同様にその製造工程においてできるだけ正確に加工し計測する。補助レンズの製造における（計測された）加工誤差は，厳密に管理し，非球面の形状測定の結果の補正に使用される。補助レンズの後にある開口は，ゾーンプレートによって生じる余分な次数の回折光を除くためである（なお，非球面なので光線は一点に完全に集まってはいない）。このゾーンプレート

は従来の描画装置では精度と寸法の面で制作できなかったので，生産技術本部で小貫哲治氏をリーダーとして描画装置開発を含めて完成させた。

超高精度 3 次元測定器に関しては，ここでは説明しないので，興味のある方は参考文献 2）を参照していただきたい。この測定機は生産技術部の塩沢久氏を中心に開発されたものでライバルメーカーから売ってほしいと頼まれたほどの高性能機である。

これらの開発が完了し，同一の非球面を，Null レンズを用いた干渉計とゾーンプレートを用いた干渉計と超高精度 3 次元測定機で計測し，測定値を相互比較した。各々異なる誤差要因をもった計測にもかかわらず，3 つの測定値の相互の差は 1〜2 nm RMS であった。これが本方式（高精度非球面干渉計）の測定精度（絶対精度）と考えられる[1]。その後開発された最先端露光機は全て非球面を使用し，投影レンズの高性能化（大 NA 化）にともなって非球面の数も増大していった。非球面干渉計の開発なくしては今日の半導体集積回路の性能向上，ひいては IT 社会の実現はなかったといっても過言ではない。

**参考文献**

1) T. Gemma, S. Nakayama, H. Ichikawa, T. Yamamoto, Y. Fukuda, T. Onuki, and T. Umeda: "Interferometry with Null Optics for Testing Aspheric Surfaces at 1 nm Accuracy", Initiatives of Precision Engineering at the Beginning of a Millennium, Edited by I. Inasaki, Kluwer Academic Publishers, pp. 679–683 (2001)

2) H. Shiozawa, Y. Fukutomi, T. Ushioda, and S. Yoshimura："Development of Ultra-Precision 3D-CMM Based on 3D Metrology Frame", Proc. ASPE 1998 Annual Meeting, pp. 15–18 (1998)

# 第6章　波面収差測定用干渉計
## 6.1　光源と干渉縞

本章（6章）では，干渉計を用いた波面収差の測定の話をする予定であるが，その前段階として光源と干渉縞，すなわち可干渉性（コヒーレンス）の話をしよう。というのは，これまで述べてきた形状測定用干渉計では，光源として最も扱いやすく，安定した干渉縞ができる光源，すなわち，空間的，時間的コヒーレンスの良い光源，もっと具体的に言うと He-Ne レーザー（理想的には，周波数安定化単一波長 He-Ne レーザー）を用いればよかった。しかしながら，波面収差測定，すなわち被検光学系（通常複数枚数のレンズを組み合わせた系）を透過した波面の変形を測定する場合，被検光学系の色収差の影響を受ける。多くの光学系は色収差を補正しているので，波長 633 nm の He-Ne レーザーでも計測可能であり，波長差による残留収差は設計値を用いて補正できる。しかしながら，半導体露光装置用投影レンズ等の高精度な光学系では色収差の補正範囲はわずかであるので，干渉計の光源として被検レンズにあった波長の光源を選ばなければ波面収差が大きくなりすぎ，設計値で補正しても所望の計測精度は得られない。更に，たまたま都合の良い波長の光源（レーザー）が見つかったとしても，それだけで干渉計測ができるわけではない。He-Ne レーザーですら，必ずしもコントラストの良い干渉縞が得られるわけではない。4章でも述べたように，レーザーは通常近接した複数の波長の光が発振している。まして，He-Ne レーザーより出力の大きい殆どのレーザーは複数波長の光を発振しており，干渉計に大きな光路差がある場合には波長ごとに干渉条件（位相差）が異なり，それらが同時に観測されるとコントラストの良い干渉縞が得られなくなる。

この発振波長と干渉縞のコントラストに関し，次項で少し詳しく見てみよう。更に，レーザーが使えない場合や使えても空間的に単一モードでない場合にも，空間的にお互いに干渉しない（インコヒーレントな）光源が複数（多数）個存在する光源を用いることとなる。このとき干渉縞のコントラストがどうなるかは，6.1.2 項で説明する。

### 6.1.1　光源のスペクトル（単色性）に起因するコントラストの変化（時間的コヒーレンス）

レーザー光源の発振波長について考察しよう。簡単にするため，気体レーザーについて考察する。レーザーに限らず光の発振波長は，エネルギーの高い準位に励起された電子が低い準位へ落ちるときの準位間のエネルギー差によって決まる。しかしながら，それらを発光する原子・分子（気体）は高速で運動している。その結果，発光する光の波長はドップラー効果により広がりをもつ。レーザーはそれらの広がった波長の光を単純に発振するわけではない。レーザーはレーザー管の両端に置かれたミラーによって構成される共振器によって決まる波長（共振波長）でのみ発振する。すなわち，この共振器の長さ（共振器長）を $L$ とすると，$N\lambda/2 = L$ を満たす波長の光のみが発振する（厳密にはレーザー媒質の屈折率も考慮する必要がある）。ここで $N$ は整数である。**図 6.1.1** にその様子を示す。

**図 6.1.1** は，発振波長とドップラー広がりの関係を示す。ドップラー広がりの間で，$N\lambda/2 = L$ を満たす光のみが発振している。（上式と隣りの発振波長の条件，$(N-1)(\lambda+\Delta\lambda)/2 = L$ とを連立させれば出てくるが，）こ

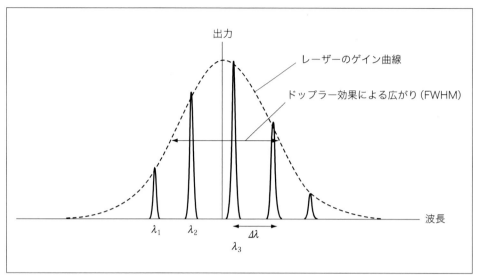

**図6.1.1** レーザーの発振波長

の発振スペクトルは，波長間隔 $\Delta\lambda = 2L/N^2$ で等間隔に並んでいる。上式を書き換えると，$\Delta\lambda = \lambda^2/2L$ とも書ける。He-Ne レーザーの場合は，発振波長の中心波長（真空時の波長で）は632.9908 nmであり，ドップラー効果による広がりはFWHM（半値全幅）で約0.005 nmである。He-Ne レーザーの共振器長を300 mmとすると $\Delta\lambda = 0.00134$ nmとなり，半値全幅内だけでも約4波長の光が発振している。

すると，干渉計を組んだ時，光路差 $l$ が大きいと波長によって位相，すなわち $2\pi\, l/\lambda$ が異なるので，ある波長で強め合っても他の波長では弱め合うことが生じ，干渉縞のコントラストが低下する。すなわち，光路差が増加するにつれ，各波長での位相差の差が増加してくるので，コントラストは低下してくる。このコントラストの低下は発振波長の差（複数本発信している場合は差の最大値）に依存する（差が大きいほど低下速度は速くなる）。すなわち，十分なコントラストが得られる光路差は，主としてドップラー効果による発振波長の広がりに依存し，He-Ne レーザーの場合，$\lambda^2/\text{FWHM} = 632.8 \times 632.8/0.005$ nm ≒ 80 mm 以内である。通常この長さを，レーザーのコヒーレンス長と称している（ただし，単一波長で発振しているレーザーはその発振線のスペクトルの幅で決まる，極めて長いコヒーレンス長をもつ。このコヒーレンス長は，$\lambda^2/\delta\lambda$ で与えられる。ここに，$\delta\lambda$ は単一のスペクトルの幅である）。

しかし，さらに光路差が増大し，上記の位相差の差が大きくなり $2\pi$（または $2\pi$ の整数倍）になると，位相差に差がないことと等価になり，コントラストは逆に向上する。例えば，隣接する2つの波長を $\lambda_1$，$\lambda_2$ とすると，光路差が $l$ の時各波長による位相差は $2\pi l/\lambda_1$ と $2\pi l/\lambda_2$ である。この位相差の差が $2\pi$ になるのは，$2\pi l/\lambda_1 - 2\pi l/\lambda_2 = 2\pi$ であるので，$l = \lambda^2/\Delta\lambda$ となる。これはまさに，共振器長の2倍，すなわち $2L$ である。言い換えると，発振波長が複数存在するレーザー光で干渉縞を作るとき，光路差が大きくなるとコントラストは低下するが，さらに光路差を大きくして共振器長の2倍あるいは2の整数倍と等しくすると，コントラストは向上する。その様子を**図6.1.2**に示す。

**図6.1.2**は，光路差の変化に対する干渉縞のコントラスト（すなわち，可干渉性）を示している。最初のコントラストの低下はおおよそドップラー広がりに依存している。図では，光路差が0から $L$ まで増加する間に変動し4回極小値をとるが，これは発振波長が5本の場合を示している。証明は省略するが，このコントラストは発振スペクトルのフーリエ変換に相当している。また，光路差が生じるということは2光束に時間差が生じることであるので，2光束の時間差によってコントラスト，すなわち干渉性が変化するので，これを時間的コヒーレンスという。

上記はレーザーに関して説明したが，一般の光源は共振器による等間隔なスペクトルは生じず，ドップラー効

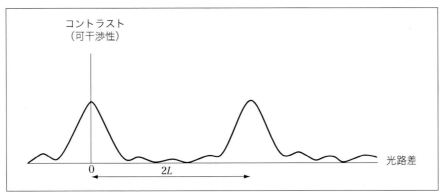

**図6.1.2**　光路差と干渉縞のコントラスト

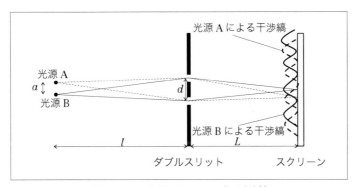

**図6.1.3**　2光源によるヤングの干渉縞

果による広がりのほかにエネルギー準位間の遷移確率や複数のエネルギー準位の存在によりスペクトルは広がる。この広がりの半値全幅 FWHM により十分なコントラストが得られる光路差は $\lambda^2/FWHM$ 以下となり，通常，光路差の増加とともにコントラストは単調に減少し，レーザーのように周期的に向上することはない。

## 6.1.2　光源の大きさによるコントラストの変化（空間的コヒーレンス）

　多くの小出力のガスレーザーは，空間的に単一モードで発振している。すなわち，レンズで集光すれば回折限界の大きさまで絞ることができ，集光点は点光源とみなすことができる。しかし，大出力あるいはゲイン（増幅率）が高いレーザーでは，レンズで絞っても（小さく結像しようとしても）点光源にはならない。また，一般の光源では，レンズで絞っても回折限界よりはるかに大きな像となる。これらの光源では，例えばレンズで絞った中心からの光（中心にピンホールを置いたと仮定してそのピンホールを透過した光）とそこから回折限界以上離れた点からの光（そこにもピンホールがあるとしてそれを透過した光）を重ね合わせて干渉させようとしても干渉しない。それはそれぞれの光が初期位相はもちろん，波長もごくわずかに異なっているためである。あるいは，初期位相が互いにランダムに変化していると考えてもよい。それらの光源の波長はごく近い（すなわち，干渉縞ができれば干渉縞のピッチは等しい）が，初期位相がランダムに変化するので干渉縞が常に動いていて，定常的干渉縞として観測できない。すなわち，2光束を重ねても単なる強度の和としてしか観測されない。したがって，このような光源は，互いに干渉することのない多数個の独立な点光源の集合体と考えられる。このような光源では干渉縞は得られないのであろうか？　答えは「得られる」である。要は，独立した点光源がそれぞれ同じような干渉縞を作ればよいのである。そうすれば，各光源による干渉縞を強度で加算しても，干渉縞は平均化されることなく明瞭に観察できる。

　では，どのような条件でそれが可能になるのであろうか？　説明を簡単にするため，**図6.1.3** のヤングの干渉

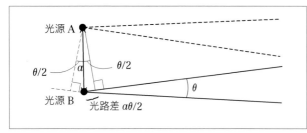

**図 6.1.4**　光源部の拡大図

縞で考えてみよう。**図 6.1.3** において，距離 $a$ 離れた光源 A と光源 B があるとする。どちらも波長は $\lambda$ で同じであるが，初期位相は全く独立に，かつランダムに変化している，すなわち，互いにインコヒーレントである（干渉しない）とする。各々の光源から出た光は，間隔 $d$ のダブルスリットを通った後（ダブルスリットのスリットで回折され），スクリーン上で重なり各々正弦波状に強度変化する干渉縞を作る。各々の縞のピッチは，ダブルスリットからスクリーンまでの距離を $L$ とすると，$\lambda L/d$ となる。次に，光源 B からダブルスリットに到達する光を考える。A と B が近接している場合は，A からダブルスリットの各スリットへ行く光線の光路長は B から各スリットへ行く光線の光路長とほぼ等しいので，ダブルスリットで回折されてスクリーンへ到達する光束の光路差（位相差）は光源 A からの光束と光源 B からの光束でほとんど同じである。したがって，光源 B による干渉縞は光源 A による干渉縞とほとんど同じであり，スクリーン上で強度加算されてもコントラストの良い干渉縞として観察される。A と B の間隔が大きくなると，この光路差が大きくなり，光源 A の作る干渉縞と光源 B の作る干渉縞がずれてくる。A と B の間隔によって光路差がどのように変化するか計算してみよう。ダブルスリット以降の光路長は同じなので，ダブルスリットに入るまでの光路長の差を計算する。

　**図 6.1.4** に，光源付近の拡大図を示す。光源 A，B から各スリットへ行く光線が図示されている。点 A から光源 B の光線に垂線を下ろすと，上方スリットへ行く光線では B から出る光線の方が A から出る光線より $a\theta/2$ 遅れていることになる。ここで $\theta$ は光源からダブルスリットを見込む角度であり，光源からダブルスリットまでの距離を $l$ とすると $\theta = d/l$ である。逆に，下方のスリットへ行く光線では B から出る光線は A から出る光線に比

べて $a\theta/2$ 進んで下のスリットに到達する。その結果，B から出る光束によって生成される干渉縞は，A から出る光束によって生成される干渉縞に比べて光路差が $a\theta$，すなわち位相差が $2\pi a\theta/\lambda$ 変化した干渉縞が得られる。この値が $2\pi$ と比べて十分小さい場合は，光源 B による干渉縞は光源 A による干渉縞とほぼ同じ干渉縞となり，干渉縞のコントラストはほとんど低下しない。しかし，$a$ が大きくなり，$2\pi a\theta/\lambda$ が $\pi$ に等しくなると，光源 B による干渉縞は光源 A による干渉縞と逆位相となり，強度加算すると一様な明るさとなって干渉縞のコントラストはなくなる（上のスリットからの光と下のスリットからの光が干渉しないとみなすことができる）。さらに，光源の間隔 $a$ が大きくなり $2\pi a\theta/\lambda$ が $2\pi$ に等しくなると，再度 2 つの干渉縞は等しくなりコントラストは向上する（上のスリットからの光と下のスリットからの光の干渉性が再び高くなる，とみなすことができる）。その様子を，**図 6.1.5** に示す。ここで，パラメーターとして光源の間隔 $a$ だけではなくダブルスリットの間隔 $d$ を変えても（干渉縞のピッチは変わるが，干渉縞のコントラストに関しては），同様なコントラストの特性曲線が描ける（**図 6.1.5** の一番下の座標，ここで $d = \theta l$ である）。

　光源が A と B の 2 点ではなく A から B まで連続的に分布する場合は，$2\pi a\theta/\lambda$ が $\pi$ に等しい場合でも A と B の間にある光源による干渉縞が重畳されるので，コントラストは 0 とはならない（2 つのスリットからの光は完全に干渉しなくなるわけではない）。コントラストが 0 になる（2 つのスリットからの光が干渉しなくなる）のは，$2\pi a\theta/\lambda$ が $2\pi$ に等しくなるときである。その様子を，**図 6.1.6** に示す。これは，幅が AB（$= a$）の開口による回折パターンの計算と同じである。このように光源の形状（大きさ）によって，ダブリスリットからの光の間の干渉性（コヒーレンス）が変化する。

　このことを数学的に表現すると（結論だけを述べるが），有限の大きさを持ったインコヒーレント光源によって照明された面上（この例ではダブルスリット）のコヒーレンス度（ある 2 点間の可干渉性）は，一方の点に集光する光束に対して，光源と同じ位置に同じ大きさの開口を置いたときの開口による回折パターンの，もう一方の点での振幅の値と等価である。この定理は Pieter Hendrik van Cittert と Frits Zernike により別々に証明

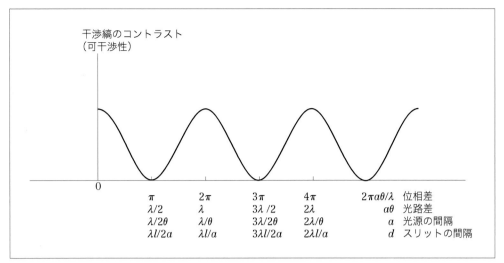

干渉縞のコントラスト
（可干渉性）

| 位相差 | $\pi$ | $2\pi$ | $3\pi$ | $4\pi$ | $2\pi a\theta/\lambda$ | 位相差 |
|---|---|---|---|---|---|---|
| | $\lambda/2$ | $\lambda$ | $3\lambda/2$ | $2\lambda$ | $a\theta$ | 光路差 |
| | $\lambda/2\theta$ | $\lambda/\theta$ | $3\lambda/2\theta$ | $2\lambda/\theta$ | $a$ | 光源の間隔 |
| | $\lambda l/2a$ | $\lambda l/a$ | $3\lambda l/2a$ | $2\lambda l/a$ | $d$ | スリットの間隔 |

**図 6.1.5**　2 個の光源による干渉縞のコントラストの変化

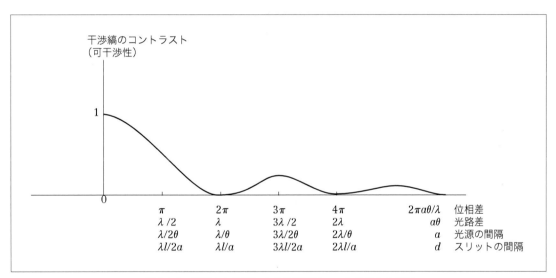

干渉縞のコントラスト
（可干渉性）

| 位相差 | $\pi$ | $2\pi$ | $3\pi$ | $4\pi$ | $2\pi a\theta/\lambda$ | 位相差 |
|---|---|---|---|---|---|---|
| | $\lambda/2$ | $\lambda$ | $3\lambda/2$ | $2\lambda$ | $a\theta$ | 光路差 |
| | $\lambda/2\theta$ | $\lambda/\theta$ | $3\lambda/2\theta$ | $2\lambda/\theta$ | $a$ | 光源の間隔 |
| | $\lambda l/2a$ | $\lambda l/a$ | $3\lambda l/2a$ | $2\lambda l/a$ | $d$ | スリットの間隔 |

**図 6.1.6**　連続した光源による干渉縞のコントラストの変化

されたので，Van Cittert-Zernike theorem（ファンシッタートゼルニケの定理）と呼ばれる。

ここで注意しておきたいことは，普通，ファンシッタートゼルニケの定理は 2 次元に関する定理，すなわち波面を横にずらして，それ自身と干渉させたときどれだけ横にずらしてもコントラストの良い縞が得られるか考察するときに用いられる。しかしながら，この定理は 3 次元にも用いることができる（回折パターンは 3 次元的に存在する）。すなわち，波面を光軸方向にずらしたときの可干渉性を計算する（見積もる）ことができる（11.4 節で詳しく述べる）。これは前項で述べた時間的コヒーレンスと似

たところがある（時間的コヒーレンスは光軸方向の波面のずれに大きく影響する）。このことを忘れると，時間的コヒーレンスさえ確保していれば光軸方向に波面がいくらずれても干渉縞が得られると考えてしまう危険がある。

### 6.1.3　超高圧水銀ランプ（g 線）用投影レンズの計測

上記コヒーレンスを考慮して，実際に投影レンズの干渉計測の具体例を見ていこう。投影レンズの波面収差計測は企業秘密に属することが含まれるのですべてをお話しすることはできないが，すでに公表されている特許や論文[1]を基に述べていこう。

半導体露光用縮小投影レンズは約 100 mm × 100 mm のマスクに描画されたパターンを 1/5 または 1/4 に縮小して，レジスト（感光材）の塗布されたウエハに投影露光するためのレンズで，半導体の微細化に伴いその解像力はプロセスの改良を伴いつつ，1.2 µm から 0.038 µm に進化してきた。最初の縮小投影レンズは光源として超高圧水銀ランプ（g 線）を用いていた。私は初めに，この投影レンズの波面収差を測定するための干渉計の開発を行った。

干渉計のタイプであるが，できるだけ誤差要因の少ないフィゾー型を用いた。**図 6.1.7** に，フィゾー型の投影レンズ計測用干渉計の模式図を示す。これは，3.1 節に記載した球面形状測定用フィゾー干渉計のフィゾーレンズと被検球面（本図では高精度反射球面）の間に，被検投影レンズを配置したものである。

さて，ここで大きな問題がある。参照面と反射球面の間に非常に大きな間隔があくことである。半導体露光用投影レンズでは物体（マスクパターン）から像（ウエハ）までの距離が 1 m 程度あり，さらに，その間 20 枚以上のレンズがびっしり埋まっている。したがって，往復で光路差は 3 m 程度までになってしまう。3 m もの時間的コヒーレンスをもつ光源は，レーザーといえどもそうたやすく手に入るものではない。g 線用投影レンズは，光源として超高圧水銀ランプを用いているので，光源スペクトルは単色ではなく 10 nm 程度広がっている。したがって，投影レンズは g 線の波長（436 nm）の前後数 nm で色消し（色収差補正）がなされている。したがって，ぴったり 436 nm のレーザーではなく数 nm 離れた波長のレーザーでも測定用光源として使うことができる。その観点でレーザーを探すと，波長 441.6 nm の He-Cd（ヘリウムカドミニウム）レーザー（通称ヘリカドレーザー）が見つかった。このレーザーも他のレーザーと同様，ドップラー広がりの中で複数本の波長を発振しており，コヒーレンス長は高々 10 cm である。しかしながら，6.1.1 で述べたように，光路差が増大しレーザーの共振

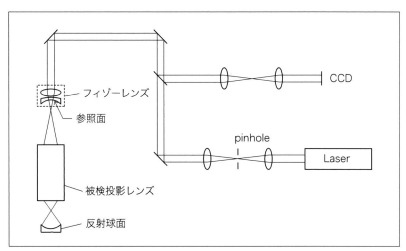

**図 6.1.7**　投影レンズ波面収差測定干渉計

器の整数倍の 2 倍の光路差がつくと，干渉縞のコントラストが回復する。そこで，いくつかのメーカーの製品の中からフィゾー干渉計の光路差にマッチするもの，すなわち参照面と反射球面の光学的距離と He-Cd レーザーの共振器長の整数倍の長さが近いものを選択し，最終的には，反射球面の曲率半径を変えて光路差を調整し，コントラストが最大になるようにした。

このとき気を付けなければならないことは，投影レンズの光路長の計算であるが，スペクトルの広がった光源に対して干渉縞が生じるように光路長を合わせるには，通常の位相屈折率ではなくレンズ材料の屈折率の波長分散を考慮した群屈折率を用いなければならないことである。このことに関しては，1.4 節に詳しく記したので，そちらを参照していただきたい。開発した干渉計（次節以降で説明する干渉計も含む）は，フィゾーレンズおよび反射球面が光軸に垂直な面内で移動できるようになっており，画角中心の波面収差だけではなく，任意の画角（像位置）での波面収差が測定できるようになっているが，それについての説明は省略する。

**参考文献**

1) Y. Ichihara: "Evolution of wavefront metrology enabling development of high-resolution optical systems", Opt. Rev., Vol. 21, pp. 833–838 (2014)

# 第6章　波面収差測定用干渉計

# 6.2　投影レンズの干渉計測

## 6.2.1　365nm用投影レンズと248nm用投影レンズの計測

　前節では，超高圧水銀ランプのg線（436nm）を光源とする半導体露光装置の投影レンズの波面収差を測定する干渉計測について説明した。この干渉計はうまく動作したものの，投影レンズ製造には直接用いられることはなかった。当時，投影レンズの計測は種々の間隔のラインアンドスペースパターン（5本線のパターン）をウエハに塗布されたレジストに焼き付け，そのレジストパターンの崩れ具合から投影レンズの収差を判定し，レンズを調整していた。まだ製造現場では，干渉計の精度より現場の勘やコツが信頼されている時代であった。また，要求される解像線幅（ウエハ上のレジストに焼き付けられたラインアンドスペースパターンのライン幅）も1μm程度であり，これは物理的限界である$\lambda/4NA$（ライン幅はピッチの半分であるので，$\lambda/2NA$ではなく$\lambda/4NA$となることに注意）と比べると3倍程度余裕のある値であった。そのため，投影レンズの性能も完璧なものが求められているわけではなかった。

　その後，半導体露光装置はより高い解像力を得るため，光源としてより短波長の超高圧水銀ランプのi線（$\lambda=365$nm）を用いるようになった。このときは幸運にも干渉計光源として干渉性の良い，アルゴンイオンレーザー（$\lambda=363.8$nm）を用いることができた。He-Cdレーザーで問題となった複数波長での発振は，レーザー共振器内部にエタロンを入れることによって発振波長を1つにして解決できた。水銀ランプとArイオン

レーザーの波長の差はわずかであり，レンズの色消し（色収差補正）の範囲内であった。とはいえ，わずかに収差が発生しているので，設計値で補正を行った。干渉計のタイプはg線用投影レンズ計測と同様に誤差要因の少ない，図6.2.1に示すフィゾータイプを用いた。

　半導体の線幅は，6年で半分（3年で7割）という驚異的スピードで微細化されていった。投影レンズの大NA化と同時に光源の短波長化も進み，水銀ランプ（365nm）から一気に波長248nmの紫外線レーザー（KrFエキシマレーザー）へと変化した。この変化は投影レンズにとっては大変革であって，従来の光学ガラスが一切使えなくなった。この波長域で使える光学材料は，合成石英と蛍石だけになった。蛍石は品質と大型化に課題があり，多くは使えないので，色消しはほとんどできなかった。多くの読者は，光源にレーザーを使っているので色消しは不要とお考えになるかもしれない。しかしながら，この波長域で使える強度の強い光源は，今も昔もエキシマレーザーに限られている。エキシマレーザーはレーザーといっても媒質の増幅率が非常に高く，下位準位が安定したものではなく，高出力が得られる代わり，空間的にも時間的にもコヒーレンスが非常に低い光源である。その結果，スペクトル幅は0.4nmという広いものであった。スペクトル幅0.4nmというのは一見狭そうに思えるが，高性能な投影レンズでは，スペクトル幅はさらに2桁以上狭くなければ単色とはみなせない。結局，色消しの投影レンズの製作はあきらめて，世界中のエキシマレーザーメーカー（といっても，ベンチャー企業を含めても国内3社，米国1社，カナダ1社，ドイツ

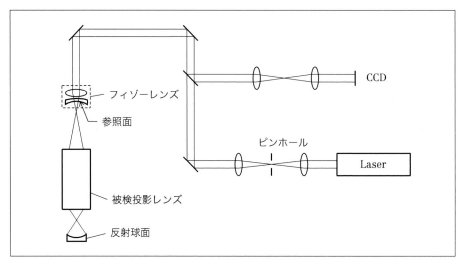

**図6.2.1** 投影レンズ計測用フィゾー型干渉計

**表6.2.1** 露光光源とフィゾー型波面測定用干渉計の光源

| 露光装置の光源 | 波長(nm) | 干渉計の光源 | 波長(nm) |
|---|---|---|---|
| g線（超高圧水銀灯） | 436 | He–Cd レーザー | 441.6 |
| i線（超高圧水銀灯） | 365 | Ar イオンレーザー | 363.8 |
| KrF エキシマレーザー | 248.4 | Kr イオンレーザーの2倍高調波 | 248.25 |

1社しかなかった）を行脚し，スペクトル幅の2桁以上狭いエキシマレーザーの開発を依頼した（このあたりの話も非常に面白いが，話せば長くなり，本題からそれてしまうので割愛する。）。

さて，このレンズの計測であるが，計測用光源として，レーザーである KrF エキシマレーザーを使えばよさそうに思える。しかしながら，上記のように2桁スペクトル幅を狭くしたとしても $\lambda\varDelta = 0.004\,\mathrm{nm}$ であり，時間的コヒーレンス長は $\lambda^2/\varDelta = 15\,\mathrm{mm}$ 程度しかなく，（投影レンズの全長は1mほどあり）1m以上光路差のあるフィゾー型干渉計にはとうてい使えない。ところが，この波長（正確には248.4nm）の干渉性のよいレーザーを探したところ，幸運にもクリプトンイオンレーザーの複数の発振線の中に，この波長の2倍に近い496.5nmの発振線があることが分かった。非線形結晶を用いてこの光の周波数を2倍（波長を半分）にしてやれば，波長248.25nmのレーザー光が得られる。当時,レーザーメーカーから専用の周波数逓倍装置が販売されており，それを購入し使用した。この装置はレーザーの外部（出力したレーザーの後）に設置する外部共振器（間隔の非常に

大きいエタロンと思えばよい）で，その共振器中に非線形結晶が置かれ，共振器内で増幅（共振）した光によって効率よく2倍の高調波が発生する。また，共振器の波長選択性により発信周波数も単一となり，良好な時間的コヒーレンス（可干渉距離）が得られた。したがって，g線，i線用投影レンズと同様にフィゾー型干渉計を用いることができた。**図6.2.1** と同様の干渉計であるが，目的（波長と投影レンズの開口数）に応じて光学系は新規設計しているのはもちろんである。

**表6.2.1** に，露光装置の光源とフィゾー型干渉計の光源（レーザー）の対比表を示す。

### 6.2.2 干渉計によるディストーション計測

投影レンズの精度に対する要求も高まってきたこともあり，投影レンズ製造工程には干渉計は欠かせないものとなっていた。また，干渉計は単に波面収差を測るだけではなく，ディストーション（歪曲収差）も測ることができる。半導体はその製造工程において，数多くのマスクの露光現像処理を繰り返すので，複数のマスクパターンの位置合わせが非常に重要である。投影レンズに

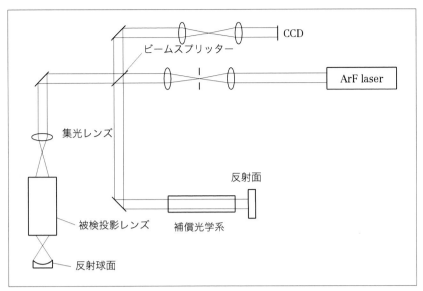

**図 6.2.2**　補償型トワイマングリーン干渉計

ディストーションがあると，露光域全面にわたって位置を合わせることができなくなる。したがって，nm のオーダーで投影レンズのディストーションを計測し調整しなければならない。従来は，基準の（位置）パターンの描き込まれたマスクをガラスウエハに露光して現像し，基準パターンのレジスト像の位置を座標測定器で測っていた。しかしながら，この方法ではマスクのパターンの位置誤差，マスクやウエハのホールドによる変形誤差，現像等のプロセスによる変形，座標測定器のホールドによる変形誤差を含む計測誤差等，多くの誤差要因があるため，nm オーダーでの計測は困難であった。そこで，KrF エキシマレーザー用投影レンズ計測では，波面収差に加えてディストーションも干渉計で測れるようにした。**図 6.2.1** のフィゾーレンズと反射球面は各画角での波面収差を測らなければならないので，6.1 節の最後に述べたように，光軸に垂直な $xy$ ステージ上を動くようになっていた。このステージを高精度なものにし，その移動位置をレーザー干渉測長器（2.2 節参照）で nm の精度で読み取る。所定の位置で干渉縞を計測したとき，ディストーションによって集光点の横位置がずれれば，干渉計では波面の傾き（Zernike 多項式に展開した時のチルト成分）として検出できる。線幅の 1/10 以下が歪曲収差に要求されるとすると，その量は $\lambda/40NA$ になる。すなわち，投影レンズ瞳内で $\lambda/20$ の波面の傾きが計測でき

れば良い。干渉計を用いることにより，誤差要因が少なく高精度にディストーションが計測できるようになった。

### 6.2.3　193 nm 用投影レンズの計測

ここまでは順調に干渉計の開発ができたが，さらに短波長化が進み，波長 193 nm の ArF エキシマレーザーが露光装置用の光源として採用されると，それを計測するための干渉性の良いレーザー光源を得ることができなくなった。これまでのように，たまたまぴったりの波長のレーザーが存在するという幸運には，今回は恵まれなかった。干渉性の悪い光源でも干渉縞を得ることはできる。それは，光路差の小さい干渉計を用いることである。1 つの候補は，トワイマングリーン干渉計である。**図 6.2.2** に，トワイマングリーン干渉計による投影レンズ収差測定器の概念図を示す。光源は，狭帯域化された ArF エキシマレーザーを用いる。狭帯域化されたエキシマレーザーは，狭帯域化されていないエキシマレーザーのスペクトル幅，約 0.4 nm に対して 0.001 nm 以下になされている。このレーザーの過干渉距離は，およそ $\lambda^2/\Delta\lambda = 193^2/0.001 = 37 \cdot 10^6$ nm $= 37$ mm であるので，トワイマングリーンの計測用光路と参照光路の光路差を 10 mm 以下にすれば，高いコントラストの干渉縞を得ることができる。**図 6.2.2** では，参照光路の光路長を計測用光路の光路長に合わせるだけでなく，参照光路中に

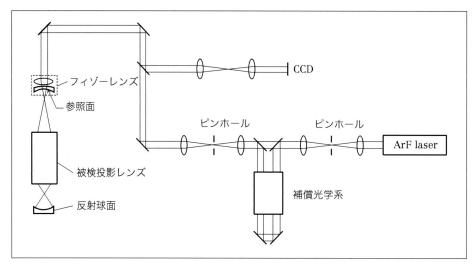

**図 6.2.3**　補償型フィゾー干渉計

投影レンズ等（投影レンズと集光レンズ）と同じ硝材，すなわち合成石英が投影レンズ等と同じ厚さで補償光学系として挿入されている。これはエキシマレーザーが狭帯域化されているとはいえ完全な単色光ではないので，硝材（合成石英）の分散の影響を受け，波長により光路差が変わり干渉縞のコントラストが低下するので，それを補償するためである（1.4 節参照）。また，空間的コヒーレンスを確保するため，レーザー光をピンホールに通す。エキシマレーザーは狭帯域化することにより時間的コヒーレンスが高くなっているが，同時に空間的コヒーレンスもある程度高くなっている。しかしながら，干渉計光源として用いるには不十分であるので，ピンホールを通すことによって空間的コヒーレンスを高くする。このことによって光量は大幅に（2 桁以上）減少するが，露光用光源は非常にパワーが強いので，計測用光源としては十分な光量が得られる。

　確かに，上記のようにすれば干渉縞を得ることができるが，参照光学系の光路および補償用の石英の光路長は 1 m にもなり干渉計が非常に大きくなり，また誤差要因も多くなる。

　トワイマングリーン型ではなくフィゾー型でも工夫すれば時間的コヒーレンスの低い光源でも干渉縞を得ることができる。**図 6.2.3** は，フィゾー型の干渉計でありながら干渉縞を生成できる干渉計である。レーザーから出た光をピンホールに通し，空間的なコヒーレンスを高くする。ピンホールを通過した光束をビームスプリッター

で分離し，一方の光束を，図のように投影レンズ等の硝材と同じ光路長を持つ補償光学系（合成石英のブロック）を通し，折り返したのち，第 2 のビームスプリッターで 2 光束を合わせ，第 2 のピンホールを通す。すると，レーザーを出て補償光学系を通りフィゾーレンズの参照面で反射し観察系（CCD）に到達する光束と，レーザーを出て補償光学系を通らず被検投影レンズの後の反射球面で反射し観察系に到達する光束は，光路長を等しくすることが可能で，CCD 上に干渉縞を生成する。ただし，この干渉する 2 光束以外にも，補償光学系を通りさらに投影レンズを通って反射球面で反射される光路長の長い光束や，補償光学系を通らずフィゾーレンズの参照面で反射される光路長の短い光も，CCD に到達する。これらの光は干渉縞の生成には寄与せず，バックグラウンドのノイズ光となる。その結果，干渉縞のコントラストは半分に低下する。コントラストが低下しても，3.2 節で説明したフリンジスキャン等の処理を行えば，問題なく高い精度で計測できる。しかしながら，この方法はフィゾー型であるので誤差要因は少ないものの，トワイマングリーン型と同様に冗長な補償光学系が必要であり，さらに，第二のピンホールに補償光学系を通った光と通らない光を同時に通す必要があり，アライメントが難しい等の問題が生じる。

　そこで，新たな PDI（point diffraction interferometer）を考案した。それを**図 6.2.4** に示す。**図 6.2.4** において，光源は上記と同様に狭帯域化された ArF エキシマレー

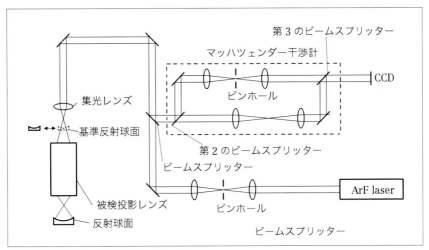

**図6.2.4**　マッハツェンダー干渉計型 PDI

ザーを用い，ピンホールを用いて空間的コヒーレンスを
高くする。その光をある程度（10 mmφ くらい）の光束
にし，ビームスプリッターを通して集光レンズでいった
ん集光し（この集光点が投影レンズの物体面，すなわち
マスク面に相当する），投影レンズを通し，もう一度集
光し（この集光点が投影レンズの結像面，すなわちウエ
ハ面に相当する），その集光点に曲率中心を持つ高精度
な反射球面で反射させる。反射した光は元の光路を戻り，
再度投影レンズを透過し，ビームスプリッターで反射し
干渉計部へ導かれる。この干渉計はマッハツェンダー型
干渉計であり，第2のビームスプリッターにより2光
束に分離され，各々の光束はレンズによって集光され，
さらにレンズによって平行光に戻され，第3のビームス
プリッターによって重ね合わされ干渉する。このとき，
一方の光束の集光点にピンホールを置く。すると，そこ
からはきれいな球面波が発生し，それが参照波面となり，
もう一方の光束と干渉して，光学系の誤差に応じて変形
した干渉縞を得ることができる。

　しかしながら，得られる干渉縞は被検光学系である投
影レンズだけでなく，第3のビームスプリッターまでの
すべての光学系の誤差の影響を受ける。それらの誤差を
一括して除去するために，**図6.2.4** に示すように，投影レン
ズの手前に基準となる反射球面（基準反射球面）を挿入し，
集光点と曲率中心が一致するように置く。この反射球面
は高精度に加工するだけでなく，形状誤差を正確に測定
し較正を行っておく。この反射球面を挿入したときの測

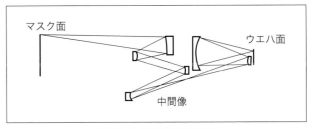

**図6.2.5**　EUV 投影光学系

定値を，投影レンズを測定したときの測定値から差し引
くことによって，途中の光学系による誤差を除去できる。

## 6.2.4　13 nm 用投影レンズの計測 [2, 3]

　現在現場で用いられている最先端の半導体露光装置は
ArF エキシマレーザーを光源とするものであるが，さら
に微細な半導体を作るため，より解像力の高い露光装置
の開発が進められている。光源をさらに短波長化すると
使える硝材がなくなるので，透過型のレンズは作れない。
そこで，すべて反射系で光学系が作られている。反射光
学系は，**図6.2.5** の概略の光学系で示すように6枚の反
射鏡で構成されている。光が何回も往復し反射面で光束
がけられないようにするため，開口数（NA）は 0.25 程
度と小さくなる。したがって，高い解像力を得るために
は波長を十分短くし，真空紫外域を超えて軟X線の波
長域にする必要がある。要求される解像力と高い反射率
の得られる波長との兼ね合いから露光波長は 13 nm と
なり，光源には Sn（錫）をターゲットとしたレーザー

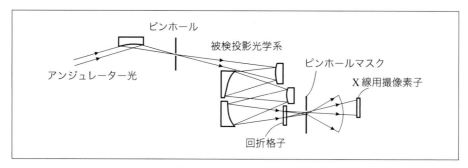

**図 6.2.6** 格子分離式 PDI による投影レンズの干渉計測

プラズマが用いられている。なお，過去に業界では（等倍の）X 線露光装置の開発に失敗しているので，この露光波長を軟 X 線とは呼ばず EUV（extreme ultra violet）と呼んだ（後に ISO［国際標準］でも，ISO 20473 において 1 nm から 100 nm の波長の光を EUV と規定した）。

　光源を含めてこの波長の露光装置を開発することは非常に難しく，1 社で行うには，人，物，金のリソースが十分ではなかったので，日本は国家プロジェクトとして開発を行った。すなわち，EUVA（Extreme Ultra Violet Lithography System Development Association：技術研究組合極端紫外線露光システム技術開発機構）を立ち上げ，東京大学の堀池靖浩教授（当時）をプロジェクトリーダーとし，メーカーでは，ニコン，キヤノン，ギガフォトン，ウシオ電機が参加し，国研・大学と共同して開発を行った。私は研究員としてではなく，技術委員（長）としてこのプロジェクトに参画した。

　話を干渉計に戻すと，この波長域で干渉計を組むのは非常に難しい。光学系としては反射系しか使えず，もちろん半透過鏡式のビームスプリッターも使えない。そこで EUVA では，回折格子をビームスプリッターとして利用する PDI（point diffraction interferometer）とシアリング干渉計の 2 つの干渉計を作成した[2, 3]。

　まず，PDI に関して説明する。原理は 3.3.2 項の「格子分離式 PDI」と同じである。光源はもちろん，この波長域のレーザーは存在しないので，高輝度でスペクトル幅の狭い光源として，SOR（synchrotron orbital radiation：軌道放射光）装置に付属のアンジュレーター（undulator）と呼ばれる挿入光源（Insertion device）を用いた。アンジュレーターには 100 個程度の永久磁石が並べられており，その近傍を通過する高速電子に周期

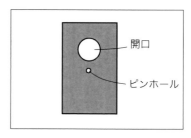

**図 6.2.7** ピンホールマスク

的摂動を与え，スペクトル幅の狭い光（X 線）を放射させる。光のスペクトル幅は λ/100 程度になり，コヒーレンス長（可干渉距離）は 1 μm 程度である。**図 6.2.6** において，アンジュレーターから出た光は斜入射の放物面（または楕円面）によって投影光学系のマスク面に相当する位置に置かれたピンホールに集光する。ピンホールを透過した光は球面波となって投影光学系（図を簡略化するため 4 枚ミラーで構成している）に入射する。投影光学系によって光はウエハ面に相当する位置に集光する。この集光面に，**図 6.2.7** に示すようなピンホールと開口が空いたピンホールプレートを置き，集光点にピンホールを置く。ピンホール径はたかだか 50 nm 程度である。このピンホールプレートと被検投影光学系の間に回折格子を置く。この回折格子は薄い Ni の自立膜に透過型（素通し）の回折格子を加工したもので，基板がないので吸収されやすい EUV 光（波長 13 nm）に対しても，透過型回折格子として機能する。この回折格子によって集光光は 0 次光と 1 次光（および他の回折次数の光）に分離され，強度の強い 0 次光がピンホールを通り回折され，綺麗な球面波の参照光となる。1 次回折光は開口を通り投影レンズの収差を持った波面として，X 線用撮像素子

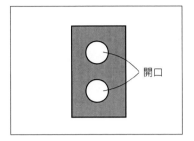

**図 6.2.8**　次数選択マスク

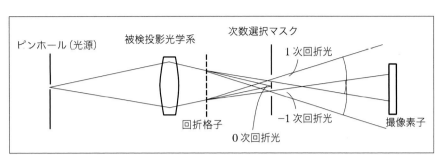

**図 6.2.9**　格子分離式シアリング干渉計の模式図

の上に到達し，ピンホールを通った参照波と重なり干渉
縞を作る。他の次数の回折光はすべてマスクでカットさ
れる。干渉縞のコントラストを高くするためには，ピン
ホールを通った光と開口部を通った光の光量をほぼ等し
くしなければならない。ピンホールにより透過する光は
大幅に減少するので，回折格子のデューティー比（白黒
の割合）を変えて，0 次光を増やし，被検波面とな
る 1 次回折光を減らしてやる必要がある。投影レン
ズに収差がなければ，撮像素子上には球面波同士の
干渉で等間隔な横縞が生じる。投影レンズに収差が
あれば，横縞が変形する。回折格子をシフト（横ず
らし）してやれば，1 次回折光の位相が変化し，干
渉縞もシフトし，3.2 節で説明したフリンジスキャン
が可能となり，高精度な計測ができる。この干渉計
は，ピンホールが十分小さくできれば，回折格子のパ
ターン位置精度以外に誤差要因がほとんどなく，そ
れ（パターン位置誤差）もキャリブレーション可能で
あり，非常に精度（確度）が高い。しかしながら，い
かんせんピンホールを 2 回使っており，また格子の
デューティー比も被検波面の光量を落とすように変えて
いるので，高輝度のアンジュレーターを用いたとしても
光量が弱い。その結果，測定値はノイズの多いものとなっ
ている。それに対し，ピンホールの数を減らし光量を増
やしたのが，格子分離式のシアリング干渉計である。

　**図 6.2.6** において，回折格子のデューティー比を（±1
次光が最も強くなる）1：1 にし，ピンホールマスクの
代わりに**図 6.2.8** の 2 つの開口部からなる次数選択マス
クを置く。0 次光がマスクの中心に当たりカットされ，
±1 次光が開口部を通り他の次数はマスクでカットされ
るようにする。それを模式的に**図 6.2.9** に示す。すると，
±1 次光が撮像素子上で重なり干渉縞を生成する。これ

は同じ波面を上下にずらして重ねたものとなる。すなわ
ち，シアリング干渉縞が生じる。波面が綺麗な球面波で
あれば，得られる干渉縞は等間隔な横縞となる。波面に
収差があると縞は変形するが，この変形量は波面収差そ
のものではなく，波面収差の差分あるいは微分となって
いる。そこで，波面を再現するためには得られた結果を
シアリング方向に加算（積分）してやる必要がある。また，
シアリング干渉で得られるのは 1 方向の差分（微分）で
あり，2 次元のデータを得るには，回折格子を 90°格子面
内で回転（同時に，次数選択マスクもマスク面内で 90°
回転）し，直交方向の計測をする必要がある。シアリン
グ干渉は後の処理が面倒であり，波面の直接計測ではな
いので誤差が積算される恐れがあるが，ピンホールを 1
回しか使っていないので十分な光量の干渉縞が得られる。

**参考文献**

1) Y. Ichihara: "Evolution of wavefront metrology
enabling development of high-resolution optical
systems", Opt. Rev., Vol. 21, pp. 833–838（2014）

2) K. Murakami, J. Saito, K. Ota, H. Kondo, M. Ishii,
J. Kawakami, T. Oshino, K. Sugisaki, Y. Zhu, M.
Hasegawa, Y. Sekine, S. Takeuchi, C. Ouchi, O.
Kakuchi, Y. Watanabe, T. Hasegawa, S. Hara, and
A. Suzuki: "Development of an experimental EUV
interferometer for benchmarking several EUV
wavefront metrology schemes," Proc. SPIE 5037,
pp. 257–264（2003）

3) 新部正人："軟 X 線干渉法による EUV 投影光学系の波
面計測", 放射光 Jan., Vol. 19, No. 1, pp. 20–26（2006）

# 第7章　チャネルドスペクトラム

## 7.1　チャネルドスペクトラムとは？

　チャネルドスペクトラム（channeled spectlum）またはチャネルドスペクトルという用語は，あまりなじみのない読者が多いと思う。私自身も学生時分はおろか会社に入ってからも知らなかった。これを最初に知ったのは，1 章に記載した「白色干渉計によるレンズ厚測定」の 研 究 成 果 を，1974 年 に 東 京 で 開 催 さ れ た ICO（International Congress for Optics） の 国 際 会 議（conference）で発表したときである。プレゼン後の質疑応答で，「それはチャネルドスペクトラムですか？」という質問を受けた。入社して間もなく浅学であった私は，チャネルドスペクトラムという言葉自体初耳であったので，「I don't know channeled spectrum.」と臆面もなく答えてしまった。後で，上司 鶴田匡夫氏に教えていただいたが，詳しい光学の教科書には記載されている基本的な概念であった。

　では，チャネルドスペクトラムとはどういうものか説明しよう。白色光の 2 光束の干渉を考える。1 章でも述べたように，白色の光源でも 2 つの光束の光路差をほぼ等しくすれば干渉させることができる。光路差が 2 µm以下であれば色付きはするものの光路差に応じて干渉現象（強度の変動）が観察できる。では，それ以上の光路差がある場合はどうなるか？　干渉現象は観察されないと考えるのが普通である。しかしながら，白色光の中の1 つの波長だけ取り出して観察すれば，干渉現象が起きているはずである。そこで，**図7.1** のように，白色光を光源とする（トワイマングリーン）干渉計において，光

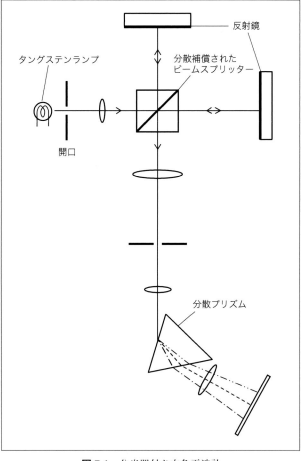

**図 7.1**　分光器付き白色干渉計

路差をつけ，重ね合わせた 2 光束を分光器を通して波長ごとに強度分布を計測する。すると，**図7.2** に示すように，波長に対して強度が変化する信号が得られる。このような波長（スペクトル）に対して強度変化をする（溝

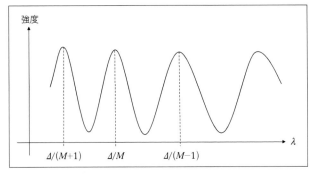

**図7.2**　チャネルドスペクトラム

(channel) をつけられた) 信号を, チャネルドスペクトラムと呼ぶ。光路差を$\Delta$として波長を$\lambda$とすると (ビームスプリッター等による位相の跳びがないとすると), $M\lambda = \Delta$を満たす波長では強め合う干渉が起こる (ここで$M$は整数である)。また, $(M+1/2)\lambda = \Delta$を満たす波長では弱め合う干渉が起こる。この様子を**図7.2**に示す。

## 7.2　チャネルドスペクトラムの具体例

　具体的事例を考えてみよう。**図7.3**は, チャネルドスペクトラムを利用したフィルム厚測定の概念図である。光源として白色光を用い, ほぼ平行なビームにして, 被検物 (フィルム) に照射する。フィルムに当たったビームは一部 (約4%) が表面で反射され, さらに一部が裏面で反射される。反射された2光束はビームスプリッターで反射され分光器へ入射する。フィルムは平行であるので, 2光束は平行光束として干渉する (この時点では干渉縞等, 干渉現象は観察されない)。この光束を分光器を通して波長ごとに分け強度を検出する。**図7.3**ではプリズム分光器が描かれているが, 実際には回折格子を用いた分光器を使用する。検出は1次元のフォトダイオードアレイ等を用いる。この光学系ではビームスプリッターによる位相の跳びは2光束に対し共通であるので考慮する必要はないが, フィルムの表面と裏面の反射では位相が$\pi$異なっている (表面反射で位相が$\pi$跳ぶことによる)。したがって, 表面反射光と裏面反射光の光路差を$\Delta$とすると, $(M+1/2)\lambda = \Delta$を満たす波長で強め合う干渉が起こり, $M\lambda = \Delta$を満たす波長で弱め合う干渉が起こる。

　**図7.4**に, その出力を模式的に示す。波長0.48μm, 0.522μm, 0.571μm等で強度が強くなり, 波長0.5μm, 0.545μm, 0.6μm等で強度が弱くなっている。隣り合

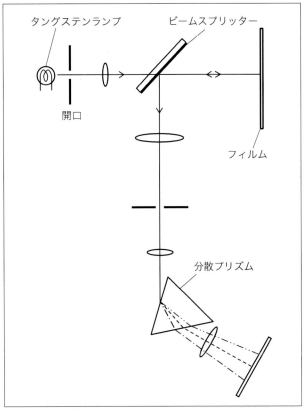

**図7.3**　チャネルドスペクトラムによるフィルム圧測定

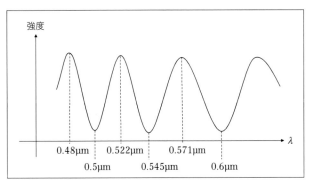

**図7.4**　フィルムからの反射光のチャネルドスペクトラム

うピークでは上記の式の整数$M$が1増減している。波長が短くなると増加し, 波長が長くなると減少する。すなわち上記の例では,

　$M \times 0.6$ (μm) $= \Delta$, $(M+1) \times 0.545$ (μm) $= \Delta$であり, ここから$M = 10$, $\Delta = 6$ (μm) が得られる (別解として, $(M+1/2) \times 0.48 = (M-1/2) \times 0.522 = \Delta$からは$M = 12$, $\Delta = 6$ (μm) が得られ, 次数$M$が異なっても光路差$\Delta$は同じである)。

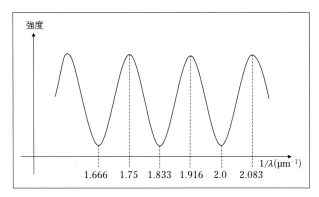

**図7.5** チャネルスペクトラムの波数表示

フィルムの厚さを $d$ とし，屈折率を 1.5（分散は考えないものとする）とすると，

$$\Delta = 2nd = 2 \times 1.5 \times d = 6 \; (\mu m)$$

∴ $d = 2\mu m$ となり，フィルムの厚さが求まる。

この測定精度は強度のピーク波長の精度で決まる（屈折率の精度も影響するが，屈折率は通常 $10^{-4}$ 以下の精度で測れるので影響は小さい）。強弱パターンのピークの間隔の 1/10 程度の精度でピーク波長を特定するのは容易である。上記の例では，ピークの間隔は $0.05\,\mu m$ 程度であるので，ピーク波長の精度は $0.005\,\mu m$ 程度であり，光路差の測定精度は次数 $M(=10)$ 倍して $0.05\,\mu m$，厚さの精度では $0.05/2/n = 0.008\,\mu m$ である（$n$ はフィルムの屈折率 $= 1.5$）。次数 $M$ が大きくなる（フィルムが厚くなる）と誤差が比例して大きくなりそうであるが，次数が大きくなればピークの間隔が狭まり，ピークが鋭いのでピーク波長をピーク間隔の 1/10 で特定することは依然として可能である。それゆえ，ピーク波長を特定する精度が高まるので，誤差はそれほど悪化はしない。

また，**図7.2**，**7.4** は不等間隔であるが，横座標を波長ではなく，波長の逆数に比例した周波数あるいは波数で表すと，**図7.5** のように，等間隔の周期関数，すなわち正弦波となる（分散すなわち波長による屈折率変化は無視する）。この信号を正弦関数で近似することにより，非常に高い精度で2光束の光路差を算出することができる。すなわち，フィルムの表裏の反射光の大きさは同じとすると，表面反射光の振幅を基準（振幅 U＝1）として，裏面反射光の振幅 U は，$U = \exp\{i(2\pi\Delta/\lambda + \pi)\} = \exp\{i(2\pi\Delta x + \pi)\} = -\exp\{i(2\pi\Delta x)\}$ となる。ここで，変数を波数 $x = 1/\lambda$ に置き換えた。2つの反射光の和の絶対値の2乗が観察される強度であり，

$$|1 - \exp\{i(2\pi\Delta x)\}|^2 = 2 - 2\cos(2\pi\Delta x)$$

となる。一方，**図7.5** を正弦波で表すと，

$y = -a\cos 12\pi x + a$ となる。ここで $a$ は平均強度であり，コントラストは1とした。両式を比較すると，$2\pi\Delta = 12\pi$ から光路差 $\Delta = 6\;(\mu m)$ がすぐに求められる（$a$ は任意）。

## 7.3 チャネルスペクトラムを用いたトレンチの溝深さの計測

私は30年ほど前，このチャネルスペクトラムをトレンチ（溝）の深さ計測に用いるのを試みたことがあるので，その話をしよう。退職した今となっては手元に資料がなく正確さに欠ける記述があるがご容赦願いたい。

半導体集積回路においては，集積度を上げるため，できるだけ素子を微細化する必要がある。DRAM 等に用いるキャパシター（コンデンサー）は容量を持たせるため，どうしても電極にある程度の面積が必要となる。そこで，キャパシターを平面状ではなく溝構造にして微細化しても面積を確保できるようにしたものが，トレンチキャパシターと呼ばれるものである。この構造を**図7.6** に示す。簡単に言えば，シリコン基板に直径 $1\mu m$ 程度，深さ $10\mu m$ 程度のトレンチ（溝というより穴）を掘り，その側面の外側に導体，内側に絶縁体をつけ，さらに内部を導体で埋めることによって容量を持たせ，キャパシター（コンデンサー）としたものである。この溝の形状，特に深さを知るためにはウエハを割ってその断面を観察し，たまたまトレンチがあるところを見つけ，そこを SEM（走査型電子顕微鏡）で観察して計測していた。これは手間がかかる上に，破壊試験であり高価な製品には適用できないものであった。そこで，非破壊で光学的に計測することを試みた。

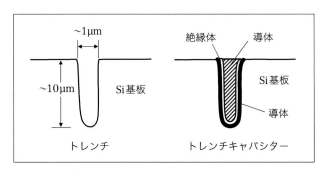

**図7.6** トレンチとトレンチキャパシター

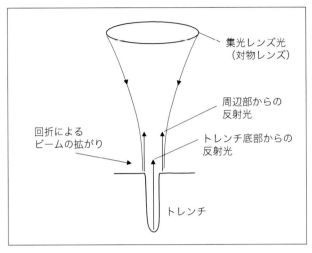

**図7.7**　トレンチの深さ計測

図7.7は，その資料部分の測定の概念図である。図7.3のフィルム部分の代わりに被検物であるトレンチ構造を持ったウエハを置き，対物レンズでトレンチの穴の位置に集光する。入射ビームのNA（開口数）の大きさによって集光ビームは回折の影響ですべてがトレンチの穴に入るわけではなく，トレンチ周辺部に若干広がって照射され，トレンチ穴周辺部で反射される。トレンチの穴に入った光は底部で反射され，この2つの反射光が干渉する。光を1μm程度の大きさに絞る必要があり，タングステンランプのような通常の白色光源では，光源に大きさがあるため，このように小さな領域に集光することは困難である。また，仮にできたとしても，極端に光量が少なくなり計測ができない。そこで，白色光の代わりに波長可変レーザーを用いることとした。現在では，チタンサファイアレーザー等固体レーザーを用いることができるが，当時はそのようなレーザーがなくArレーザーで励起した色素レーザーを用いた。色素レーザーのシステムは非常に高価であったが，レーザーを扱っている商社の好意でお借りすることができた。ビームスプリッターや集光光学系は顕微鏡を流用して用いた。また，色素レーザー自体が発振波長を変えかつ波長を読み取ることができるので，上記の分光器を用いることなく，走査した波長に対して干渉強度を読み取れば（記録すれば），チャネルドスペクトラムが得られる。

この実験は，当時スイスのヌシャテル大学の学生で，ニコンに1年間研修に来ていたJean-Luc Juve氏（現Juvet Consulting Group 社長）に研修テーマとして行ってもらった。

色素レーザーは，色素をいろいろ取り換えると可視光域全体でレーザー光を得ることができるが，1種類の色素でも30nmくらいの範囲で波長を変えることができる。深さ10μmすなわち光路差20μmで計測すると0.6μmの近辺の波長では前出の$M$は33程度の値となり，強度のピーク波長の間隔は20/33–20/34≒0.018μm＝18nmとなる。したがって，波長を30nm可変できれば，ピークおよびボトムの波長を特定することができ，トレンチの深さを求めることができる。トレンチ底部からの反射光とトレンチ周辺部からの反射光の強度はかなり異なるので，得られるチャネルドスペクトラムのコントラストは非常に低いものであったが，それでも計測は可能であった。なお，集光レンズのFナンバーを$F$とすると，点像半径は大雑把に$\lambda F$で1μm＝0.6$F$μmとなり，$F$≒2となるが，焦点深度は大雑把に±2$\lambda F^2$でこれが10μmとなるので，そういう意味でも測定条件が満足されている。

この研究は，色素を励起するために20Wクラスの大型のArレーザーを必要とし，また，色素の冷却のための水冷の設備が必要になる等大掛かりなシステムが必要であり，実用化には至らなかった。しかしながら，チャネルドスペクトラムは一般にはあまり知られていない（使われていない）技術であるが，一般の干渉計のように参照ミラーを移動してフリンジスキャンのような高精度計測が使えない固定された間隔，厚み，（屈折率）等の高精度計測には非常に役に立つ技術であると思う。1つの成功例がOCT（Optical Coherence Tomography）である[1]。OCTとは白色干渉計を用いて試料（主として眼底等生体試料）の3次元構造を計測するものである。もともとは（目に負担のかからない近赤外の）白色干渉計の参照鏡を走査し，白色干渉縞が生じる参照鏡の位置から3次元の深さ方向の情報を得るものであるが，チャネルドスペクトラムを用いることによって参照鏡を走査しなくても高精度高速の計測が可能となっている。OCT以外にもニーズを掘り起こせば多くの応用があると私は考えている。

**参考文献**

1) http://www.systems-eng.co.jp/column/column01.html

# 第8章　回折と干渉（波動光学的結像）
## 8.1　回折と再回折光学系

結像は通常，幾何光学的に，すなわち光線の収束（集光）で説明される。しかしながら，波動光学的には回折と干渉で説明でき，かつその方がより正しい説明ができ，照明方法と解像力に関してきちんとした説明ができる。幾何光学では，収差以外の解像力の説明はできない（収差がなければ解像力は無限に高くなる）し，まして照明との関係も説明できない。

本章では，物体による回折と干渉による結像，さらには照明法による解像力の話をしよう。また，干渉計における横分解能についても触れることにする。

### 8.1.0　回折とは？

今さらではあるが，波動光学にあまり詳しくない読者もおられると思うので，簡単に回折について説明しておく。

回折とは，光・音等の波が直進するだけでなく，影の部分にも回り込む現象をいう。

### 8.1.1　ホイヘンスの原理

回折のもとになる原理は，ホイヘンスの原理（ホイヘンス–フレネルの原理とも言う）と重ね合わせの原理である。ホイヘンスの原理とは，波の各点からは新たに小波（wavelet）が生じており，これらが重ね合わさって新たな波を形成しつつ伝搬していくというものである。

この原理のように，波の1点から新たに球面状の波が生じているという考えはにわかには信じがたいが，光を離れて海の波などを想像すれば理解しやすくなる。例えば，図8.1.1のように港の防波堤を考える。この防波堤

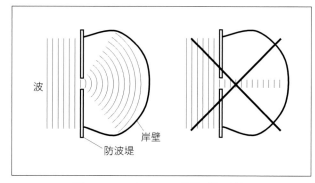

**図8.1.1**　ホイヘンスの原理（海の波）

に小さな隙間が開いているとする。図の左から来る波は，この隙間を通過した後，**図8.1.1**の右図のようにそのままの大きさ（幅と，波高）で真っ直ぐ進み，岸壁の一部に到達し，周辺には何の影響を及ぼさないかというと，そうではない。実際には左図のように，その隙間を原点とした円弧状の波として港湾内全体に広がっていく。これはまさに，ホイヘンスの原理のwaveletに他ならない。

### 8.1.2　ホイヘンスの原理による波面の伝搬の考え方

（ほぼ無限に広がった）平面波の伝搬を考えてみよう。ホイヘンスの原理によれば，平面波の波面の各点からwaveletが発生している。この様子を模式的に**図8.1.2**に示す。左図は，1点から発生した球面波（wavelet）を模式的に示したものである。右図は，左図をコピーして，平面波の先頭に10個貼り付けたものである。それらが重ね合わさって，新たに，元の平面波と同じ方向で同じピッチ（波長）の平面波が創生されているのが見て

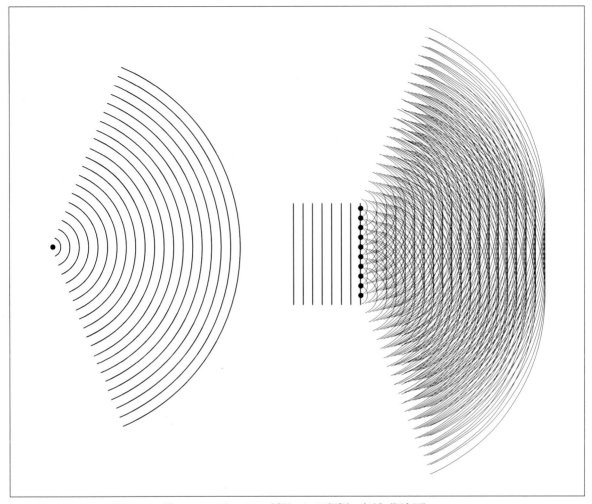

**図 8.1.2**　ホイヘンスの原理による平面波の伝播（概念図）

取れると思う。実際の波面では，waveletの個数は無限
であり，平面波は無限に広がっており，位相のそろって
いないところでは，waveletは互いに打ち消し合うので，
結果としてもとの平面波と同様な平面波のみが創生され
伝搬していく。光は，このようにして伝搬していくと考
えることができる。

### 8.1.3　ホイヘンスの原理による回折の考え方

　光が開口・物体などによって一部遮られている場合を
考える。遮られていない波面からは，ホイヘンスの原理
によってwaveletが発生する。しかしながら，遮られた
波面からは何も生じない。その結果，もはや前述のよう
に新たに発生する波は元の波と同じではなく，複雑な波
となる。これが，回折と呼ばれる現象であり，開口また

は物体から離れた観察面上に複雑なパターンを生じる。
回折によって生じるパターンを回折パターンと言う。こ
のパターンは観察面の位置によって変化するが，観察面
をある程度物体に近づけた場合と，充分遠ざけた場合と
に分けて取り扱うのが普通である。観察面をある程度物
体に近づけた場合に観察される回折をフレネル
（Fresnel）回折，充分遠ざけた場合に観察される回折を
フラウンホーファー（Fraunhofer）回折と言う。

　フレネル回折は，観察位置によって回折パターンが変
化し，取り扱い（計算）が煩雑であり，またあまり有用
ではないので，本章では，フラウンホーファー回折のみ
扱うこととする。

　フラウンホーファー回折は，観察位置を十分遠ざけた
時に観測される回折で，遠ざかるほどパターンの大きさ

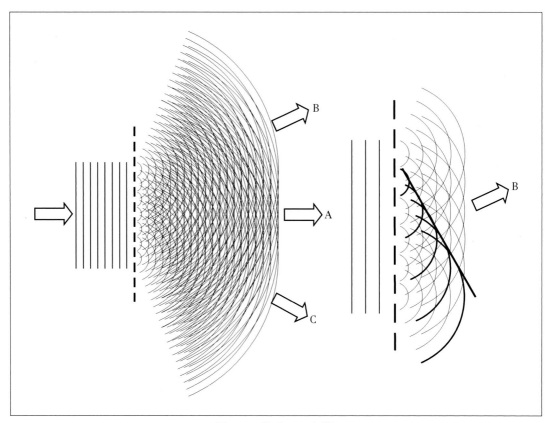

**図 8.1.3** 格子による回折

は大きくなり，強度は小さくなるものの形はほとんど変化しない（角度分布が一定となる）。ただし，遠くで観察するのは実用的ではないので，充分遠ざけた（無限遠の）面で観察する代わりにレンズを置き，その後側焦点面で観察すると，同等の回折が観測でき便利である。特に，遮蔽物（物体）が，レンズの前側焦点面にある場合は，フラウンホーファー回折（すなわち，レンズの後側焦点面上の振幅分布）は，物体の透過率分布のフーリエ変換となる。このことは，すでに 3.4 節の補遺 1 で説明したので，それを参照していただきたい（その説明では，暗黙のうちにホイヘンスの原理を用いている）。

　一般の教科書では，この後スリットによる回折，開口による回折，レンズによる回折，レンズの分解能と説明が続くが，本章では，紙面の都合ですべて割愛して，等間隔格子による回折の説明をしよう。

### 8.1.4　等間隔格子による回折

　平行光が等間隔な格子（グレーティング，grating）に垂直に入射しているとする。各格子の隙間から wavelet が発生している。その様子を**図 8.1.3** に示す。

　**図 8.1.3** は **図 8.1.2** と似ているが，**図 8.1.2** では，wavelet は波面から連続的に出てくるのに対し，**図 8.1.3** では，wavelet は格子の隙間から等間隔とびとびに出てくる。その結果，よく見ると矢印 A で示される方向に進むもとの平面波と同じ波面の他に，矢印 B および C で示される方向にも平面波が発生しているのが何となく見て取れる。A 方向の波は，各格子から同時に発生した wavelet によって創生される。他方，B および C 方向の波面は，格子が 1 個ずれるごとに，1 波長分ずれた wavelet の波面の重ね合わせによって創生される。B 方向に創生される波の様子を**図 8.1.3** の右図に示す。格子 1 個ずれるごとに 1 波長ずれた wavelet を太線で示している。また，それらの wavelet によって創生される波面を実直線で示した。また，1 波長ではなく 2 波長ずれた波面，あるいは 3 波長ずれた波面でも，（弱いながらも）同様なことが起きる。これを模式的に**図 8.1.4**

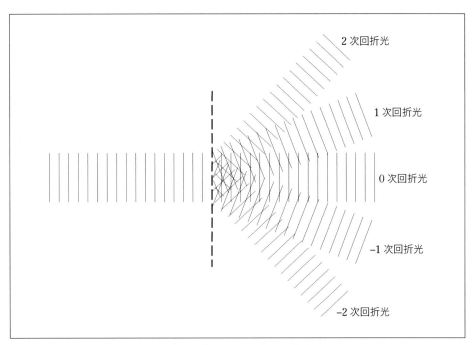

**図 8.1.4**　格子による回折光の模式図

に示す。もとと同じ方向の光束を 0 次回折光，1 波長ず
れた wavelet によって創生される光束を 1 次回折光，$n$
波長ずれたものを $n$ 次回折光と言う。

　この回折をフラウンホーファー回折として観察するた
めに，格子の後ろにレンズを置き，焦点面にスクリーン
を置くと，各次数の回折光はスクリーン上に集光する。
角度 $\theta$ で回折された光束は，スクリーン上，中心（原点）
から X の位置に集光する。通常の射影関係のレンズで
あれば，$x = f \tan \theta$ となる。フーリエ変換レンズあるい
は $f \sin \theta$ レンズと呼ばれる特殊な射影関係をもつレン
ズでは，$x = f \sin \theta$ の位置に集光する。

　この角度 $\theta$ と格子ピッチ（間隔）$d$ と波長 $\lambda$ との関係
式を求めてみよう。**図 8.1.5** において，各格子の隙間か
ら生じる wavelet の $\theta$ 方向に進む波が強め合うとする。
そのためには，隣り合う格子から出る光線の光路差が波
長の整数倍である必要がある。すなわち，$d \sin \theta = m\lambda$
が成り立つ（$m$ は整数である）。$m$ は回折光の次数に対
応している。$\theta$ が小さい場合には，$d\theta = m\lambda$ なる。**図
8.1.5** では，$m = 1$ の場合のみ図示しているが，もちろ
ん他の次数の回折光も発生している。煩雑さを避けるた
め省略している。

　光束が格子に垂直に入射する代わりに，角度 $\theta_1$ で入

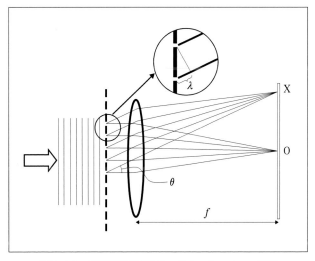

**図 8.1.5**　等間隔格子によるフラウンホーファー回折

射する場合，回折角度を $\theta_2$ とすると，説明を省略するが，
以下の式が成り立つ。

$$d(\sin \theta_1 + \sin \theta_2) = m\lambda$$

これが回折の式である。

　凸レンズを置く位置は任意であるが，**図 8.1.6** のよう
に格子がレンズの前側焦点面に来るようにすると，スク
リーン上の振幅分布は格子の透過振幅分布のフーリエ変

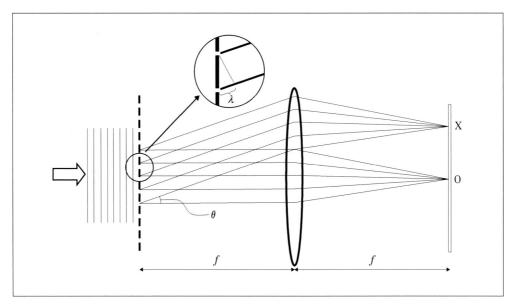

**図 8.1.6** 格子のフーリエ変換

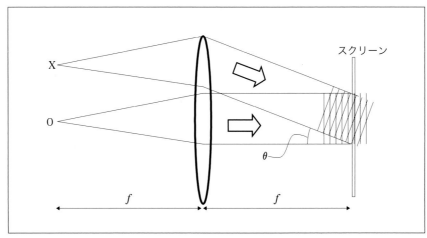

**図 8.1.7** 回折されて出来た光源による干渉

換となる。集光点の強度分布は，**図 8.1.6** と**図 8.1.5** とは同じであるが，振幅分布（位相）は異なっている。

### 8.1.5 回折光による干渉

　では，**図 8.1.5** または**図 8.1.6** において，スクリーンを取り除くとどうなるであろうか？　ここでは説明を簡単にするため**図 8.1.6** のみ考える。**図 8.1.6** の後側焦点面上の点 O および点 X からは再度球面波が発生する。**図 8.1.6** の後側焦点面上の点 O および点 X から発生する波は，もともと同じ光源から発生しており干渉する。ここで，**図 8.1.6** と同様なレンズによるフーリエ変換光

学系を**図 8.1.7** のように構成し，**図 8.1.6** の後側焦点面に前側焦点面を一致させると，後側焦点面においたスクリーン上に干渉縞が観測できる。この干渉縞のピッチ $p$ は，角度 $\theta$ で交わる 2 光束の干渉縞であり，$p = \lambda/\sin\theta$ である。これは，もとの格子のピッチ $d$ と一致する。

### 8.1.6 再回折光学系

　**図 8.1.6** と**図 8.1.7** を連続して図示すると，**図 8.1.8** のようになる。**図 8.1.8** は，レンズ 1 の後側焦点面にできた格子の回折パターン（レンズによるフーリエ変換パターン，すなわちフラウンホーファー回折パターン）を

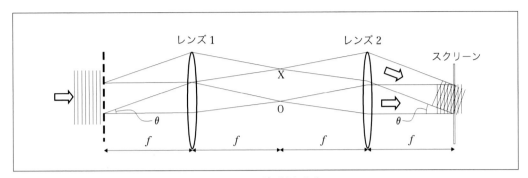

**図 8.1.8**　再回折光学系

再度フラウンホーファー回折（レンズによるフーリエ変換）させて，レンズ2の後側焦点面にもとの格子と同じピッチの像（干渉縞）を形成しており，再回折光学系と呼ばれている。O点とX点から発生した2光束の干渉だけでは，もとの格子の像というよりは同じピッチの単なる正弦波状の干渉パターンを発生するだけであるが，回折光は，上記の1次回折光だけではなく，−1次回折光等多くの次数の回折光が発生し，それが再度回折干渉しスクリーン上に干渉縞を創生する。それは単純な正弦波パターンではなく，高周波の成分を含むため，もとの矩形の格子に近い干渉パターンとなる。さらにもとの物体は，格子に限らず任意のパターンでもよい。その理由は，任意の物体は，連続した周波数の正弦波の和または積分として表されるためである（すなわち，任意の物体は，フーリエ変換し周波数成分に分けることができる。逆に，任意の物体は，無数の周波数の正弦波の和または

積分として表される）。その結果，各周波数に対応した成分が，レンズ1の後側焦点面に（無数に）集光し，そこから出る無数の球面波がレンズ2の後側焦点面上に複雑な干渉パターンを作るが，それがもとの像の無数の周波数の正弦波の和，すなわちもとの物体の像となる。

**図 8.1.8** の光学系を幾何光学的に考えると，物体の各点から出た光束はレンズ1通過後平行光となり，レンズ2により後側焦点面上に集光され物点に対する像点となる。

上記光学系のレンズ1の後側焦点面（レンズ2の前側焦点面）に絞りを置いたものは，幾何光学的にはテレセントリック光学系*として知られている。

幾何光学的説明で簡単に片付くものを，何故わざわざ回折と干渉で考えるのか？ そのことにどういう意味があるのか等は，次節でお話ししよう。

---

*テレセントリック光学系とは，絞りの中心を通る主光線が，物空間あるいは像空間で光軸に平行な光学系。**図 8.1.8** の場合は両空間でテレセントリックなので，両側テレセントリックと呼ぶこともある。

# 第8章　回折と干渉（波動光学的結像）

## 8.2　再回折光学系

### 8.2.1　再回折光学系の様子

8.1.6 節で再回折光学系を導出した。その光学系を**図8.2.1**に再掲する。

基本的には，レンズ 1 の前側焦点面に物体を置き，後側焦点面（フラウンホーファー回折位置＝フーリエ変換面，3.4 節補遺 1 参照）に（図には記載していないが）絞りを置き，その面をレンズ 2 の前側焦点面とし，その後側焦点面を観察面（像面）とする光学系である。

幾何光学的には物体面にある物体の各点から出た光線はレンズ 1 によって平行光束となり，レンズ 2 により集光して物体の各像点となる。

波動光学的には物体によって回折された光（平面波）がレンズ 1 とレンズ 2 によって再度観察面で重ね合わさって干渉し，干渉縞（干渉パターン）を作る。（すべての回折波が伝われば）これがもとの物体の振幅分布に等しい。**図8.2.1**は，物体として等間隔格子を，回折光として 1 次回折光のみを示しているが，一般的には，物体は任意のパターンであり，回折光は無数にある。また照明も図のように物体に垂直に入射する平行光だけでなく，任意の方向と強度分布を持った照明も可能である。

フーリエ光学の観点からは，物体の振幅分布はレンズ 1 で，後側焦点面上にフーリエ変換され，その振幅分布をレンズ 2 で再度フーリエ変換したものが観察面上に観察される。レンズ 2 による変換は，逆フーリエ変換ではなく，フーリエ変換であるので，結果として，観察面上の像は物体に対して座標軸が反転している。すなわち，観察面上には物体の倒立像ができる。この考え方は 3.4 節の補遺 2 と同じである。

レンズ 1 とレンズ 2 の焦点距離は異なってもよい。レンズ 1 とレンズ 2 の焦点距離の比によって倍率が決まることは，幾何光学的観点からは容易にわかるであろう。波動光学的には焦点距離の比によって観察面で交わる（重ね合わさる）光束の角度が異なる（逆比例する）

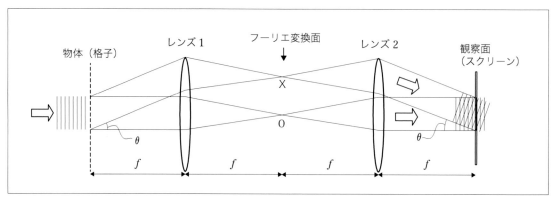

**図8.2.1**　再回折光学系

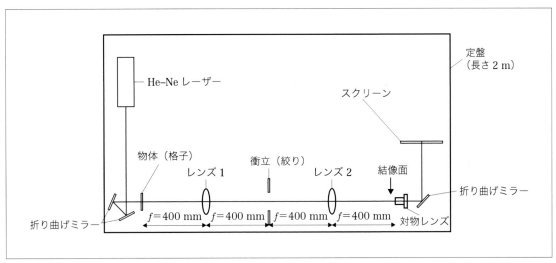

**図8.2.2**　再回折光学系の実験配置図

ことから，干渉縞のピッチが変わり（角度が小さくなるとピッチが粗くなり），結果的に像のピッチが変わる（倍率がレンズ2の焦点距離に比例して変わる）こととなる。

## 8.2.2　再回折光学系の実験

私はこの再回折光学系が非常に好きである。その理由は，再回折光学系を実際に実験室の定盤上に組み，照明条件と絞りを変えることにより，光学系の開口数（NA）と照明条件と解像力との関係を実体験として理解することができるからである。その実験の様子を説明しよう。**図8.2.2**に，その実験の図を示す。読者にぜひ一度このような光学系を組んで実験することをお勧めする。

実験の光学系を組む時は，4章を参照していただきたい。そこでは干渉計の実験法について記載したが，本節の実験でも使える基本的なことが記載されている。

光学系を配置する定盤はできれば長さ2m以上の物を用いる。光源としてHe–Neレーザーを用いる。物体として，100μmピッチ程度の（白黒の）透過格子（例えば白黒の矩形パターンを撮影し現像した写真フィルム）を用いる。格子の方向は定盤に対し垂直にする（格子の並び方向を定盤に対し平行にする）。レンズ1とレンズ2はどちらも焦点距離250〜500mm程度の物を用いる。本実験では簡単のため焦点距離を等しくし，400mmとする。レンズ1の後側焦点面（すなわちレンズ2の前側焦点面）には通常の円形の絞りの代わりに，

（4章で説明した）衝立を黒く塗ったものを2つ用意し，2つの衝立の間隔を変え，等価的に絞りの形状を任意に変えられるようにする（物体が1次元方向のみ回折光を生じる格子パターンであるため，絞りは1次元に可変であればよいので2枚の衝立で自由に変えられるようにする）。レンズ2の後側焦点面にはスクリーンを置かず，顕微鏡用の100倍の対物レンズを介して後方にスクリーンを置き，レンズ2の後側焦点面にできる像（100μmピッチ）を100倍程度（約10mmピッチ）に拡大投影する（この時，像は非常に暗くなるので実験は必ず暗室で行う）。暗室がない場合は100倍の対物レンズとスクリーンのかわりに拡大接写できる撮像装置を用いてモニターで観察するのがよいであろう。全体の系は長くなるので，**図8.2.2**のように物体（格子）の直前と対物レンズの直後にミラーを配置して光路を折り曲げる。物体直前のミラーは図のように2枚用い，照射位置を変えないで照射角度を変えられるようにする。（照射位置を変えないで，入射角度を変えるには，照射位置に角度を変えて入射する光線を想定し，その光線が物体手前のミラーで反射する地点を想定し，その位置にレーザー光が当たるようにレーザー側のミラーの角度を調整する。その後，物体手前のミラーの角度を調整し所定の照射位置にレーザー光が当たるようにすればよい。）

光学系を組む時，最初に巻尺等を用いて大まかに光学系を配置する。その位置を記録しておく（例えば定盤に

図 **8.2.3** （a）スペックルパターン　（b）スペックルパターンに重畳した格子像

テープ等を貼っておく）。レーザーを水平に飛ばし，その高さを光学系のうち高さ調整のやりにくい部品に合わせる。レンズと物体（格子）と衝立（絞り）を光学系から除きミラーを調整してレーザーをスクリーンに当て，そこを中心（光軸）とする（スクリーンに中心となる目印がない場合は，鉛筆等で十字の印をつけておくとよい）。レンズ 2 を上記で記録しておいた位置に置き，レーザーがスクリーン中心に当たるようにレンズ 2 の上下左右の位置を調整する。次に，レンズ 1 を置き同様の調整を行う。物体（格子）を置く。対物レンズを置き，拡がった光束の中心がスクリーンの中心に来るように対物レンズの上下左右の位置を調整する。各レンズの角度の調整に関しては 4 章を参照していただきたい。

最後に対物レンズを前後してピントを合わせよう（ライン＆スペースパターンの像を出そう）とすると，あるところでピントが合ったように見えても対物レンズをさらに光軸に沿って移動させると，いったん像がぼけた後再びピントが合ったように見える。さらに移動すると同様の現象が繰り返し起きる。すなわち光軸に沿ってピントが合う位置（合焦位置）が飛び飛びにいくつも繰り返し存在する。これらの像はフーリエイメージと呼ばれるもので，コヒーレント照明（今回の実験では平行光照明）特有の現象である。フーリエイメージについては，補遺に簡単な説明を記したので参考にしていただきたい。

この後の実験ではフーリエイメージで観察してもほとんど問題ないが，気持ち悪い向きは，以下のようにすれば正しい結像位置にピントを合わせることができる。

一時的に拡散板を物体（格子）の直前に挿入する（密着させる必要はない）。するとスクリーン面には**図 8.2.3**(a) のようなスペックル（互いにランダムな位相を持った光束の干渉によってできる斑模様）が生じる。そこで対物レンズを前後してピントを合わせると**図 8.2.3**(b) のようにスペックルと格子が重畳したパターンが得られる。これがフーリエイメージではない正しい像である。以下，拡散板を除いて実験を継続すればよい。

（以上の調整では各光学素子の間隔精度は巻尺で測った程度の精度しかなく，物体が厳密にレンズ 1 の前側焦点位置にあるわけではなく，レンズ 1 の後側焦点とレンズ 2 の前側焦点の位置が厳密に一致しているわけではない。しかしながら，以降の実験では問題はない。）

### 8.2.3　絞り面での観察

まずレンズ 1 の後側焦点面にスクリーンを立ててみる。この面は通常の光学系では絞りを配置するので絞り面と呼ぶことにする。この面は前述したように，物体のフラウンホーファー回折面でもあり，フーリエ変換面でもある。スクリーン上には**図 8.2.4** のように横一列に等間隔のスポットが観測される。中央の最も明るいスポッ

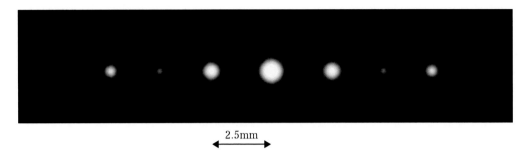

←→ 2.5mm

**図 8.2.4**　絞り面上の回折光

トは 0 次回折光であり，その両側の比較的明るいスポットは ±1 次回折光である。またその外側には ±2 次回折光が来ているはずであるが，物体格子のデューティー比（白黒の比）が 1：1 であると 2 次回折光は発生しない（実際にはわずかに発生しているが）。4 次回折光も発生しない。はっきり見えるのは 0 次の他は ±1 次，±3 次，±5 次…等，奇数次の回折光である。高次になるほど強度は弱くなり，またレンズの縁でけられて見えなくなる。また，偶数次も含めた間隔は，格子ピッチを 100 μm，レンズの焦点距離を 400 mm，He–Ne レーザーの波長を 0.63 μm とすると，$\lambda f/d = 0.63 \times 400/100 \fallingdotseq 2.5$ mm である。格子のピッチが細かくなればこの間隔は逆比例して大きくなる。またレンズにけられてスクリーンに到達する次数も少なくなる。

これらの回折光が新たに光源となってレンズ 2 を通過後スクリーン上で重ね合わさって干渉し，干渉縞すなわち格子像を作る。

### 8.2.4　絞りの効果

次に，絞りの効果を見てみよう。幾何光学的には収差のない光学系では絞りを変えても像は変わらず，もとの物体と同じ周波数をもつ。すなわち解像力は限りなく高い。収差がある場合でも，絞りを絞れば絞るほど収差によるボケは小さくなり解像力は高くなる。ところが，我々は絞りを絞りすぎるとかえって解像力が悪くなることを知っている。すなわち，絞りの効果は幾何光学だけでは十分には説明できないのである。この絞りの効果を本実験で確認してみよう。

実験では絞りの代わりに衝立（遮光板）を 2 個光軸の両側に置く。これは物体が 1 次元（格子状）物体であり，回折光も前項で観たように 1 次元（横）方向にのみ拡がっ

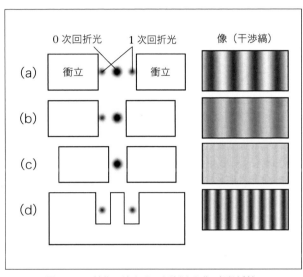

**図 8.2.5**　結像に寄与する回折光と像（干渉縞）

ており，通常の絞りのように回転対称にしか形状を変えられないものより，自由に（1 次元だけであるが）形状を変えられる 2 枚の衝立が有効であるからである。

まず 2 枚の衝立を光軸の両側に置き徐々に間隔を狭めていき，**図 8.2.5**(a) のように 0 次回折光と ±1 次回折光のみが通るようにする。すると，スクリーン上の格子パターンはもとのシャープな格子像からなめらかな正弦波状の像となる。これはシャープな結像に寄与していた高次の回折光成分がカットされたためである。さらに，**図 8.2.5**(b) のように片側の衝立を光軸に近づけ ±1 次回折光のうち 1 方のみをカットする。1 個の 1 次回折光をカットしても格子像は観察できる。ただし，コントラストは低下する。コントラストが低下する理由は，格子像は 1 次回折光と 0 次回折光の干渉によって作られるが，1 次回折光の強度が 0 次回折光に対して弱いためである。さらに，他方の衝立を動かして，残りの 1 次回折

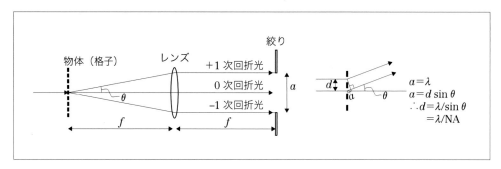

**図 8.2.6** 平行光照明時の絞りと格子ピッチと解像限界

光をカットしてやると，スクリーン上に光は来ているものの像はまったく見えない。これはスクリーンに到達している0次回折光に対し，干渉する光が到達していないためである。**図 8.2.5**（c）にその状態を図示する。すなわち絞りによって解像力（解像限界）が決まることが示された。この解像力を計算してみる。

対称な絞りでは絞りの直径を $a$ として，格子のピッチを $d$ としレンズの焦点距離を $f$ とすると，±1次光がぎりぎり絞りを通過する条件（すなわち解像限界の条件）は，**図 8.2.6** を参照して，$\theta$ が小さいとして，

$$\theta \fallingdotseq \sin\theta = \lambda/d, \quad \theta \fallingdotseq a/2f = 1/2F$$
$$\therefore d \fallingdotseq 2\lambda f/a = 2F\lambda$$
$$(F は F ナンバーすなわち F = f/a である)$$

あるいは物体（格子）側の開口数 $NA = \sin\theta = \lambda/d$ を用いる[*]と

$$d = \lambda/NA$$

これがコヒーレント照明（平行光照明）の時の解像力である。これは一般的に知られている物理的解像限界

$$R = \lambda f/a = F\lambda \quad R = \lambda/2NA$$

と比べると2倍異なっている。これについては次項で説明する。次に，面白い実験をしてみよう。まずボール紙のような硬い紙を**図 8.2.7**(a) のように幅2mmの細い棒状に切りだす（マジック等で黒く塗っておくとよい）。それを衝立の代わりに絞り面に挿入し，0次の

---

[*] なお，レンズがいわゆるフーリエ変換レンズ（$f\sin\theta$ レンズ）であれば，$f\sin\theta = a/2$ なので，$\theta$ が大きくても $d = 2F\lambda$ が厳密に成り立つ。カメラレンズを流用しその像面が**図 8.2.6** の絞り面に来るように用いると，基本は $f\tan\theta$ レンズ，すなわち $f\tan\theta = a/2$ となる。

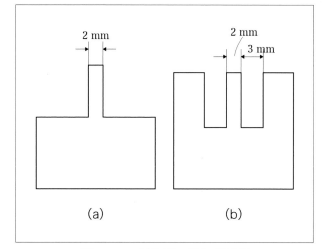

**図 8.2.7** 0次回折光に対する遮光板

みカットする。するとスクリーン上の像はガラッと変わって2倍の周期の像（干渉縞）となる。さらに，ボール紙を**図 8.2.7**(b) のような形状に切り出したものを絞り面に置き，0次回折光だけでなく±1次回折光以外の回折光をカットしてやると，**図 8.2.5**(d) のように像はコントラストの良い2倍周期のきれいな正弦波状の干渉縞となる。この遮光板を出し入れして，もとの像と遮光板を入れた時の像を比較してやると，**図 8.2.8** のように±1次光のみを通す遮光板を入れたときは，もとの像の明部の中心付近だけではなく暗部の中心付近も明るくなる。さらに，もとの像の明部と暗部の境目のところが暗くなっていることがわかる。暗部が明るくなる理由を考えてみる。もとの像の明部は0次回折光とそれ以外の次数の回折光が同位相で重なっているのに対し，もとの像の暗部では0次回折光とそれ以外の次数の回折光が逆位相で重なり打ち消し合っている。そこで0次光

のみをカットするとそれまで暗部であったところも0次回折光とそれ以外の次数の回折光の打ち消し合いが起きず0次回折光以外の回折光同士が強め合うので明るくなる。すなわち，もとの像で明るい部分ともとの像で暗い部分は，遮光板を入れたとき，ともに明るく強度が等しくなる。しかし，位相は逆位相であるので振幅では正負が逆となっている。

## 8.2.5　照明による像の変化

　賢明な読者は前項の解像力の説明で，絞りを非対称にすれば解像力が向上することに気づいているであろう。±1次回折光の一方のみ遮光して他方を通過させるようにすればより狭い絞りでも像（干渉縞）を生じさせることができる。しかしながら，一般の光学系は絞りは光軸に対して（回転）対称であり位置は固定されている。そこで本実験でも絞りを非対称にするかわりに照明を非対称にする。すなわち，光軸に平行な光による照明ではなく，斜めから照明する。前項の実験で両側の衝立を光

遮光板なし

0次光と±1次光

±1次光のみ

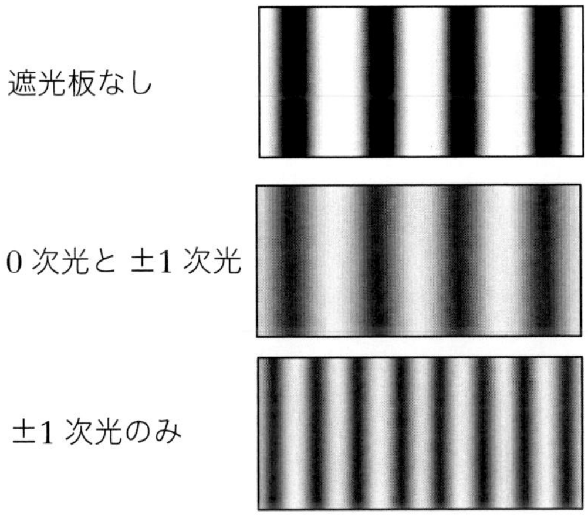

**図8.2.8**　遮光板の出し入れによる像の変化

軸（0次回折光）に徐々に近づけ，±1次回折光をカットし，干渉縞（像）を消したが（**図8.2.5**(c)），その状態で，照明光すなわちレーザー光を傾ける。2枚の折り曲げミラーを動かし，物体上の照明位置を変えないで傾きだけを変える。照明光（レーザー光）を傾けると絞り面上では0次回折光が光軸からずれ，今まで衝立でカットされていた1次回折光（もしくは−1次回折光）が絞りを通過できるようになる。すると，再びスクリーン上に干渉縞を観察できる。すなわち小さい開口（絞り）でも解像力を上げることができる。この時の解像限界は，0次回折光と1次回折光の間隔が絞りの間隔に一致するときであるから，**図8.2.9**より，$\theta$が小さいとして，

$$\theta/2 \fallingdotseq \sin(\theta/2),\ 2d\sin(\theta/2)=\lambda,\ \theta f \fallingdotseq a$$
$$\therefore d \fallingdotseq \lambda/\theta \fallingdotseq \lambda f/a = F\lambda$$

あるいは物体（格子）側の開口数
$NA = \sin(\theta/2) = (\lambda/2)/d$であるから，

$$d = \lambda/2NA$$

　これが斜入射照明の時の解像力である。これは一般的に知られている物理的解像限界と一致する。すなわち光軸に平行な照明より光軸に対して斜めから照明したほうが物理的限界である高い解像力が得られる。実際，高い解像力が必要な光学装置では，このように斜めから照明をすることがある。

　一般の照明系付光学装置，例えば顕微鏡とか半導体露光装置等では，照明は平行光ではなく拡散照明によって行われる。すなわち様々な角度の互いに独立した（干渉しない）平行光の集合で照明されているとみなされる。しかしながら，このような一般の拡散照明系では物理的解像限界に寄与できる照明光（上記の斜入射照明すなわ

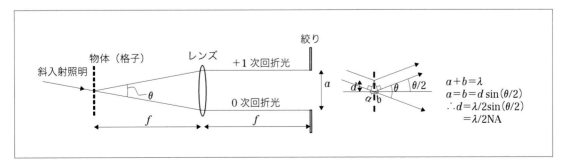

**図8.2.9**　斜入射照明時の解像限界

ち0次回折光が絞りの縁ぎりぎりに来る光束）はほとんど なく，解像限界近くのピッチの格子パターンでは大部分の光は結像（干渉）に寄与せずバックグラウンドノイズとなる。その結果，物理的解像限界近くでは像のコントラストはほとんど得られない。高いコントラストが得られるのはより低い周波数で，多くの平行光が結像（干渉）に寄与できる場合である。言い換えると，一般の拡散照明（インコヒーレント照明）では，物体の空間周波数が低いほど高いコントラストが得られ，周波数が高くなるにつれてコントラストが低下し，物理的解像限界の周波数（解像限界の逆数）で0になる。このコントラストの変化を**図 8.2.10** に示す。

### 8.2.6　照明系と解像力

　ここまでコヒーレント照明（光軸に平行な光束による照明），斜入射照明（光軸に対し傾いた光束による照明），インコヒーレント照明（拡散光による照明）による解像力（空間周波数に対するコントラスト変化）を見てきたが，再回折光学系を用いてより一般的な照明と解像力（コントラスト変化）を見てみよう。

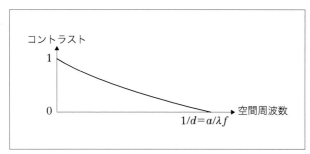

**図 8.2.10**　インコヒーレント照明時のコントラストの変化

**図 8.2.11** にレーザーではなく一般の光源すなわち光源の各点から独立に互いに干渉しない光が出ていく光源を用いた再回折光学系を示す。レンズの焦点距離は簡単のためすべて同じにしているが，異なっていても構わない。

**図 8.2.1** の平行光（レーザー）を光源とする場合と異なり，照明はケーラー照明を用いる。すなわち照明用レンズ（レンズ0）の前側焦点面に有限な大きさの光源を置き，後側焦点面に物体（格子）を置く。

　説明を簡単にするため，物体は正弦波状の格子，すなわち回折光は0次の他に±1次光のみとする（**図 8.2.11** では，煩雑さを避けるため −1 次回折光の光線を省略している）。絞り面中心部には0次回折光による光源の像ができる。±1次回折光による光源像は回折角度分すなわち絞り面上で0次光による光源像に対し $\pm \lambda f/d$ ずれた位置にできる。この回折された光源像のうちもとの光源の同一点に対応する回折点どうしの光が観察面上で干渉する。この時，観察面の位置が（8.2.2で述べた）フーリエイメージ等の位置ではなく正しい結像位置（フォーカス位置）であれば，光源上の互いに干渉しない各点が作る干渉縞は観察面上の同一な位置にできるので，重ね合わさって物体と同じ格子像（干渉縞）を作る。正しい結像面以外ではこれらの干渉縞は位置が互いにずれるので重ね合わさった時に縞が消えてしまう（あるいはコントラストが低下する）。

　次に，絞りの効果を見てみよう。**図 8.2.12** に絞り面での絞りと光源の回折像の位置関係を示す。

　光源が小さく回折角が小さい（すなわち物体格子のピッチが粗い）時は回折された光源像は**図 8.2.12**(a) の

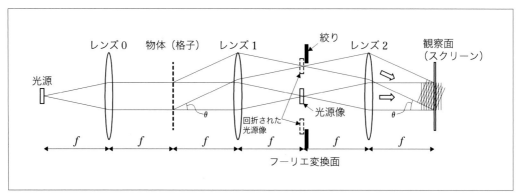

**図 8.2.11**　一般的照明による再回折光学系

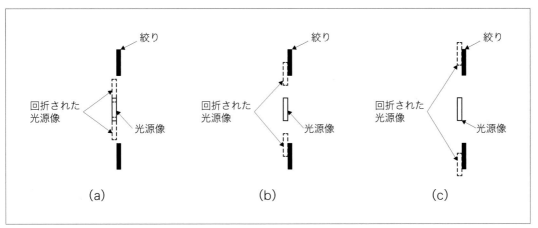

**図 8.2.12**　絞り面での絞りと光源の回折像の位置関係

ように絞りにけられることはないので，像はもとの物体格子と同じくコントラストの高い像（干渉縞）が得られる。物体格子のピッチが細かく（すなわち空間周波数が高く）なると回折角は大きくなり，**図 8.2.12**(b) に示すように回折された光源像の一部が絞りでけられてくる。その結果，このけられた部分に対応する光源からの光は 1 次回折光または −1 次回折光がなくなるので干渉縞を作らず，像のコントラストは低下する。空間周波数が高くなるとともにこのけられが大きくなり，像のコントラストが低下してくる。さらに空間周波数が高くなると（**図 8.2.12**(c) に示すように）±1 次光の両方ともすべて絞りにけられてしまい干渉縞はできなくなる。すなわち像のコントラストは 0 になる。

　このコントラストの変化を**図 8.2.13**(a) に示す。空間周波数が低いところでは光源の ±1 次回折光像が絞りでけられない（**図 8.2.12**(a)）のでコントラストは高い状態（コントラスト ＝ 1）を維持できるが，ある周波数からは（光源の ±1 次回折像の一部がけられ始め**図 8.2.12**(b)）コントラストが低下し始め，物理的解像限界（空間周波数では解像限界の逆数 $1/d = a/\lambda \mathrm{f}$）に達する前に光源の ±1 次回折光像がすべて絞りでけられ（**図 8.2.12**(c)）コントラスト 0 となる。光源が大きくなるとけられは早く生じるが回折された光源が完全に絞りにけられてしまう空間周波数は高くなる。このコントラストの変化を**図 8.2.13**(b) に示す。光源の大きさが絞りより同等か大きくなると最初からけられが生じ，低い周波数でもコントラストの低下が始まるが，逆に物理的解像

限界ぎりぎりまでコントラストがゼロにならない。このコントラストの変化を**図 8.2.13**(c) に示す（これは**図 8.2.10** と同じである）。このように，光源の大きさがコントラストの変化に大きく影響する。そこで光源（像）の大きさと絞りの大きさ（直径）の比をコヒーレンスファクターと称し，$\sigma$ で表す。コヒーレンスファクターを簡略して $\sigma$ 値と呼ぶことが多いが，統計学上の $\sigma$ 値（分散）と混同されることがあるので注意が必要である（注：コヒーレンスファクターの正確な定義は，物体から見た照明光学系の $NA$ と結像光学系の $NA$ の比である）。$\sigma = 0$ すなわち点光源（レーザーによる平行光照明が相当する）の時，この照明をコヒーレント照明，$0 < \sigma < 1$ の時をパーシャリーコヒーレント（部分コヒーレント）照明，$\sigma \geqq 1$ の時をインコヒーレント照明と呼ぶ。$\sigma = 0$ すなわちコヒーレント照明の時のコントラストの変化を，**図 8.2.13**(d) に示す。初期の半導体露光装置の投影光学系では解像力よりもコントラストが重視されたので比較的低い周波数で高いコントラストが得られるパーシャリーコヒーレント照明が用いられた。現在でも限界解像力を必要としない場合ではよく用いられている。しかしながら，最先端の半導体は数 10 nm というとんでもなく小さいパターンを解像することが求められる。したがって，物理的解像限界近くでも比較的高いコントラストが得られる（前述の）斜入射照明が用いられる。この時，像の対称性等を確保するため，小さな光源を光軸から離れたところに 1 個置くのではなく軸対称なところにもう 1 個配置する。これを 2 極照明という。また 1 次

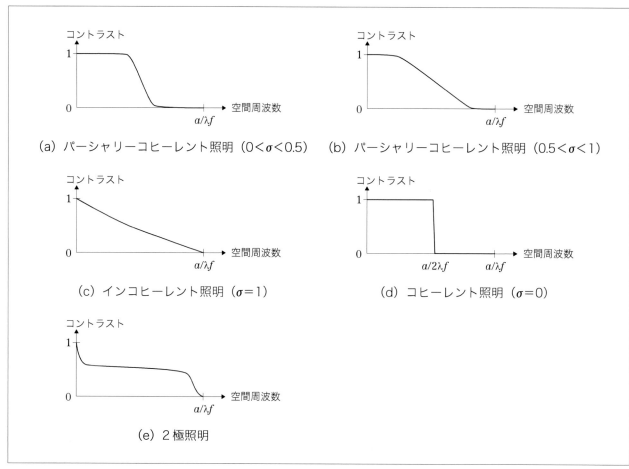

(a) パーシャリーコヒーレント照明（0＜σ＜0.5）

(b) パーシャリーコヒーレント照明（0.5＜σ＜1）

(c) インコヒーレント照明（σ＝1）

(d) コヒーレント照明（σ＝0）

(e) 2極照明

**図8.2.13** 光源の大きさ（コヒーレンスファクター）とコントラストの変化

元方向だけではなく2次元方向の解像力を確保するために光軸の周りに4か所小さな光源を配した4極照明，あるいはより一様性を確保するため，輪帯照明が用いられる。これらの照明で絞り面上で光源の回折像がどのように絞りにけられるか（その結果，像のコントラストはどうなるか）各自考えて欲しい。2極照明の場合のコントラストの変化を，**図8.2.13**(e)に示しておく。

## 補遺：フーリエイメージについて

格子状物体により回折した光が結像面（観察面）上で干渉して像（干渉縞）を形成するとき，正しい結像面では各次数の回折光の0次回折光に対する位相差が物体面上と同一となり干渉して物体面と同じ強度となる（ここで，像は倒立像であり座標は上下逆になっている。すなわち1次回折光の波面の傾きが逆になっていることに注意）。この様子を**補図8.2.1**に示す。図では煩雑さを避

けるため，0次回折光と +1次回折光のみを図示している。

ここで観察面を前後に移動すると，各回折光の0次回折光に対する位相差は移動量に比例してずれてくる。このずれ量は各回折光の次数（角度）によって異なる。回折光が1次回折光だけであれば，位相差が変化しても像（干渉縞）の位置が**補図8.2.1**のように（上下に）ずれるだけで干渉縞のコントラストは変わらない。しかし，一般には回折光は複数存在し，各回折光の位相差の変化は上記のように次数ごとに異なるので，干渉縞のコントラストは低下する。しかし，さらに観察面を移動していくと0次回折光と1次回折光の位相差が2π（光路差λ）となる位置が存在する。この位置では0次回折光と1次回折光の位相関係は正しい結像面と等価になる。またこの位置では−1次回折光の位相差は−2πになり，位相関係は正しい結像面と等価になる。その結果，正しい

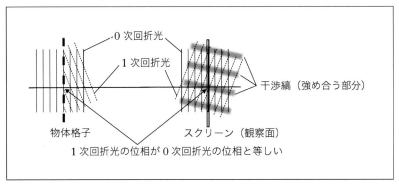

**補図 8.2.1**　0 次回折光と 1 次回折光の位相関係

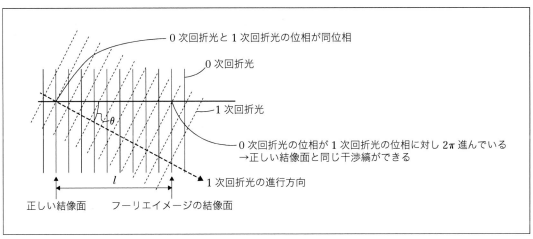

**補図 8.2.2**　フーリエイメージの位置

結像面と同じ干渉縞（像）が得られる。説明は省略するが，回折角が小さい場合は高次の回折光もこの位置では位相関係が正しい結像面と等価(位相差が $2\pi$ の整数倍)になり，像はシャープになる。さらに，観察面を 2 倍（整数倍）移動すると位相差も 2 倍（整数倍）となり，同様な干渉縞（像）が（繰り返し）できる。この像がフーリエイメージである。この現象はイギリス人の Talbot(タルボット）により発見されたため，Talbot effect(タルボット効果，またはトールボット効果）と呼ばれる。

　では，フーリエイメージがどこにできるか計算してみよう。正しい結像面から移動して最初にフーリエイメージが生じる位置までの距離を $l$ とし，格子すなわち干渉縞の間隔（ピッチ）を $d$，波長を $\lambda$ とする。**補図 8.2.2** より，光軸上で 0 次回折光と 1 次回折光の位相差が $2\pi$（光路差が $\lambda$）になる条件を求めると，

$$l - l\cos\theta = \lambda$$

回折の式より

$$d\sin\theta = \lambda$$
$$\therefore l \fallingdotseq 2d^2/\lambda$$

フーリエイメージは観察面の間隔が上記の値増減するごとに現れる。

# 第9章 干渉式エンコーダー

## 9.0 光学式エンコーダー

前章では回折と干渉による像の結像の話をした。本章では回折と干渉を利用したエンコーダーの話をしよう。2章では干渉計による測長の話をしたが、より簡便な測長器としてエンコーダーを用いた方式がある。エンコーダーは回転角度の測定に用いられるもの(ロータリーエンコーダー)もあるが、本章では直線移動距離を計測するもの(リニアエンコーダー)に限定して話を進める。

## 9.1 エンコーダー(encoder)とは?

エンコーダーとは位置を検出するセンサーあるいは変換器のことで、主に光学式と磁気式がある(注:ソフトウェアで用いられているファイル変換等を行うエンコーダーとは別物である)。本節では、光学式エンコーダーについて説明する。通常用いられている光学式エンコーダーを模式的に図9.1に示す。光学式エンコーダーはガラス基板上に、図9.2(a)に示すように等間隔な白黒(透過非透過)の格子状パターンが形成された主尺(メインスケール)と、ピッチがまったく同じであるパターンが形成さ

れた副尺(インデックススケール)(図9.2(b))が向かい合わせに配置されており、メインスケールとインデックススケールを透過する光量を測定し、透過光の変化からスケールの移動量を計測するものである。メインスケールとインデックススケールの透過部が重なった時透過光量は最大となり、メインスケールの透過部とインデックススケールの非透過部が重なった時透過光量は最小となる。したがって、図9.1においてどちらかのスケール(通常、インデックススケールと光源および検出器は一体になっている)を移動すると、メインスケールとインデックススケールが密着しているときは、図9.3(a)に示すような三角波状の信号が得られる。メインスケールとインデックススケールの間隔を適当にあけるとボケが生じ、図9.3(b)のように正弦波に近い形となる(補遺9.1)。

この信号の周期はスケールのピッチ $d$ に対応している。すなわち、信号が $m$ 周期変化すればスケールの移動量が $md$ であることがわかる。この信号だけからスケールの移動距離を求めようとすると問題が生じる。それはこの信号だけではスケールの移動方向がわからないこと

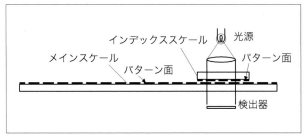

**図 9.1** 光学式エンコーダー模式図

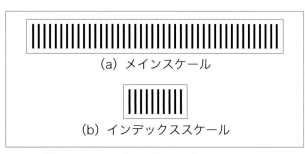

**図 9.2** メインスケールとインデックススケール

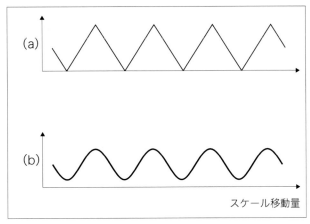

図 9.3　検出器からの出力信号

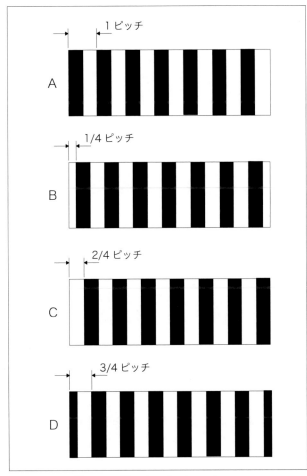

図 9.4　4 種のインデックススケール

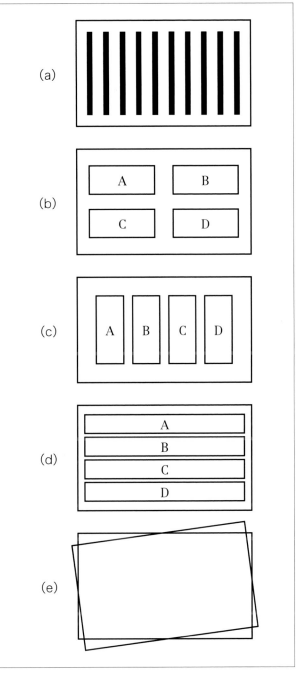

図 9.5　インデックススケールの配置

である。また，スケールピッチは 8~20 µm と粗く，もっと高い分解能で読み取る必要がある。これらは 2 章で述べた干渉計の信号と同じ問題である。2 章では，偏光を利用して 90°ずつ位相のずれた 4 個の干渉信号を発生させ，それを利用して方向弁別するとともに分解能を上げることができることを示した。エンコーダーでも 90°ずつ位相のずれた信号を作成すればよい。その方法を図 9.4 と図 9.5 に示す。インデックススケールを 1 種類ではなく，

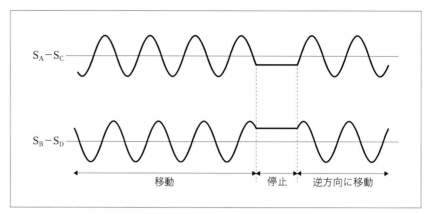

**図 9.6** 90°位相のずれた信号

図 9.4 の A, B, C, D のように 1/4 ピッチずつずれた 4 種を用意し，図 9.5(a) の 1 種類のインデックススケールの代わりに，図 9.5(b)，(c)，(d) 等のように配置し，それぞれに対応して検出器を置く（図 9.5 において A, B, C, D は図 9.4 に示す 1/4 ピッチずつずれた格子である）。実際には，A, B, C, D のスケールは別々に作成して配置するのではなく 1 枚のガラス基板に同時に作成し，1 枚のインデックススケールとして用いる。より簡便には図 9.5(e) のように 1 種類のインデックススケールを上下で 1 ピッチだけずれるように傾け，（メインスケールとインデックススケールの）2 枚の格子によるモアレ縞を発生させ，検出器を図 9.5(d) と同様な配置にすれば 90°ずつ位相のずれた信号を得ることができる。このようにして，A, B, C, D に対応する検出器から 90°ずつ位相のずれた信号が得られる。各検出器から得られる出力を $S_A$, $S_B$, $S_C$, $S_D$ としたとき，図 9.6 にスケールの移動距離（位置）に対する $S_A$–$S_C$ の信号および $S_B$–$S_D$ の信号を示す。$S_A$–$S_C$ の信号と $S_B$–$S_D$ の信号の位相が 90°ずれており，スケールの移動方向によっての位相の進み方が逆転していることがわかる。この 2 信号の位相関係と 0 点を通過する回数で，格子ピッチの 1/4 の分解能でスケールの移動距離を正しく計測できる。詳しくは 2.1 節の干渉計の信号処理を参照していただきたい。また，90°位相のずれた 2 信号から任意の位相の信号を生成することができ，分解能をさらに上げることができる。これも，2.1 節を参照していただきたい。エンコーダーはいろいろな分解能のものがあるが，高分解能の物では，8 μm あるいは 20 μm のピッチのスケールを用い，電気的に分割して 1 μm 以下の分解能を得ているものもある。

## 9.2 回折格子を用いたエンコーダーの試作

私は 2 章で述べた干渉計を用いた測長器，レーザーマイクロテスターを開発した後，より低コストで量産性のある測長器として，エンコーダーを用いて干渉計並みの分解能を持った測長器が作れないかと考え，透過型（白黒の格子パターン）のスケールの代わりに回折格子を用い，2.2 節で述べたヘテロダイン干渉計と同様の信号処理を用いたエンコーダーを試作した。

エンコーダーの分解能を上げるには，単純には格子のピッチを細かくして，かつ得られた信号から多くの位相の信号を生成すればよい。しかしながら，どちらも困難が伴う。まず，格子のピッチの精細化に関して話を進めよう。格子を細かくするには製造上の問題が生じる。この開発を行った頃（およそ 40 年前）は，最も微細なパターンを焼き付けられる半導体の製造装置でさえ 2, 3 μm のオーダーであった。現在ではもちろん 0.1 μm 以下のパターンも作成可能であるが，スケールのように比較的長いものを，このパターンピッチで大量に生産（複製）するのは今でも困難である。さらに，より大きな問題としてパターンが 2, 3 μm 以下になると，メインスケールとインデックススケールの間隔が変動したり大きくなったりすると，信号のコントラストが変動したり，信号が得られなくなったりする。光源の大きさによるパターンのボケの許容範囲も小さくなり，光源を小さくしなければならない（結果的に光量も少なくなる）。それ

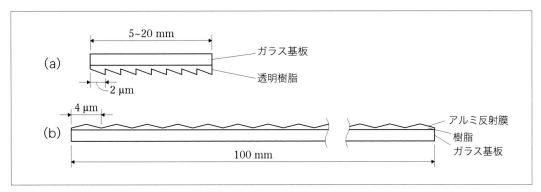

**図9.7**　エンコーダー用回折格子

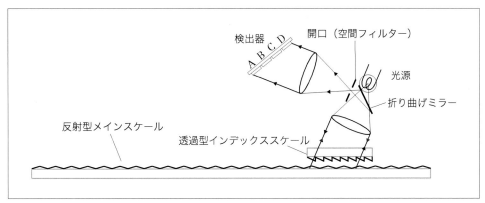

**図9.8**　回折格子を用いたエンコーダーの配置図

らの問題を解決するため，私は回折格子を用いることとした。幸いなことに，当時私が所属していたニコンの第2光学研究室では，ルーリングエンジンという回折格子を作成する装置（刻線機）を開発し，回折格子を生産していた。したがって，同じ研究室内で私の希望する回折格子を作ってもらうことができた。私が作成してもらった回折格子は，**図9.7**の (a) と (b) である。**図9.7**(a) はガラス基板上の樹脂に（レプリカにより）形成されたピッチ2 μmの透過型の回折格子であり，インデックススケールとして用いた。格子の要素は（白黒のパターンではなく）プリズム状になっており，その頂角は20.8°である（入射光線に対するこのプリズムによる屈折角は，屈折率を1.5とすると約10.7°である）。**図9.7**(b) はピッチ4 μmの反射型格子であり，ガラス基板上に蒸着したアルミニウム膜にダイヤモンドカッターで刻線したもの（のレプリカ）である。各要素は等角の三角形状をしており，傾斜角度は10.7°である。すなわち，10.7°で入射した光線を正反射（元の方向へ反射）する。一部の光

線は三角形のもう一方の面で反射され，格子の鉛直軸に対し，32.1°（10.7°×3）の方向に反射される（**図9.9**(c)）。この反射格子は全長100 mmでメインスケールとして用いる。この2つのスケールを**図9.8**のように配置する。光源（波長約740 nmのLED）から出た光をレンズでコリメート（平行光束化）し，インデックススケールに対し10.7°の角度で照射する。インデックススケールはピッチ2 μmであるので，10.7°の入射光に対する回折角はおおよそ−33.7°（−1次），−10.7°（0次），10.7°（1次），33.7°（2次）等となる（**補遺2**）。ここで中心線より右の角度を＋としている。単純に（要素）プリズムの屈折を考えると，光線の進む方向は約0°となるが，この方向には回折光は存在しない（**図9.9**(a)）。したがって，幾何光学的に光線が進む方向（この角度の回折光が最も強くなる）である0°に最も近い0次光（−10.7°）と1次回折光（10.7°）の強度が強くなる。その他の−1次，2次等の回折光は強度が弱くなる。次に，透過格子（インデックススケール）を透過した光束

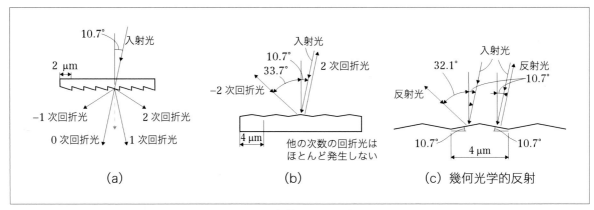

**図 9.9** 回折格子による回折光

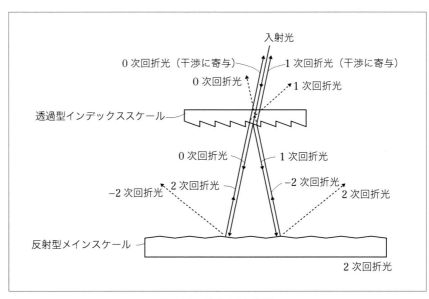

**図 9.10** 干渉する回折光

の反射型スケール（メインスケール）による回折を考える。角度約 10.7°で反射型のメインスケールに入射した光束はピッチ 4 μm の反射型回折格子によっておよそ −33.7°（−2 次），−21.7°（−1 次），−10.7°（0 次），0°（1 次），10.7°（2 次），21.7°（3 次），33.7°（−4 次）等の角度に回折される（**補遺 2**）。しかし，前述したように，角度 10.7°で反射格子に入射した光は角度 ±10.7°の三角形形状の 2 つの反射面のそれぞれで**図 9.9**(c) のように元の逆方向角度 10.7°と −32.1°（3 × 10.7°）の方向へ反射される。したがって，その角度とほぼ等しい −2 次（−33.7°）および 2 次（10.7°）の回折光のみが強くなり他の回折光はほとんど発生しない（**図 9.9**(b)）。さらに，これらの回折光が透過型のインデッ

クススケールに戻り，再度回折される。

　その様子を，**図 9.10** に光線で示す。わかりやすくするため光線で図示しているが，実際は 20 mm 程度の幅を持った光束である。また回折強度の強い次数の光束のみ記している。この回折光のうち，インデックススケールで 0 次回折され，メインスケールで 2 次回折され，再度インデックススケールで 0 次回折される光束と，インデックススケールで 1 次回折され，メインスケールで −2 次回折され，再度インデックススケールで 1 次回折される光束とが，重なって同じ方向（光源方向）へ進み干渉する（**図 9.10** ではわかりやすく図示するため光線を若干横にずらして表示してあるが，実際はすべて重なった光束である）。**図 9.10** の余分な次数の回折光は

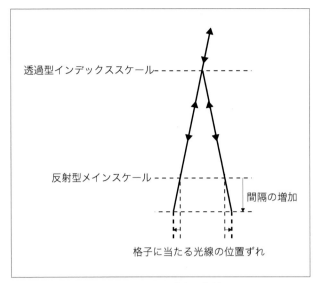

**図 9.11**　間隔の変化の影響

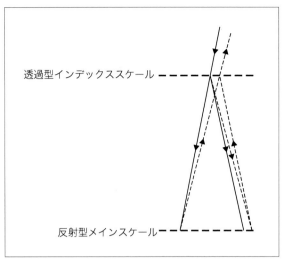

**図 9.12**　波長変化の影響

空間フィルター（開口）等で除去することができるので干渉には寄与しない。

インデックススケールとメインスケールの間隔によらずこの干渉する 2 光束の光路長は等しく，光路差は 0 である。位相差は間隔によらず，各スケールの移動（位置ずれ）によって生じる。干渉する 2 光束はメインスケールの 2 次回折光と −2 次回折光であるので，メインスケールが 1 ピッチ移動する間に位相差は 4 周期（{2−(−2)}×2π＝8π）変動する（干渉信号は 4 周期変化する）。メインスケールは 4 μm ピッチであるので，1 μm の移動で干渉信号は 1 周期変化する。インデックススケールの移動について考えると，一方の光束のみインデックススケールで 2 回 1 次回折される。その結果，1 ピッチ（2 μm）の移動に対し位相は 2 周期（(1＋1)×2π＝4π）変化し，干渉信号も 2 周期変化する。すなわち，どちらのスケールを動かしても，1 μm の移動に対して干渉信号は 1 周期変化する。これだけで従来のエンコーダーと比べて 1 桁近く分解能が向上している。さらに，私は信号処理によって 2 桁分解能を向上させることを試みた。それについては次項で述べることにし，話を光学系に戻す。

本方式は従来のエンコーダーと比べて高分解能であるばかりでなく，安定性にも優れている。従来のエンコーダーでは，間隔が変動すると信号のコントラストが低下したり得られなくなったりする。また，光源の大きさが

大きくなると同様なことが起きる。本方式では，間隔が変動しても光源が大きくなっても，さらには，回折と干渉を利用しているにもかかわらず，波長変動に対しても安定である。それらのことを説明しよう。まず，2 枚のスケールの間隔が変動するとどうなるであろうか？　すでに述べたように，干渉する 2 光束の光路長は等しく光路差は 0 であり，**図 9.11** のように，2 枚のスケールの間隔が変動しても光路長の変化量は等しく，光路差は変化しない。しかし，格子に当たる光線の位置がずれ，位相変化が生じる。回折光の位相変化は，回折格子にあたる光束の位置の変化と回折次数で決まる。回折格子にあたる位置が 1 ピッチずれると，m 次回折光の位相は 2mπ 変化する。**図 9.11** において，光束のずれは互いに逆方向であり，回折次数も正負が逆である。その結果，位相変化は 2 光束で等しく位相差は生じないので干渉信号は変化しない。

では，光源の波長が変動したらどうなるであろうか？　**図 9.12** に，波長が長くなった場合の回折光の様子を示す。波長が長くなると次数に比例して回折角は大きくなる。しかしながら，**図 9.12** からわかるように，干渉する 2 光束は（インデックススケールで透過回折され，メインスケールで反射回折され，再度インデックススケールで透過回折された結果，位置と角度は入射光と異なるが）同じ傾きで重なり，コントラストは低下しない。光路長は少し長くなるが 2 光束とも同量変化するので，

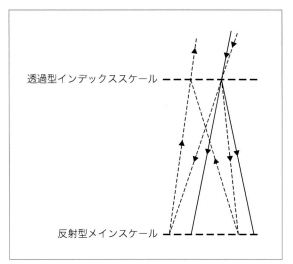

**図9.13** 入射角の変化の影響

光路差は0のままである。光線が格子に当たる位置はずれるが，インデックススケールとメインスケールでは，ずれ量は同じ向きで同量である。すなわち，位相が変化する光束（0次ではない光束）に関しては，インデックススケールはメインスケールに対してピッチは半分（位相の変化する割合は2倍）であるが回折次数は1次であり，メインスケール（−2次）の半分であり，かつ正負が逆である。その結果，位相の変化はインデックススケールとメインスケールで打ち消しあって0となり，干渉信号は変化しない。すなわち，通常の干渉計で要求される光源の単色性は必要なく，レーザーではなくLED等単色性の悪い光源が使える。

光源の位置，すなわちスケールへの光束の入射角が変化したときはどうなるであろうか？ その様子を**図9.13**に示す。ここでも光路差は0である。光線の位置はメインスケールでは入射角の変化量と間隔に比例してずれる。2光束のずれの方向は同一（図では負の方向）である。それらが回折後インデックススケールに戻ると，さらに2倍の量で同一方向にずれる。2倍ずれるので2光束の位相もずれそうであるが，インデックススケールでは，一方の光束は0次回折で位相は変化せず，もう一方の光束のみが位相変化を生じる。結果的に，メインスケールで生じる位相変化と同量で逆向き（正）の変化がインデックススケールで起きるので，干渉する2光束間での位相差は生じない。干渉信号が光源の傾き，

すなわち光源の位置にもよらないということは，干渉性の良い点光源を用いなくても広がった光源を用いることができることを意味している。以上のように，この方式（光学系）ではLEDのような大きさのある単色でないインコヒーレントな光源を用いることができ，かつ，2つのスケールの間隔変動に対しても安定した高分解なエンコーダーを得ることができる。また，インコヒーレントな光源を用いることにより，余計な干渉が抑えられノイズの少ない干渉信号が得られる。

## 9.3 信号処理による高分解能化

上記の光学系でスケールの移動の方向分別と高分解化を行うには，9.1で述べたように4種のインデックススケールを用意し，90°ずつ位相のずれた信号を得るようにしなければならない。通常の光学式エンコーダーでは1/4ピッチずつずれた4種のインデックススケールを用いる。本方式ではスケールを1 µmずらせば1周期信号が変化するので，2 µmピッチのインデックススケールでは1/4 µm，すなわち1/8ピッチずつずらしたインデックススケールを作成した。また，その配置は製作上の都合から**図9.5**(d)と同様とした。製作法は前記のルーリングエンジン（刻線機）で1枚の基板に1/4 µmずつずれた4つの領域を順次刻線していった。また，光学系は**図9.8**に示したように，干渉した光束を小型のミラーで折り曲げ，インデックススケールの4つの領域に対応して検出器（A，B，C，D）を置いた。また，この折り曲げミラーは光量を稼ぐため，半透鏡ではなく全反射鏡を用い，光源とミラーを光軸中心から紙面に垂直方向に互い反対方向に若干ずらした。本光学系はそのように光軸が傾いても，信号および精度に問題を生じない，すぐれた光学系である。

さて，90°ずつずれた信号を得ることができたが，これを通常のエンコーダーのように加減算（抵抗分割）をして任意の位相の信号を生成して分割数を増やすのでは限界がある。そこで，最も高分解である測長用干渉計に用いられているヘテロダイン干渉計と同様な信号処理を行うことを思い付いた。ヘテロダイン干渉計については，2.2節に詳しく解説した。ヘテロダイン干渉計からは常に一定の周波数（通常数MHz）の正弦波信号が出力されており，被検ミラー（移動鏡）の移動によって干

渉計の一方（測定光路）の光束の位相が $2\pi$ 変化する（光路長が $\lambda$ 変化する）ごとにその正弦波信号の位相も $2\pi$ 変化するものである。その位相変化を基準の（変化しない）一定周波数の正弦波の位相と比較することによって，移動量を高精度に検出している。正弦波信号の位相は高分解能で検出可能なので nm オーダーの計測が可能である。ヘテロダイン干渉計では，一定の周波数差に相当する 2 周波（2 波長）の光を干渉させることによって，そのような（正弦波）信号を得ている。本光学系でそのような信号を取り出すことができるのであろうか？　その答えを示してくれたのは，当時同じ研究室にいた歌川健氏であった。当時，彼は画期的なカメラのオートフォーカス法を開発していた。それはカメラの瞳を分割して別々の検出器（1 次元イメージセンサー）で検出する。合焦時（ピントが合った時）では 2 つの検出器から同じ信号が検出されるが，ピントがずれるとそれぞれの検出器上の像が瞳の分割方向にずれる（互いに逆方向にずれる）。また，ずれの方向から前ピンと後ピンが判別できる。そのずれを位相検出法で高精度に検出しようというものである。歌川氏の方法は各検出器を繰り返しサンプリングするものであった。すると，その繰り返し周波数を基本周波数とする周期信号が得られる。合焦時には 2 つの検出器からまったく同じ信号が得られるが，ピントがずれるとそれぞれの信号の位相が互いにずれる。そのずれ量と方向（どちらの信号の位相が進んでいるか）から，ピントのずれ量とずれの方向（前ピンか後ピンか）が高速かつ精度良く求められる。現在でも，位相検出法はカメラの最も高速かつ高精度なオートフォーカス用検出法として用いられている。私は彼の研究成果を直接聞くことができ，彼の方法を本光学系の信号処理に応用することができた。すなわち，前述の検出器 A，B，C，D の出力を順次繰り返しサンプリングした。その信号を LPF（ローパスフィルター）に通すと，綺麗な正弦波信号が得られた。**図 9.14** の (a) に A，B，C，D の出力，(b) に順次繰り返しサンプリングした信号，(c) に LPF を通して得られた正弦波を示す。（インデックススケール上の）場所ごとの強度信号が正弦波の時間信号に変換されている。スケールをわずかに移動すると A，B，C，D の出力が変化し，それに応じて正弦波信号の位相が変化する。位相を検出するための基準信号はサンプリング

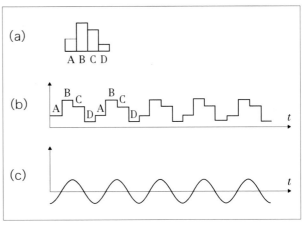

**図 9.14**　位相検出信号の生成

するための信号をもとに作成した。位相検出に関しては 2.2 節に述べた PLL（フェーズロックループ）を用いた周波数逓倍法を用い，周波数を 100 倍にして 1/100 の分解能，すなわち距離に換算して 0.01 μm の分解能で計測することができた（周波数逓倍法については 2.2 節を参照）。

**補遺 1**　通常の光学式エンコーダーにおいて 2 つのスケールを密着させると，どちらかのスケールを移動したとき，摩擦が生じスケールに傷がついてしまう。そこで，2 つのスケールの間隔をあける必要があるが，間隔をあけると格子像がぼけてしまう。ボケの原因の 1 つは光源の大きさであるが，光源が点光源であっても像がぼける。その理由は，格子による回折である。格子によって生じた多数の次数の回折光が異なる角度で進み干渉するため，格子像が崩れ（ボケ）てしまう。しかしながら，8.2 節の補遺で述べたように，特定の間隔で干渉条件が整い格子像が再現され，この像を，フーリエイメージという。この間隔 $l$ は，光源の波長を $\lambda$，格子ピッチを $d$ とすると，

$$l \fallingdotseq 2d^2/\lambda$$

で与えられる。2 つのスケールの間隔をこの値（の整数倍）にすれば，回折によるボケはなくなる（また，間隔をあけることによって，光源の大きさにより像がぼけ，三角波が正弦波に近くなり，信号処理が容易となる。）。

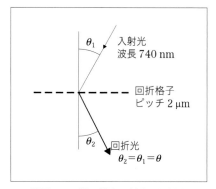

**補図 9.1** 斜入射光に対する回折光

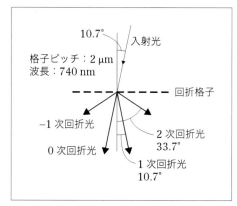

**補図 9.2** 角度 10.7°の入射光に対する回折光

波長が 740 nm，格子ピッチが 8 μm の場合，この間隔は 170 μm 程度となる（これが通常の光学式エンコーダーの最適な間隔である。）。

**補遺 2**　ピッチ $d$ の回折格子に角度 $\theta_1$ で入射した波長 $\lambda$ の光が角度 $\theta_2$ で $m$ 次回折されるとすると

$$d(\sin\theta_1 + \sin\theta_2) = m\lambda$$

が成り立つ。

　**補図 9.1** のようにピッチ 2 μm の回折格子（インデックススケール）に角度 $\theta$ で波長 0.74 μm の光束が入射し，等しい角度 $\theta$ で回折されるとすると

$$2(\sin\theta + \sin\theta) = 0.74$$

よって，$\theta = 10.66°$ である。

　逆に，入射角 10.66°の光束に対する一般的な次数の回折角度は

$$2(\sin 10.66° + \sin\theta) = 0.74m$$

より求めることができて，

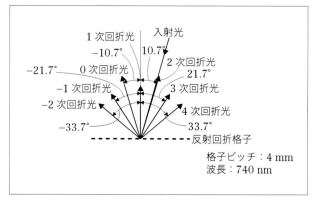

**補図 9.3**　角度 10.7°の入射光に対する反射回折光

$-33.71°$（$-1$ 次），$-10.66°$（0 次），$10.66°$（1 次），$33.71°$（2 次）等となる。ここで中心線より右の角度を ＋としている。（**補図 9.2**）

　ピッチ 4 μm の反射型回折格子でも同様の計算ができる。

　$-33.71°$（$-2$ 次），$-21.71°$（$-1$ 次），$-10.66°$（0 次），$0°$（1 次），$10.66°$（2 次），$21.71°$（3 次），$33.71°$（4 次）等となる（**補図 9.3**）。

# 第10章　反射型ホログラムの開発

## 10.1　ホログラフィー

　8章と9章では，回折と干渉の話をしたが，回折と干渉の応用で一番見事なものはホログラフィーであろう。それが優れた発明であることは，その発明者であるガボール（Dénes Gábor）にノーベル賞が与えられたことでもわかる。私はユニークな（言い方を変えれば，あまり役に立たない）独自の反射型ホログラムを試作したことがある。そこで，今回はホログラフィーの簡単な原理説明と，私の試作のヒントとなったホログラフィック回折格子と私の反射型ホログラムの試作の話をしよう。

　ホログラフィーとは3次元像を記録する技術であり，記録したもの（写真）をホログラムという。ホログラム（写真）はクレジットカード等にも使われており，一般になじみがあるものであるが，まず簡単に，ホログラフィーの原理を説明しよう。

　**図 10.1**(a) では，通常の2光束（2つの平面波）の干渉縞の製作の様子を示している。計算は省略するが，感光材の面の法線に対し，図のように角度 $\theta_1$ と $\theta_2$ で入射する光束によって生成される干渉縞のピッチは

$$d = \lambda/(\sin\theta_1 + \sin\theta_2)$$

である。

　この干渉縞に，**図 10.1**(b) のように角度 $\theta_1$ の光束を入射するとどうなるであろうか？　すると，干渉縞が回折格子として作用し回折光が生じる。その（1次）回折角 $\theta$ は，9章の補遺2の回折の式から

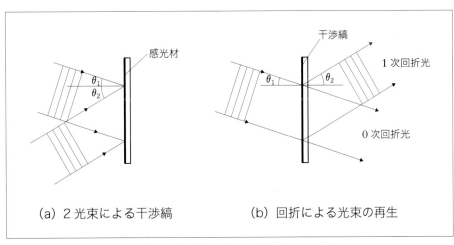

**図 10.1**　平行光束どうしの干渉縞による回折

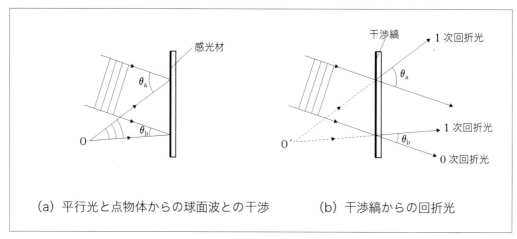

（a）平行光と点物体からの球面波との干渉 　　（b）干渉縞からの回折光

**図10.2** 平行光と球面波の干渉縞による回折

$$d(\sin\theta_1 + \sin\theta) = \lambda$$

となり

$$\theta = \theta_2$$

となる。すなわち，ホログラム（干渉縞写真）製作時，$\theta_1$ の入射光に対して干渉した入射角 $\theta_2$ の光束と同じ（角度の）光束が回折光として再生（再現）されることになる。

一般の物体から発散される光束は様々な角度の光束が集まったものと考えられる（後述するように，様々な球面波が集まったと考えることもできる）。したがって，一般の物体から発散される光束と特定の方向（角度 $\theta_1$）から入射する光束を干渉させ（干渉させる手法は後述する），干渉縞すなわちホログラムを作成し，このホログラムに角度 $\theta_1$ で光束を入射すると，物体からの発散光と同じ光束が回折光として生成される。すなわち，あたかも実際に物体があるかのように（物体から光が発散してきたかのように）見える。これがホログラフィーの原理である。この時，一般の写真と異なり，物体の像はホログラム（写真）面上の2次元像ではなく元の物体の位置に3次元像として見え，視点を変えると，それに応じて像が変化する。ホログラムあるいはホログラフィーの「ホロ」は，完全あるいは全体を意味するギリシャ語 holo に由来する。すなわち，ホログラムとは，直訳すれば完全写真ということになる。

別の視点で考えてみよう。干渉縞は2光束の交わる角度が大きいほど細かいピッチの干渉縞ができる。逆に，干渉縞に入射する光の回折角度は，干渉縞のピッチが細かいほど大きくなる。**図10.2**(a) に示すように，平行光束と点物体 O から発散する光束（球面波）が感光材上に作る干渉縞を考える。簡単のため1次元で考えると，**図10.2**(a) の感光材の上部では2光束のなす角度 $\theta_a$ は大きく，感光材の下部ではその角度 $\theta_b$ は小さくなっている。したがって，できる干渉縞のピッチは，上部では細かく下部では粗くなっている。その結果できた干渉縞に，**図10.2**(b) のようにもとの平行光を入射すると，入射光は干渉縞により，感光材上部では大きな角度で回折され，下部では小さな角度で回折される。中間部では大きな角度から徐々に小さくなっていく。その結果，回折光はあたかも1点 O′，すなわち元の点物体から出てきたかのように見える。一般の物体は点物体の集合であるとすると，一般の物体からの発散光と平行光（球面波でもよい）で干渉縞を作成し，干渉縞に元の平行光（または球面波）を入射すると，回折によって元の物体からの発散光が再生され，物体像が元の物体位置に再現される。

物体からの拡散光を，物体光または物体波といい，それと干渉させ，像再生にも用いる平行光または球面波等を，参照光または参照波という。もちろん干渉縞を作成するためには，両光束はコヒーレント（可干渉）でなくてはならない。したがって，ホログラムの作成光学系は，**図10.3**(a) のように1個のレーザーから出た光を利用

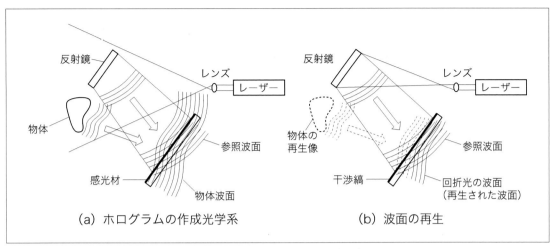

**図 10.3**　ホログラムの作成と波面の再生

し，一部の光を反射鏡で反射させ参照光とし，一部の光で物体を照明し物体波を発生させ，干渉縞を作成するものである。得られる干渉縞は物体波が複雑な波面をしているため，通常の干渉縞と異なり，細かい（サブミクロンから数ミクロンオーダーの）斑点のようなパターンである。物体を除去し，ホログラムに参照光のみ入射すると，あたかも元の物体から光が拡散してきたかのようにホログラムから回折光が発生し，除去した物体の位置に3次元の物体像が観察される。

　実験室などでは，光源として干渉性の良い He-Ne レーザーが用いられるが，物体光からの拡散光は非常に弱く，またサブミクロンの干渉縞を記録できる高解像度の感光材の感度は非常に低いため，長時間の露光を必要とする。そのため，露光するときには単に除振された定盤を用いるだけではなく，空気の揺らぎを抑えるため光学系全体に覆いを付ける必要がある。また，覆いの内部に熱源（電気系，光源等）が入らないように注意する必要がある。

　以上，ホログラフィーの原理を簡単に説明した。ホログラフィーにはいろいろな種類，テクニックがあるが，ここではそれらは説明せず，私が実際に作成した反射型ホログラムの話をしよう。その前に，私の試作のヒントとなったホログラフィックグレーティングについて説明しよう。

## 10.2　ホログラフィックグレーティング

　回折格子（グレーティング）は主として分光素子として用いられ，等間隔な格子（溝）でできている。通常は，ガラス基板上に厚く蒸着したアルミをルーリングエンジンという高精度な刻線機によりダイヤモンドのバイト（刃）を用いて等間隔に線（溝）を刻んで作成する（実際にはアルミを削りとるのではなく，アルミを押して（塑性変形させ）刻線する）。この方法は非常に高精度なものであるが，非常に時間がかかる。それに対して，平行光の2光束干渉を用いれば，一瞬にして等間隔の干渉パターン，すなわち回折格子のパターンを作ることができる。感光材を現像し，蒸着あるいはエッチング処理等をすれば回折格子が作成できる。これを，（干渉縞式回折格子とは呼ばず，格好よく）ホログラフィックグレーティングと呼んでいる。格子の直線精度は平行光束の波面精度に依存する。したがって，露光には高精度な光学部品を用いる必要がある。ピッチ精度は2光束の角度の設定精度に依存するが，露光面に基準の格子（高精度なルーリングエンジンで作成した回折格子（のレプリカ））を置き，発生するモアレ縞がワンカラー（縞が消える状態）になるように調整すれば容易に調整できる。通常，レーザーはアルゴンイオンレーザーを用い，感光材としてはガラス基板上に塗布したフォトポリマー（感光性樹脂）を用いる。これを現像しアルミ等反射膜を蒸着すれば，反射型の回折格子ができる。ルーリングエンジンに比べると，簡便かつ短時間に回折格子を作ることができる。しかしながら，この方法で作れる回折格子の断面形状は矩形又は正弦波状であり，ルーリングエンジンでつくる格子のように鋸歯状ではない。鋸歯状の断面形状を

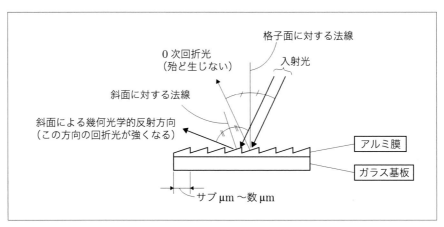

図 10.4　エシェレット格子

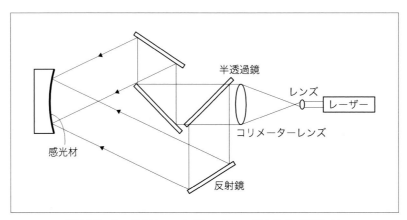

図 10.5　ホログラフィックグレーティングの作成（露光）法

もっていれば，9 章でも述べたが，**図 10.4** のように各要素格子（溝）の面による幾何光学的反射方向の回折光が強くなる。このような格子を，エシェレット格子あるいはブレーズド回折格子という。

　ホログラフィックグレーティングではこのような鋸歯状の格子は作れないので（溝の深さを最適化し 0 次光を最小化できても），+1 次回折光以外にも −1 次をはじめほかの次数の回折光も生じ，所望の次数の回折光の（回折）効率を十分上げることができない。したがって，ホログラフィックグレーティングが用いられるのは，ルーリングエンジンが使えない特殊なものに限られる。例えば，レンズや通常の鏡が使えない波長の短い軟 x 線の領域では，斜入射で集光力を持った特殊な凹面へグレーティングを作成する。このような凹面に刻線することはルーリングエンジンでは困難であり，凹面でも干渉縞の

投影によって製作可能なホログラフィックグレーティングが用いられる。私の所属していた株式会社ニコンでは 40 年近く前，国家プロジェクトの JT60（トカマク型の核融合炉の開発）に参加し，プラズマ温度計測用の分光器を開発していた。その心臓部ともいえる分光素子を，私が当時所属していた第二光学研究室の永田浩氏が開発していた。氏は，**図 10.5** に示す光学配置で，凹面（トロイダル面）上に回折格子を作成した。図では平行光束による露光例を示しているが，球面波を用いその曲率半径と入射角を変えることによってピッチを不等間隔にし，分光器の収差を補正できる [1], [2]。（3.3 節で PDI で計測したトロイダル面がまさにこの面であった。）。

　永田氏の業績はこれだけではなかった。氏はホログラフィックグレーティングの製作法，すなわち干渉を用いる方法でルーリングエンジンで刻線したものと同様な鋸

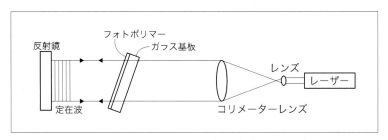

図 10.6　鋸歯状回折格子を干渉で作成する光学系

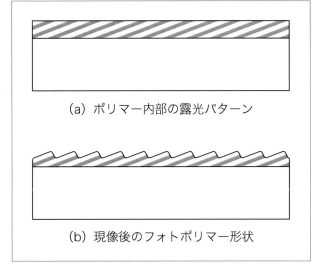

（a）ポリマー内部の露光パターン

（b）現像後のフォトポリマー形状

図 10.7　干渉によるエシェレット格子の作成原理

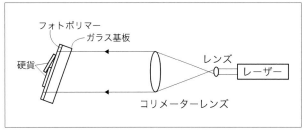

図 10.8　反射型ホログラムの作成

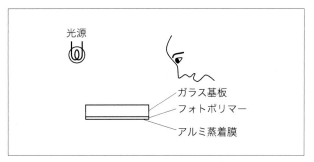

図 10.9　反射型ホログラムの再生

歯状の断面を持った回折格子，すなわちエシェレット格子を作成した。その光学系を，**図 10.6** に示す。

　**図 10.6** において，アルゴンレーザーから作られた平行光束は鏡により反射され，入射平行光と干渉し間隔 $\lambda/2$ の定在波を作る。その定在波の中にフォトポリマーを塗布したガラス基板を傾けて挿入する。すると，フォトポリマー内部は**図 10.7**(a) に示すように斜めの層状に干渉縞が露光される。それを現像すれば，（露光部が溶けやすくなる）ポジ型フォトポリマーの場合**図 10.7**(b) のように表面の露光された部分が除去され，鋸歯状の断面を持った格子ができる。その表面にアルミなどの反射膜を蒸着すれば，反射型の回折格子ができあがる。鋸歯状形状の段差は，ポリマーの屈折率を $n$ とすると $\lambda/2n$ となる。ブレーズド格子によって強くなる回折光は $\lambda/n$ より短い波長となる（回折効率が最大になる波長が最も長くなるのは，入射光および回折光がともに鋸歯状形状の傾斜面に垂直なときで，その時の波長は段差の 2 倍す

なわち $\lambda/n$ である）欠点はあるが，簡便な方法でブレーズド格子（エシェレット格子）が製作できる。

## 10.3　反射型ホログラムの試作

　同じ研究室にいた私は，この方法を用いて反射型ホログラムができるのではないかと思い，永田氏から露光装置一式を貸していただき，**図 10.8** のように物体としてピカピカに磨いたコイン（100 円玉と 50 円玉）を図のように重ね，フォトポリマーに密着させ，ガラス基板方向から平行光を入射し露光した。フォトポリマーを現像し，表面にアルミを蒸着し裏面（露光時の入射光方向）から普通（室内蛍光灯）の照明下で観察した。露光光の入射角度や露光時間をいろいろ変えて作成した結果，一般照明でもホログラムのすぐ後ろに硬貨が立体的に見え

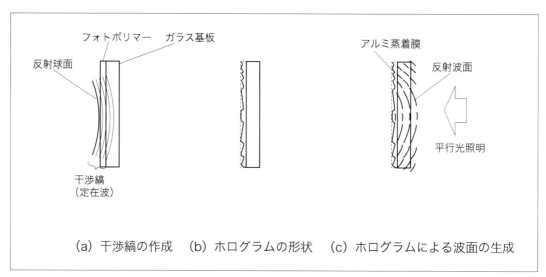

図 10.10　反射型ホログラムの原理

るホログラムができた。アルミを蒸着したので金属の反射光沢でいかにも硬貨らしく見えた。

　このホログラムの仕組みを考えてみよう。簡単のため，物体を反射球面とする（一般の光沢のある物体はいろいろな曲率の球面が連続したものと考える）。物体球面による反射光は，近似的に，その物体球面の表面から物体球面の曲率半径の半分の位置にある点光源から出てくる球面波とみなせる。この反射波面と入射する平行光（平面波）がどのような干渉縞を作るか考えてみよう。入射光と反射光の光路差が 0 となるのは物体球面上であるが，反射によって波面の位相が $\pi$ ずれるので，物体球面上には弱めあう干渉が起きている。物体面から $\lambda/2$ 離れた地点では反射波の光路は $\lambda/2$ 長くなり，入射波の光路はほぼ $\lambda/2$ 短くなるので光路差は $\lambda$ となる。したがって，同様に弱めあう干渉が起きている。その中間では強め合う干渉が起きている。すなわち，干渉縞（定在波と考えたほうがわかりやすい）は球面物体の曲率中心を中心とする間隔 $\lambda/2$ の球面群となる。

　簡単のため，フォトポリマーの屈折率を 1 とすると，**図 10.10**(a) のように干渉縞ができる。フォトポリマーを現像すると，永田氏が作成したエシェレット格子と同様に，**図 10.10**(b) のような段差形状が得られる（ただし，等間隔ではない）。その表面にアルミの反射膜を蒸

着し，基板側（露光時の入射光側）から平面波を入射すると，（幾何光学的には）各段差から**図 10.10**(c) のように段差ごとに途切れた波面の光が反射してくる。この反射波面は $\lambda/2$ の段差部で不連続となるが，その時，段差の影響でちょうど波面が $\lambda$ ずれる。結果として，図から読み取れるように，ほぼ連続した新しい球面波を回折波面として生成する。この球面波の曲率はほぼ反射球面からの通常の反射波面と等しく反射球面の曲率の半分であるので，新たに生成された波面はあたかも反射球面で反射した波面であるかのように見える。かくして微小な反射球面の集合体とみなせる硬貨からの反射光が再現される。この再生像はホログラム（フォトポリマー）のすぐそばにできるので，照明光の角度や波長が変わっても像の位置ずれはほとんど起きないので多少色づくものの像がぼけずに見える。したがって，再生はレーザー光を用いなくても，普通の蛍光灯下でも十分行える。

**参考文献**

1) 永田浩：“ホログラフィック回折格子の設計”，応用物理，Vol. 47, No. 10, pp. 992–995（1978）

2) 浪岡武，野田英行：“ホログラフィック・グレーティングの収差の理論”，光学，Vol. 3, No. 1, pp. 25–32（1974）

# 第11章 コヒーレンスとその制御

## 11.1 空間的コヒーレンスと時間的コヒーレンス
## 11.2 時間的コヒーレンス

　干渉計を語る上では，干渉性すなわち光束が干渉するかどうか，すなわち可干渉性が重要である。これまでの干渉計の話では，光は干渉するものとして話をしてきたが，実際には干渉現象を観測できるのはまれで，特殊な光源，特殊な光学系を使って初めて干渉現象を観察することができる。この可干渉性をコヒーレンス（coherence）といい，干渉することをコヒーレントである（coherent）という。また，干渉しないことをインコヒーレントである（incoherent）という。干渉性の度合いをコヒーレンス度（degree of coherence）というが，単にコヒーレンスということもある（本文では，誤解のない限りコヒーレンス度を単にコヒーレンスと呼ぶことにする）。

　コヒーレンスに関してはすでに 6.1 節で説明をした。そこでは波面収差測定用干渉計を説明する前段として説明したが，本章ではより一般的な話をする。

　レーザー光はコヒーレンスの高い光であり，一般的にはコヒーレントな光であると考えられている。電球などの白色光源から出る光はコヒーレンスの低い光であり，一般的にはインコヒーレントであると考えられている。しかしながら，ニュートンリング等光路差のほとんどない干渉では，白色光といえども干渉縞を形成できるので，完全にインコヒーレントであるとは言えない。完全にインコヒーレントといえるのは，まったく別の光源からの光を重ね合わせたときである。まったく別の通常光源から出た光は干渉しない。コヒーレンスの高いレーザーでは別の光源でも干渉する。しかし，同種のレーザーでも周波数はまったく同じではないので，重ね合わせる

と唸り（ビート）を生じる。その結果，固定した干渉縞は生じない。唸りの周波数は波長（周波数）を安定化した He-Ne レーザーを用いても数 MHz 程度もある。したがって，干渉計では必ず同一の光源から出た光をビームスプリッターなどで分割し重ね合わせなければならない。またレーザーなら何でもコヒーレンスが高いわけではない。例えば，エキシマレーザーはコヒーレンスが低く，干渉縞が発生することはほとんどない。本章では，このコヒーレンスを詳しく説明し，コヒーレンスを上げる工夫や逆にコヒーレンスを下げる工夫，すなわちコヒーレンスとうまく付き合うすべを話していこう。

## 11.1　空間的コヒーレンスと時間的コヒーレンス

　コヒーレンスは時間的コヒーレンスと空間的コヒーレンスに分けられる。時間的コヒーレンスとは，重ね合わされる2つあるいは複数の波が時間的にずれたとき（あるいは異なる時間に出た光が），どの程度干渉するか（干渉縞のコントラストがどの程度になるか）ということである。言い換えると，（後で示すように干渉計において）2つの波に光路差がついたときどの程度干渉するかということである。もっと単純に言えば単色性である（これについては後述する）。他方，空間的コヒーレンスとは，重ね合わされる2つあるいは複数の波が空間的にすなわち位置がずれたときどの程度干渉するかということである（あるいは空間の異なる2点から出た光が重なったとき，どの程度干渉するかということである）。空間的コヒーレンスについては 11.3 節で詳細に記述する。

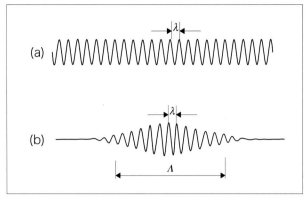

**図 11.2.1** 時間的コヒーレンスの違い

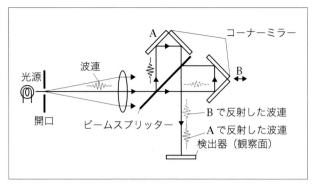

**図 11.2.2** 時間的コヒーレンスと干渉計

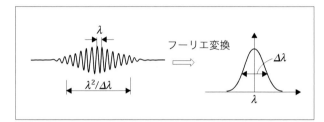

**図 11.2.3** 波連の周波数成分（波長成分）

## 11.2 時間的コヒーレンス

時間的コヒーレンスの違いを模式的に表したのが**図 11.2.1** である。**図 11.2.1**(a) は時間的コヒーレンスの高い波であり，**図 11.2.1**(b) は時間的コヒーレンスの低い波である。**図 11.2.1**(a) の波は波長 λ の波が長時間繰り返して進んでいく波である。したがって，この波を分割し互いに時間的にずらしてもほとんど同じ波であり，重ね合わせると干渉を起こす（すなわち 2 つの波の山谷が一致すれば足し合わさって大きな振幅となり，山谷がずれていれば互いに打ち消し合い振幅が小さくなる）。それに対して，**図 11.2.1**(b) の波は一定の長さ Λ（一定の時間）のみ振幅をもつ波であり，分割し時間的にずらした場合，波の長さ Λ 以上にずれると重なり合うことができず，干渉しない。この様子を**図 11.2.2** に示す。この干渉しあう波の長さ Λ をコヒーレンス長という（6.1 参照）。

**図 11.2.2** はトワイマングリーン型の干渉計である。ビームスプリッター(半透過鏡)で分離された光束は各々反射鏡（コーナーミラー）A と B で反射されビームスプリッターで再度重ね合わされ干渉する。反射鏡は後の空間コヒーレンスを説明する図と共通化するため，図のようなコーナーミラー（またはコーナーキューブ）を用いている。光束は煩雑さを避けるため直線で表しているが，実際はある太さ（径）をもった光束である。この 2 光束がぴったり重なっており，かつ，方向も等しい（コーナーミラーによって反射光は入射光に対し平行に戻るので，このことは自動的に保証される）場合は観察面で一様な明るさの干渉パターンとなる。(ビームスプリッター

による位相の変化を無視すると）反射鏡がビームスプリッターから等距離にある場合，すなわち重なる光束の光路差がゼロのとき，観察面での強度は最大となる。どちらかの反射鏡を光軸方向に移動すると光路差が変化し，光路差が λ/2 になると 2 光束は打ち消し合い強度は最小となる。さらに，反射鏡を移動すれば光路差が λ（反射鏡の移動量が λ/2）変化するごとに強度の強弱を繰り返す。時間的コヒーレンスの高い光では反射鏡の移動距離が大きくなって光路差が大きくなっても，この強度変化はほとんど変わらない。しかしながら，時間的コヒーレンスの低い光では波の長さが短いので，**図 11.2.2** に示すように，この長さ以上に光路差がつくと波は重ならず干渉しなくなる。このように，一定の長さをもった波を波連（wave train）または波束（wave packet）と呼ぶことは，1.4 節ですでに述べた。この波連の周波数成分(波長成分)を見るにはこの波連をフーリエ変換すればよい。フーリエ変換し周波成分を抽出したのが**図 11.2.3** である（わかりやすくするため，横軸は周波数ではなく波長で表している）。この波長分布の半値幅を Δλ とすると，波連の長さ Λ は $\lambda^2/\Delta\lambda$ である（1.4 節を参照）。

実際の（レーザー以外の）光はこのような波連が単発で出てくるのではなく，無数にランダムに（すなわち初

期位相はバラバラで）出てくる。異なる波連同士は位相関係がランダムに変化するので互いに干渉しない（瞬間的には干渉していると言えるが，観察時間内で無数の波連が平均化され干渉縞は観察されない）。したがって，干渉縞が観察できるのは，同一波連をビームスプリッターなどで分割し，波連があまりずれない光路差で重ね合わせた場合である。（なお，光源から出た後に干渉フィルターなどを置いて半値幅 $\Delta\lambda$ を狭くすると，波連の長さは長くなるなることを追記しておく。）

### 11.2.1　時間的コヒーレンスの応用

　では，コントラストの高い干渉縞を得るためには，どのようなことをなすべきであろうか？　単純には時間的コヒーレンスの良い光源，すなわち単一波長の（スペクトル幅の非常に狭い）光源すなわちレーザーを用いればよい。干渉計，特に汎用の干渉計では周波数を安定化した単一モード（単一波長）の He-Ne レーザーが用いられる。時間的コヒーレンスの悪い光源を使う場合は，前述の波連の長さを考慮し，光路差を波連の長さより十分短くしなければならない。代表的なものはニュートンリングである。ニュートンリングは，被検物（面）と参照面を密着させ，その隙間による光路差によって生じる干渉縞である。ほぼ密着に近いので，光路差が非常に小さい。その結果，白色でも干渉縞が観察される（1 章に述べた白色干渉計は，逆に白色干渉縞を用いて，光路差がゼロとなる位置を特定しようとするものであった）。また，トワイマングリーン型の干渉計では反射鏡の位置を光軸方向に変えることにより光路差を可干渉距離より短くすることができ，単色性の悪い光源を用いても干渉縞を観察することができる。また，**図 11.2.4** のマッハツェンダー型の干渉計では，干渉する 2 光束の光路差は一般的に小さいので，単色性の悪い光源でも干渉縞を得やすい。

　しかしながら，**図 11.2.5** のようなフィゾー型の干渉計では必然的に光路差が大きくなる。フィゾー型干渉計で時間的コヒーレンスの低い光源を使うにはどうしたらよいのであろうか？　6.2 節にも記した**図 11.2.6** の補償光路を使えばよい。**図 11.2.6** において，検出器（観察面）には直接参照面（基準面）と反射面（被検面）で反射した光と補償光路を通って，参照面と反射面で反射した光の 4 光束が到達する。通常これらの光は異なる光

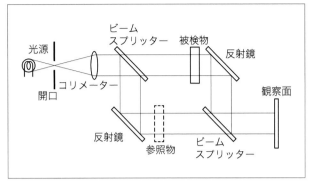

図 11.2.4　マッハツェンダー型干渉計

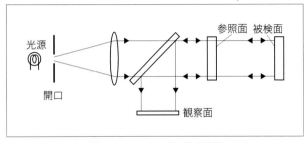

図 11.2.5　フィゾー型干渉計

路長をもっているので，時間的コヒーレンスの小さい（波連の短い）光では干渉縞は観察されない。そこで，補償光路の反射鏡（コーナーミラー）を光軸方向に移動して位置を調整し，補償光路による光路の増加分が参照面と反射面の間隔の 2 倍（すなわち参照面と反射面の間を往復する光路長）と等しくなったとき，補償光路を通り参照面で反射した光と補償光路を通らず，直接反射面で反射した光の光路差がゼロとなり，干渉縞ができる。このとき，干渉に寄与しないほかの 2 光束（補償光路を通らず参照面で反射した光と補償光路を通り被検面で反射した光）も観察面に到達し，バックグラウンド光となる。結果としてコントラストが半分になった干渉縞が得られる。コントラストが半分になったとしても干渉計としては十分高い精度で計測が可能である。

　**図 11.2.6** にはピンホールが使われているが，これは補償光路により発生する収差を除去するためと次節に述べる空間的コヒーレンスを確保するためのものである。フィゾー型干渉計は，ほかのタイプの干渉計に比べると光学系のもつ収差がキャンセルされ，参照面と反射面の差だけが計測される，すぐれた干渉計であるが，補償光

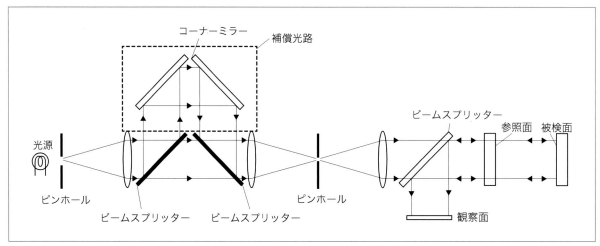

**図 11.2.6** 補償光路付きフィゾー型干渉計

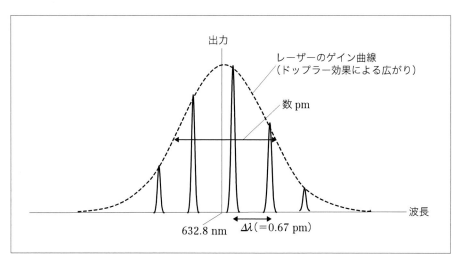

**図 11.2.7** He–Ne レーザーの発振波長の模式図

路を使うとその収差が計測誤差を生じる。その収差を除去するために上記のピンホールを用いる（ピンホール径が十分小さいとき，ピンホールからは収差のない理想的な球面波が発生する）。G. E. Sommergren はピンホールの代わりにファイバーを用い，時間的コヒーレンスの悪い固体レーザーを用いてノイズのないきれいな干渉縞を発生させた[1]。

　光源の単色性を上げれば時間的コヒーレンスを高くでき，このような工夫（苦労）しなくても良い。多くの問題はレーザー光を使えば解決する。しかし，レーザーとて万能ではない。レーザーは発振波長が限定されるし，多くは単一波長ではなく，マルチ（多）モー

ド発振をしている。どの程度の発振波長数で発振しているか考察してみる。例えば，ガスレーザーであれば，発光媒質の運動に起因するドップラー効果によって，発振可能波長が数 pm 広がっている。その広がりの範囲内でレーザーの共振器の共振波長で発振している。例えば，共振器長 $L = 300$ mm とやや大きな He-Ne レーザーでは，共振波長の間隔 $\Delta\lambda$ は $\lambda^2/2L \fallingdotseq 0.67$ pm となる（$2L/\lambda - 2L/(\lambda + \Delta\lambda) = 1$ により求まる）。上記のように，ドップラー効果によって発振波長は発振波長（632.8 nm）を中心に数 pm 広がっているので，0.67 pm の間隔で数本の線が発振している。その様子を**図 11.2.7** に示す。このような場合，レーザーは一定の

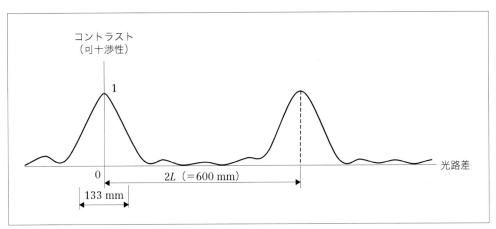

**図 11.2.8**　**図 11.2.7** の光源によるコントラストの変化

振幅の波ではなく発振している光の干渉（すなわちビート）によって複雑な振幅の波になる。

　このレーザー光を分割して光路差をつけて重ね合わせた場合，どの発振波長も光路差は同じであるが位相差は異なってくる。発振波長の差は 0.67 pm（およびその整数倍）と小さいので，光路差が小さい間は位相差の差も小さく，発振波長による干渉条件に大きな違いはなく，干渉縞が観察される。光路差が大きくなると異なる発振波長による位相差の違いが大きくなり干渉縞のコントラストが低下する。しかしながら，光路差がさらに大きくなり 2L（共振器間隔の 2 倍）となったとき，異なる発振波長による位相差の差が 2π の整数倍すなわち同位相となり，強め合う干渉を起こし，コントラストの高い干渉が起きる。また，その前後でも高いコントラストを維持できる。さらに，光路差を増やすとコントラストが再度低下し 2L ごとに同様にコントラストが復活する現象を繰り返す。発振波長が異なっても光路差が 2L で同位相となる（位相が 2π の整数倍異なる）理由は，以下のとおりである。発振波長が異なっても発振する波は共振器内で往復する（光路長 2L 進む）と，もとの波と重なる。すなわち，共振器を出た光（発振光）は光路長が 2L 増えるごとに位相はもとに戻る。その結果，光路差が 2L 増えるたびにすべての発振する波の位相差は 2π の整数倍すなわち同位相となる。したがって，この光路差の前後でコントラストの高い干渉縞ができる。2L の整数倍からどの程度ずれるとコントラストが低下するかは発振線の数や間隔にもよるが，大雑把にドップラー効果によるレーザーゲ

イン波長の広がり（≒ 発振波長間隔×発振線数 ≒ 数 pm）から見積もれる。すなわち，$\lambda^2/\delta\lambda \fallingdotseq 633\times633/0.003 = 133\times10^6\,\mathrm{nm} = 133\,\mathrm{mm}$ でコントラストは低下する（ここに，$\delta\lambda$ はドップラー効果によるレーザーゲイン波長の広がりであり 3 pm とする）。この様子を**図 11.2.8** に示す。これは，6.1 節の**図 6.1.2** をより具体的にしたものである。このような光源を用いて干渉計を構成する場合は，光路差を 2L の整数倍近くになるように配慮しなければならない（6.1 節参照）。

　任意の光路差でコントラストのよい干渉縞を得るためには，マルチモード発振しているレーザーではなく単一周波数レーザーを用いる必要がある。単一周波数レーザーを得るにはマルチモードで発振しているラインから 1 本だけ選択する必要がある。隣り合う発振波長の間隔 $\Delta\lambda$ は $\lambda^2/2L$ であり，共振器長 L を短くすれば広げられる。例えば，He-Ne レーザーでは共振器長を短くし，発振線を 2 本にし，さらに偏光で選別する。さらに，もっと共振器長を短くし発振線を 1 本にすることもできる。ただし，共振器波長が熱膨張などで変化すると波長が変化し，発振線が入れ換わる現象（モードホップ）が起き，計測に支障が生じるので，共振器長を一定にする工夫（波長安定化）が必要である。そのほか，外部共振器などを使って発信波長を選択する方法もある。

## 11.2.2　時間的コヒーレンスの制御

　ここまでは，いかにして干渉縞を作るかという話をしたが，レーザーを光源として使う上で重要なことは，余

計な干渉縞を作らせないことである。レーザーは干渉計だけでなく多くの計測器や単色性を生かした色収差のない結像系や純色性を生かした高彩度のディスプレイなどさまざまな分野で用いられている。このとき、レーザーのコヒーレンスが高いことが災いして、余計な干渉縞が発生する。これを除去するには(これを避けるためには)、逆にレーザーのコヒーレンスを下げる必要がある。もちろん時間的コヒーレンスと空間的コヒーレンスのどちらを下げても効果があるが、空間的コヒーレンスに関しては次節に譲り時間的コヒーレンスについて記す。

　時間的コヒーレンスを下げるには発振線の数を増やしたり、波長を高速で(すなわち観測時間内で)変化させればよい。一般のレーザーでは、AOM(光音響変調器)を用いて波長をシフトできるのでAOMに加える変調周波数を変化させ波長を変化させることで時間的コヒーレンスが低減できる。また最近では、各種の計測機やディスプレイに光源としてLD(レーザーダイオード)が多く用いられるが、LDは駆動電流を変えることによって、出力と同時に波長も変えることができる。駆動電流に高周波を重畳させることによって、容易に波長を変動させることができる。

　余計な干渉縞の例として、撮像素子の撮像面を保護している薄いガラス板、すなわちカバーガラス(オプティカルローパスフィルターで兼用する場合もある)について説明する。このカバーガラスの表面と裏面の反射光により干渉縞が発生することがある。(時間的コヒーレンスの高い)He-Neレーザーを用いた干渉計ではカバーガラスのないものを用いるか、カバーガラスをわざわざ外して用いる必要がある。LDを光源として用いた(干渉計ではない)装置の場合は波長が容易に変えられるので、カバーガラスを外さずに用いることができる。例えば、カバーガラスの厚さを1mm、屈折率を1.5とすると、表面と裏面を往復する光路長は3mmである。したがって、波連の長さ $\lambda^2/\Delta\lambda$ がこの値より小さくなれば干渉を起こさない。$\lambda^2/\Delta\lambda = 3$ mm とすると、波長を600nmとして $\Delta\lambda = 0.12$ nm となる。一方、LDの発振波長の電流特性の一例として、0.02 nm/mA(@ 60 mA)程度であるので、電流を1割(6 mA)程度高周波で変動させれば、$\Delta\lambda = 0.12$ nm となり干渉縞は観測されない。これは簡便な方法であり、おすすめである。

## 参考文献

1) G. E. Sommergren, U. S. Patent, No. 554840 (1996)

# 第11章　コヒーレンスとその制御
## 11.3　空間的コヒーレンスとその制御

### 11.3.1　空間的コヒーレンスとは

11.2 節で時間的コヒーレンスについて説明したが，本節では空間的コヒーレンスについて説明しよう。

空間的コヒーレンスと時間的コヒーレンスの違いを**図11.3.1** と**図11.3.2** で説明する。

**図11.3.1** は前節で説明した時間的コヒーレンスが影響する干渉計を模式的に示したものである。ここではミラーを光軸方向に移動することによって光路長を変えることができ，分離した波面に光路差（時間差）をつけることができる。時間差（光路差）によってどの程度干渉が起きるか（干渉縞のコントラストが変化するか）というのが，時間的コヒーレンスである。

他方，**図11.3.2** は，空間的コヒーレンスが影響する干渉計を模式的に示したものである。**図11.3.2** において，反射鏡（コーナーミラー）を光軸に対して垂直に移動すると，光路差は変化せず観察面で重ねられる波面の相互の位置がずれる。ビームスプリッターで分離された波面で分離前同一であった点を $A_1, A_2$ と $B_1, B_2$ とすると，コー

ナーミラーを光軸に垂直方向にずらさなければ，観察面で $A_1$ と $A_2$ とが重なり，$B_1$ と $B_2$ とが重なり干渉する（位相差がなければ強め合う）。コーナーミラーを光軸に対して垂直に移動する（**図11.3.2** ではコーナーミラー 2 を上下に動かす）と，光路差は変わらないが波面が互いにずれてくる。例えば，**図11.3.2** に示すように，$A_2$ と $B_1$ とが重なる。このとき干渉現象が起きるかどうかというのが，空間的コヒーレンス度が高いかどうかということである。

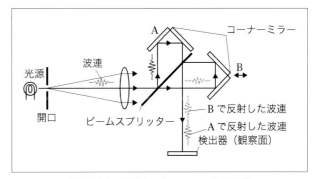

**図11.3.1**　時間的コヒーレンスと干渉計

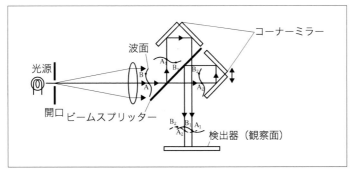

**図11.3.2**　空間的コヒーレンスと干渉計

よく知られているように，光源が干渉性のよいもの，例えば，小型の He-Ne レーザーであれば問題なく干渉する。他方，レーザー以外の光源を用いると，たとえ単色の（時間的コヒーレンスの高い）光源（例えば，低圧の放電管すなわちスペクトル光源に波長を選択する干渉フィルターを組み合わせたもの）であっても干渉縞を作ることすら難しく，干渉縞ができたとしても，少しコーナーミラーを動かしただけで干渉縞が消滅する。また，レーザー光源であっても，一般的に大出力のレーザーでは波面をずらすと干渉縞のコントラストが低下する。では，どのような条件で干渉しやすさ，すなわち空間的コヒーレンスは決まるのであろうか？　一般的には，点光源から出た光，あるいは集光したとき点光源に近くなる光束（平行光）が空間的コヒーレンスが高いといえそうであるが，どうであろう。**図 11.3.2** に戻って考察すると，分離前の波面では空間的に異なっている 2 点，A と B の光が重ね合わさったとき干渉するかどうか，どの程度のコントラストの干渉縞を作るか？　という問題である。レーザー以外の光源では，光源の各点（各原子分子）は勝手に（ランダムな初期位相で）光を出しているので干渉しない。干渉するのは同一点から出てビームスプリッター等で分割され，再度重ね合わされた光のみである。別々の原子分子から出た光は重ねあわせても干渉は起きず，単に強度が加算されるだけである。では，多数の原子分子からなる光源（有限な大きさをもった光源）から出た光は干渉縞を作らないのかというと，そうとは言えない。それは，各々の原子分子から出た光が作る干渉縞が同じ干渉縞を作れば，それらを強度加算しても干渉縞は消えずにコントラストの高い干渉縞が得られるからである。ただし，一般的には，各々の干渉縞は同じではないので，強度加算をすると干渉縞のコントラストが低下したり干渉縞が消失する。

どういう条件で干渉縞のコントラストが決まるのか，すなわち，空間的コヒーレンスが決まるのかを見ていこう。6.1 節で，有限の大きさをもった光源による空間的コヒーレンスは，Van Cittert-Zernike theorem（ファンシッタートゼルニケの定理）に従うこと，すなわち，ある 2 点間の可干渉性（コヒーレンス度）は，一方の点に集光する光束（球面波）に対して，光源と同じ位置に同じ形状の開口を置いたときの開口による回折パターンの

もう一方の点での振幅の値と等しいことを述べた。本節では，このこと（ファンシッタートゼルニケの定理）を確認してみよう。

### 11.3.2　空間（波面上）の 2 点からの光の干渉

波面上の点 $A_1$ と点 $B_2$ とが干渉するかどうかは，この 2 点での光波の位相関係（位相差）が光源の各点の位置に関わらず変わらないかどうか，あるいは，どの程度変わるかということである。有限な大きさの光源上のある発光点から出た光は，点 A と点 B に到達した時点でその光路長の違い（光路差）に応じた位相差をもっている。光源上の別の点から出た光も点 A と点 B ではその光路長に応じた位相差をもつ。この光路差は，一般には発光点によって異なるが，発光点が近ければ光路差は小さくなり，ほぼ等しい位相差をもち，同じ干渉条件（強め合うか弱め合うかということ）となり，ほぼ同じ干渉縞ができ，両方の干渉縞を強度加算しても干渉縞は消えることなく観察できる。光源上の発光点が離れると，点 A と点 B の位相差に変化が起き，干渉縞が変化する。その結果，異なる発光点による干渉縞を強度加算すると，干渉縞のコントラストが低下する。その干渉縞のコントラストがコヒーレンス度に対応している。すなわち，できる干渉縞のコントラストが 1 であればコヒーレンス度は 1，干渉縞のコントラストが 0 になる場合はコヒーレンス度も 0 である。

### 11.3.3　光源の大きさによる干渉縞のコントラストの変化

では，このコントラスト，すなわちコヒーレンス度と，光源と同じ形状をした開口による回折光の振幅の，一見何の関係もなさそうな 2 つの関係を見てみよう。まず光源の大きさによる干渉縞のコントラストの変化を見てみる。波面上の 2 点 A と B の光がどの程度のコントラストの干渉縞を作るかは，例えば，ダブルスリットにより A，B それぞれの点からの光を取り出し干渉させればよい（よく知られたヤングの干渉縞を作ればよい）。**図 11.3.3** は，光源が 2 個の点光源の場合のダブルスリットの干渉縞の形成を示している。ダブルスリットの開口は十分小さく，各スリットによる回折光は観察面（スクリーン）上では十分広がり，2 つの開口から回折された光束は互いに重なるとする。光源が 1 個の点光源であれ

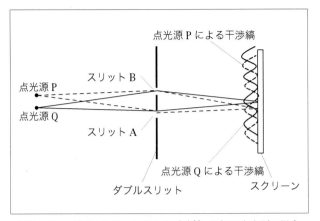

**図 11.3.3**　ダブルスリットによる干渉縞 - 2 個の点光源の場合

ば（時間的コヒーレンス（単色性）は十分あるとして）コントラストの高い（コントラストが 1 の）干渉縞ができる。干渉縞のピッチは，ダブルスリットの間隔とダブルスリットからスクリーンまでの距離と波長で決まり，光源の位置によらない。光源の位置が変化すると，スクリーン上の干渉縞のピッチは変わらず位置が変化する。

**図 11.3.3** のように，点光源が 2 個の場合は，各々の点光源は観察面上に等しいピッチのコントラストの高い干渉縞を作るが，それらは互いに干渉しない（インコヒーレントである）ので，観察面上では 2 つの干渉縞は強度加算される。その干渉縞が同位相の（強度の強い部分同士が重なる）場合は，加算してもコントラストの高い干渉縞が得られ，逆位相の（強度の強い部分と弱い部分が重なる）場合は，加算するとコントラストが低下する（もしくは干渉縞が消滅する）。

ここで，干渉縞の同位相，逆位相はどういう場合に起きるか考えてみよう。各 2 点（P, Q）から出てスリット A に到達する光のそれぞれの位相を基準として，各点からスリット B に到達する光の位相（すなわち各光源点から出た光の A と B での位相差）を考える。この位相差がどんな値であれ，各点から出た光の A と B での位相差が等しければ（あるいは 2π の整数倍異なっていれば），点 P から出た光も点 Q から出た光も観察面上で同じパターン，すなわち同位相の干渉縞を作る。各点から出た光の A と B での位相差が π（半周期）（または π の奇数倍）異なっていれば，すなわち逆位相であれば，点 P から出た光と点 Q から出た光で，強弱が逆のパターンすなわち逆位相の干渉縞ができる。干渉縞を強度加算すると平均化されコントラストが 0 となる。各点から出た光の A と B での位相差の差が同位相（0）と逆位相（π）の間であれば，点 Q からの光による干渉縞は位相差の差に応じて点 P からの光による干渉縞に対しずれたものとなり，加算されたパターンは，ずれに応じてコントラストの低下した縞となる。

**図 11.3.4** は，光源が連続的で有限な大きさ（形状）をもっている場合である。この場合，光源は無数の，互いにインコヒーレントな点光源からなり，各々の点光源が作る干渉縞は観察面上で強度加算される。**図 11.3.4** では光源を 3 点のみ示しているが，実際には無限にあり，重ね合わされる干渉縞も無限にある。光源の大きさが小さく光源上の各点から出る光の A，B での位相差の変化が小さい場合は，各点から出た光による干渉縞は同じような位置に生じ，強度加算してもコントラストはあまり低下

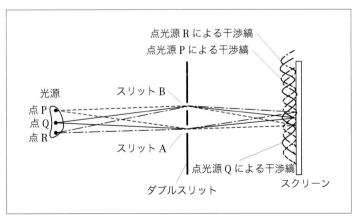

**図 11.3.4**　ダブルスリットによる干渉縞 - 有限な大きさをもつ光源の場合

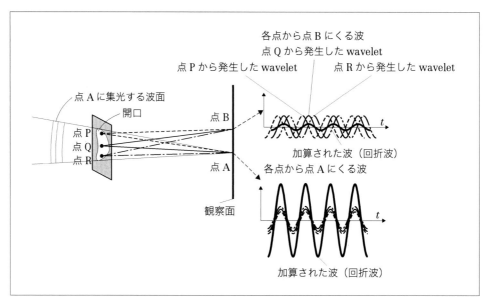

**図 11.3.5** 光源と同じ形状の開口による回折

しない。光源が多少大きくても，A と B が近ければ，やはり位相差は小さくなり，加算された干渉縞のコントラストはあまり低下しない（ピッチは大きくなるが）。光源が大きくなったり，A と B が離れると位相差の変化が大きくなり，ずれた干渉縞が重なりコントラストが低下するか，もしくは干渉縞が消失する。以上は，定性的な説明である。では，定量的にはどう説明できるであろうか？　その説明をするためには，光源と同じ形状（光源に強度分布がある場合は強度分布に比例した透過率）をもつ開口による回折を考える。

### 11.3.4　光源と同じ形状をもつ開口による回折

　**図 11.3.5** に，光源と同じ形状をした開口を通り，点 A に集光する光束(球面波)を示す。8.1 節で述べたように，ホイヘンスの原理により開口から射出する波面の各点からは新たに小波（wavelet）と呼ばれる無数の微小な球面波が発生し，それらが重ね合わさって新たな波面を形成しつつ伝搬していくと考えられる。開口を通過する波面の各点から発生した小波は，点 A には同位相で到達し，互いに強め合い大きな振幅となる（集光点の点像の中心となる）。点 B に到達する小波は同位相ではなく，互いに位相が少しずつずれている。その結果，B では A と比較して到達する光の振幅は小さくなる。**図 11.3.5**

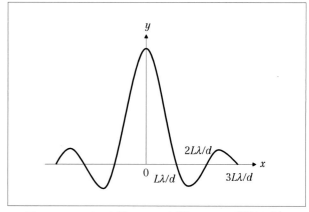

**図 11.3.6**　スリット開口による回折パターン（振幅分布）

は 3 点（P，Q，R）のみからの光しか描かれてないが，実際には無限に小さな振幅の波が無限に加算されている。点 B が点 A に近いときは，B で重ね合わされる各小波の位相差は小さく振幅はそれほど小さくならないが，点 A から離れるに従って，重ね合わされる各小波の位相差は大きくなり，加算された振幅は**図 11.3.5** に示すように小さくなってくる。これが開口による光の回折である。その回折パターンは，例えば，開口がスリット形状であれば，**図 11.3.6** に示すような振幅分布となる。図で，横座標 $x$ は B の A からの距離，$\lambda$ は波長，$d$

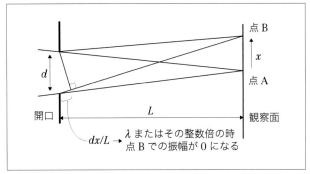

**図 11.3.7**　スリット開口による回折

は開口の幅，$L$ は開口から観察面までの距離である（**図11.3.7**）。

### 11.3.5　回折パターンと空間的コヒーレンスの関係

では，この回折パターンと光源の空間コヒーレンスの関係を見てみよう。

　**図 11.3.8**(a) に **図 11.3.4** における点 A からの光と点 B からの光による観察面上の干渉縞の様子を示す。**図11.3.8**(a) の左図に示すように，光源の各点から出た光束が少しずつずれた干渉縞を発生させ，それらが重ね合わさって（強度加算され），右図のようにコントラストの低い干渉縞を形成する。**図 11.3.8**(b) は **図 11.3.5** における点 A に集光する光束（球面波）の，光源と同じ形状を

した開口による点 B における回折光の擾乱（振動）を示している。左図は，開口内の各点から生じ B に到達した小波を表しており，右図はそれらが重ね合わさった結果の擾乱（振動）とその振幅を示している。破線ですべての小波が同位相で重ね合わさっている点 A での擾乱と振幅も示してある。**図 11.3.8** の (a) と (b) を比較すると，空間的コヒーレンスに対応する干渉縞のコントラスト（変調強度を平均強度で割ったもの）と光源と同じ形状の開口による回折光の振幅（点 A での振幅で規格化したもの）が対応していることがわかるであろう。これが，ファンシッタートゼルニケの定理である。

　空間的コヒーレンスという得体のしれないものも，定量的には開口による回折光の振幅分布と同じと覚えておけば，容易に見積もることができ大変便利である。

　上記の説明では，波面上の 2 点 (A, B) 間のコヒーレンスの例として，ダブルスリットからの光束の干渉縞を用いたが，**図 11.3.2** のように波面をずらした場合も，重なる 2 点（A, B）間のコヒーレンスが干渉現象として観察される。干渉縞のピッチは変わる（ピッチが粗くなるか，ワンカラーの状態になる）が，コントラストに関しては同様な議論が成り立つ。

　このファンシッタートゼルニケの定理を用いて空間的コヒーレンスを見積もったり制御したりすること，すなわち，空間的コヒーレンスの応用に関しては次節に譲ることとする。

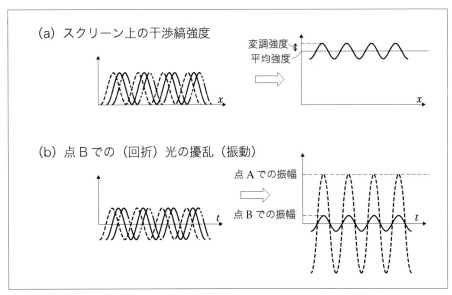

**図 11.3.8**　干渉縞と回折光の対比

# 第11章　コヒーレンスとその制御

# 11.4　空間的コヒーレンスの制御とその応用

## 11.4.1　ファンシッタートゼルニケの定理

前節ではファンシッタートゼルニケの定理，すなわち空間的コヒーレンス度が光源と同じ形状の開口による回折光の規格化された振幅分布と一致することを示した。これを再度確認しよう。**図11.4.1**(a) は有限の大きさをもった単色のインコヒーレントな光源（光源面内の異なる点からの光は干渉しない光源）と，その光源によって照明される2点AとBを示している。この2点A，Bから出た光が重ね合わされるとき，あるいは何らかの光学系によりこの2点が重ね合わされるとき，干渉現象がどの程度（のコントラストで）生じるか，すなわち2点

間の空間的コヒーレンス度がいくらになるかは，**図11.4.1**(b) に示すように，点A, Bどちらかに集光する（光源と同一の波長の）光の，光源と同じ大きさをもった開口による回折光の他方の点での振幅比（集光点での振幅を1としたときの振幅）であらわされる。**図11.4.1**(b) の曲線は点Aに集光する波面による振幅分布である。この曲線が**図11.4.1**(a) の点Aの光と点Bの光のコヒーレンス度と同じ（ただしピーク値は1）である。

ここで重要なことは，**図11.4.1**では観察面内でしか図示していないが，観察面から外れたところにも回折分布は生じており，すなわち，この回折光は2次元ではな

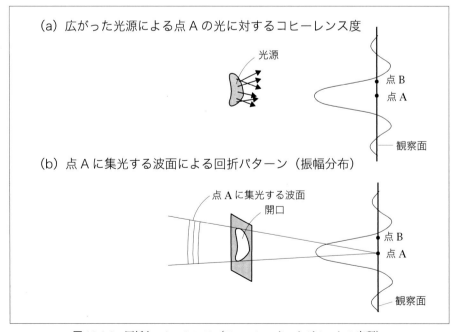

**図11.4.1**　回折とコヒーレンス（ファンシッタートゼルニケの定理）

く3次元で生じていることである。その結果，ファンシッタートゼルニケの定理は3次元的に適用可能であり，光の進行方向にずれた2点（光路差をもった2点）に対しても適用できることである。すなわち，干渉計において単色の(時間的コヒーレンスが高い)光源を用いても，光源に大きさがあると，その大きさと光路差に応じ，干渉縞のコントラストが低下し消滅する。

### 11.4.2　空間的コヒーレンスを向上させる方法

　以下では，光源は十分単色であるが，光源に有限な大きさがあるものとする。また，光源内の異なる点からの光は互いに干渉しない（インコヒーレントである）ものとする。

　多くの干渉計測では，レーザー（主に He-Ne レーザー）を光源として用いることができる。この場合は空間的コヒーレンスが問題となることはほとんどない。しかし，一般には，レーザーは波長が決まっており，波長変化に対して敏感な光学系（色収差の大きな光学系）に対しては使えない場合がある。例えば，筆者がかかわっていた半導体製造装置用の投影レンズの検査では，わずかな製造誤差，収差変動も許されないため，使用波長と計測波長である程度の差があると，測定結果を補正しても，計測誤差が許容値を超えてしまう。投影レンズの使用波長と一致する波長を発振する空間的コヒーレンスの高いレーザーが存在するとは限らない。したがって，投影レンズ計測用干渉計では，適当なコヒーレンスの高いレーザー光源を用いることができない場合がある。投影レンズの干渉計測に関しては，6.1 節，6.2 節を参照してください。このような場合，計測（干渉計）用光源として，装置（半導体露光装置）に使用する空間的コヒーレンスの悪い光源を使用せざるを得なくなり，光源にピンホールを組み合わせて空間的コヒーレンスを向上させる必要がある。では，どの程度の大きさのピンホールを使えばよいのであろうか？

　**図 11.4.2** のような干渉計では，波面を互いに横にずらすことになり波面内方向で高いコヒーレンスを確保する必要がある。その場合はピンホールによる回折光の広がりが横ずらし量より大きくなるようにピンホール径を決めればよい。ピンホールの直径を $d$ とし，コリメーターレンズの焦点距離を $f$，半径を $a$，波長を $\lambda$ とすると，

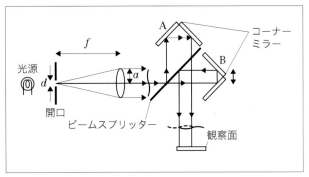

**図 11.4.2**　横ずれを生じる干渉計

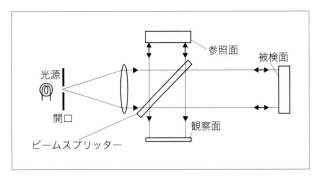

**図 11.4.3**　トワイマングリーン干渉計

回折光の広がりはコリメーター面では $1.22f\lambda/d$ である。横ずらし量の最大値は $2a$ であるから $1.22f\lambda/d > 2a$，余裕を見て $d < f\lambda/a$ であればよい。今，コリメーターレンズ面でのコヒーレンスを考えたが，コリメーターの後側焦点面あるいはコリメーターの後方でも（光束がほぼ平行光なので）回折パターンはあまり変わらないので，上式が成り立つ。このピンホール径を計算してみると，$f = 300$ mm，$a = 10$ mm，$\lambda = 0.6$ µm とすると $d = 9$ µm という小さな値になる。コリメーターの後方での状況は以下のように考えることもできる。コリメーターの後方から光源（ピンホール）を見ると，無限遠方に半角度 $NA = d/2f$ の光源があることになる。この光源による回折半径（すなわちファンシッタートゼルニケの定理によるコヒーレントな領域の大きさ）は，$0.61\lambda/NA = 1.22f\lambda/d$ となる。

　多くの干渉計は，**図 11.4.3** に示すトワイマングリーン干渉計や**図 11.4.4** に示すフィゾー干渉計のように，光束はほとんどずれない。したがって，径の大きなピンホールを用いても高い空間的コヒーレンスを確保できそうである。ところが，実際に大きな径のピンホールを用いて

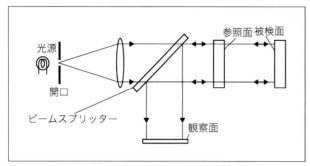

**図 11.4.4** フィゾー干渉計

干渉計を組むと，コントラストの高い干渉縞を得ること
が難しい。それはなぜであろうか？　それは最初に述べ
たようにファンシッタートゼルニケの定理は 2 次元だけ
でなく 3 次元で成り立っているからである。すなわち，
参照面と被検面の位置関係が示すように，光軸に垂直な
平面方向だけではなく，光軸（奥行）方向にもずれた 2
点間のコヒーレンスを考えなくてはならない。点 A に集
光する光は，**図 11.4.5** に示すように，A を中心に回折に
よって 3 次元的に広がる。$NA = d/2f$ で集光していると
すると，光軸に垂直な方向には，よく知られているよう
に，$1.22 f\lambda/d$ の広がりをもつが，光軸方向には前後それ
ぞれ $2f^2\lambda/d^2$ の広がりをもつ。これは無収差光学系の焦
点深度に相当する。ファンシッタートゼルニケの定理に
よりコヒーレンス度はこの回折パターンの振幅分布と一
致する。すなわち，干渉する 2 点は奥行方向に $2f^2\lambda/d^2$
以内の距離になければならない。言い方を変えると，奥
行（光軸）方向に $L$ 離れた 2 点が十分なコヒーレンス
度をもつためには，$L < 2f^2\lambda/d^2$ でなければならない。
　具体的な数値を前記の光学系で計算してみよう。
$f = 300\,\mathrm{mm}$, $d = 9\,\mathrm{\mu m}$, $\lambda = 0.6\,\mathrm{\mu m}$ とすると $L < 2f^2\lambda/d^2$
$\fallingdotseq 1300\,\mathrm{m}$ となり，前例のように波面全体にわたってコ
ヒーレンス度を確保できるようにピンホール径を小さく

すれば，奥行方向にも十分なコヒーレンス度を確保でき
る。しかしながら，（光量を増やそうとして）ピンホー
ル径を大きくすると，急激に（ピンホール径の 2 乗に反
比例して）奥行方向のコヒーレンスな領域が狭くなる。
例えば，ピンホール径を 0.9 mm と 100 倍にすると
$L < 13\,\mathrm{cm}$ と一気に狭くなる。トワイマングリーン型や
フィゾー型のように光束のずれのない干渉計だからと
言ってむやみにピンホールを大きくすると，干渉できる
光路差が短くなり実用にならなくなる場合がある。で
は，光束のずれの小さい干渉計では，横方向（光軸に垂
直な方向）と縦方向（光軸方向）のどちらのコヒーレン
スでピンホール径が決まるか見てみよう。
　まず，横方向のずれの影響を見てみよう。トワイマン
グリーン等の干渉計では，一方のミラーを傾けると光束
がずれてくる。同時に干渉縞（縦縞）の本数が増えてく
る。あまり縞が増えると，観測，計測に支障をきたす。
この限度を仮に 1 mm 当たり縞 1 本としよう。すると，
光束の傾き $\theta$ は，$\theta = \lambda/1 = 0.0006$ である。このとき，
光路差 $L$ を 100 mm とすると，光束の横ずれ量 $\Delta$
は $100 \times 0.0006 = 0.06\,\mathrm{mm}$ となる。このずれでコヒー
レンスを確保するためには横方向のコヒーレンス領域よ
り $\Delta$ が小さくなくてはならない。よって，ピンホール径
$d$ は，$d < f\lambda/\Delta = 300 \times 0.0006/0.06 = 3\,\mathrm{mm}$ となる。
他方，このピンホール径で確保できるコヒーレントな距
離 L は，$L < 2f^2\lambda/d^2 = 2 \times 300^2 \times 0.0006/3^2 = 12\,\mathrm{mm}$
である。光路差がこの値を超える場合はコヒーレンスは
確保できない。一般の干渉計では光路差はこれ以上にな
る場合が多いので，ピンホールの大きさは光路差を考慮
して決めるのがよいといえる。

### 11.4.3　空間的コヒーレンスの制御
　干渉計を実際に組んだとき厄介なことが 2 つある。1

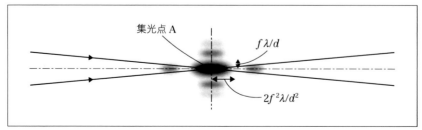

**図 11.4.5**　収束光の 3 次元的回折パターン

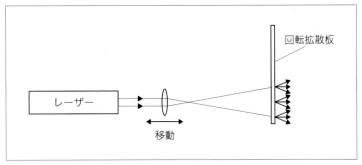

**図 11.4.6**　大きさ可変の光源作成法

つは，干渉計は非常に感度が高い（敏感である）ので，干渉縞を出すのが難しくかつ安定しないことである。もう1つは，やっと出した干渉縞が非常に汚いことである。後者は干渉縞が，強度の加算ではなく振幅の加算で生じ，さらにそれを強度で観測しているためである。よけいな光（迷光）が混入したとき，それが非常に弱くても不要な干渉縞を生じてしまう。4章の補遺4にも記したが，例えば，わずか1%の迷光が混入した場合を考えてみよう。光の強度が1%増加しても，目視ではまったく分からない。しかしながら，強度1%すなわち0.01の光は振幅では0.1である。それが強度1すなわち振幅も1の光（計測光）に振幅加算されると，位相によって$1 + 0.1 = 1.1$ から $1 - 0.1 = 0.9$ まで変動する。これは強度では $1.1^2 = 1.21, 0.9^2 = 0.81$ となり 0.4（40%）も変動する。その結果，不要な，時には不規則な，一般的に細かい干渉縞が重畳して観察される。

　迷光の主な原因は，光学系のごみ疵等による散乱と光学部品の透過面による反射光，さらには鏡筒等光学部品以外からの散乱反射光である。これらの光の一部は，光学系の途中に遮光板や絞りを設けることによって除去できる（4章のスペイシャルフィルター参照）が完全に除去することは困難である。この影響を除くには，迷光による干渉を起こらないようにする，すなわち，迷光と信号光（被検面あるいは参照面からの光）との光路差および横ずれ量を考慮したときに，コヒーレンス領域がそれらより小さくなるようにすればよい。11.2節では，レーザーの波長を変調し時間的コヒーレンスを低下させる方法を記したが，この方法は半導体レーザー以外では非常にやりにくい。本節では，空間的コヒーレンスを制御することによって，不要な干渉縞を除去する方法を記す。

　空間的コヒーレンスを落とすには大きな光源を用いればよいが，あまり大きすぎてはコヒーレンスが低下しすぎて肝心の（被検面からの光と参照面からの光の間の）干渉縞が消えてしまう。一般には**図 11.4.6**のように，回転拡散板上にレーザー光を照射し，これを新たな光源とし，照射光学系または拡散板の位置を変えることによって光源の大きさを変え，最適な大きさにする。すなわち，干渉縞が観察される範囲でできるだけ光源を大きくする。拡散板を回転する理由は以下のとおりである。固定した拡散板からは様々な初期位相の光が散乱され観察面上で複雑に干渉し，スペックルと呼ばれるコントラストの高い斑状の細かい（干渉）パターンを生じる。それを拡散板を回転することによって平均化（平滑化）するためである。さらに付け加えると，固定した拡散板（またはその投影像）と回転拡散板を重ねて使用することにより，より効率的にスペックルを除去できる。見方を変えれば，拡散板を回転することで，拡散板上の異なる点からの光の相対位相差がランダムとなり，拡散板上の光源をインコヒーレント光源とみなせることになる。

　この回転拡散板による拡がった光源によって干渉縞を作成すると，迷光は計測すべき面に対し3次元的にずれたところから発しているので，コヒーレンスが低下し不要な干渉縞の発生は抑えられる。光源の大きさが大きいほど効果は大きいので，干渉させたい2面の光路差を考慮してコヒーレンス長がある程度確保できる範囲で光源をできるだけ大きくするのが望ましい。（株）ニコンでは，磁気ディスク装置の製造工程において，ガラスディスクと磁気ヘッドとの間隔を光の干渉に基づいて測定する装置を開発したことがある。その時，ガラスディスクの表面と裏面からの反射光による不要な干渉縞が発生し

たが，私の助言を参考に回転拡散板光源を用いることによって解決した[1]。

この方法は簡便で最適化が容易であり，干渉する2面の光路差が小さいとき光源を大きくでき非常に有効である。しかしながら光路差が大きくなると光源を小さくしなければならず光量が低下するとともにコヒーレンスも高くなり，不要な干渉縞の低減効果も小さくなる。光路差が大きくても有効な方法がないであろうか？　その解を出したのが3.4節のフーリエ変換縞解析法の発明者である電気通信大学名誉教授の武田光男先生である。光源を単なる円形にするのではなく構造をもたせることにより，コヒーレンスを3次元的に（すなわち光軸方向にも）制御することに成功した。(株)ニコンでも電通大に研究員を派遣して，共同研究，技術習得を行った[2]。

その方法は光源としてフレネルゾーンプレート（通常FZPと略す）形状のインコヒーレント光源を用いることである。FZPはよく知られているように，**図11.4.7**に示すように，輪帯上の透過部をもち周辺部ほど輪帯のピッチが細かくなっている。この（本来の）FZPに平行光を入射すると回折光が生じるが，周辺部ほど輪帯のピッチが細かいので大きな角度で回折され，結果として回折光が1点に集まりレンズと同様な働きをする。その焦点距離はFZPのパターンの大きさ（FZPの外径の大きさではない）に依存し，パターンが小さくなるとピッチが細かくなり，焦点距離が短くなる。**図11.4.8**にFZPに平行光を入射したときの回折光の様子を示す。1次回折光がFZPの焦点の位置に集光する。0次光はも

**図11.4.7**　フレネルゾーンプレート

との平行光と同じである。−1次回折光は発散していく。他にも高次の回折光が存在するが図には記さない。入射光の約50％（半分）はFZPの遮光部で吸収され，約25％が0次光として透過し，約10％が1次回折光となる。残りは他の次数の回折光となる。**図11.4.9(a)**のように焦点距離$f$（FZPの焦点距離ではないことに注意）のコリメーターレンズをFZPから$f$離れた位置に置く。すると，0次光はレンズの後側焦点面に集光し，1次回折光はその手前に集光する。

ファンシッタートゼルニケの定理によると，FZPの位置に置かれたFZP形状のインコヒーレント光源を用い

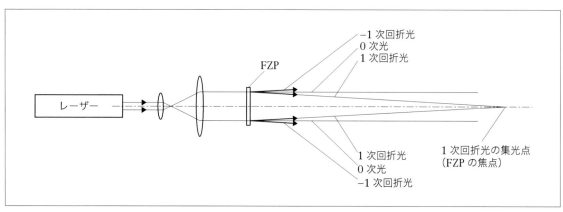

**図11.4.8**　フレネルゾーンプレートによる回折

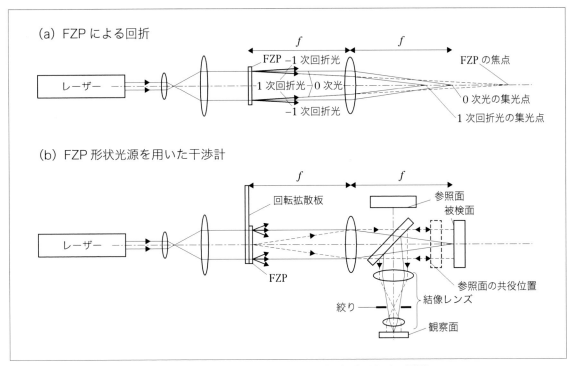

**図 11.4.9**　FZP による回折光と FZP 形状光源を用いた干渉計

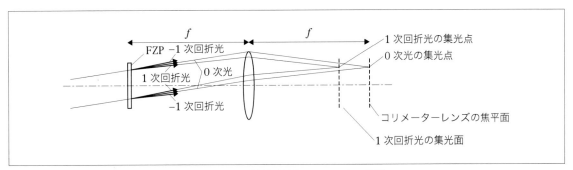

**図 11.4.10**　傾斜平行光の FZP による回折

ると，上記 0 次光の集光点と 1 次回折光の集光点は同じ開口からの回折分布であるから，この 2 つの集光点はコヒーレントとなる。コヒーレンス度は 1 ではないが，0 次光と 1 次回折光の振幅比であるので $\sqrt{10/25} = 0.63$ となり，かなりコントラストの高い干渉縞が期待される。また干渉するのは上記の軸上の 2 点だけではなく，**図 11.4.9**(a) において，FZP に斜めに平行光を当てると 0 次光はレンズの焦平面に集光し，1 次回折光は上記軸上の集光点にある光軸に垂直な面の 0 次光と同じ高さの点に集光する。この様子を**図 11.4.10** に示す。したがって，

光軸上の点だけでなくコリメーターレンズの焦点面に置かれた面と上記の面とで干渉が起きる。

　これらの面の一方（または 2 面の中間の面）を，**図 11.4.9**(b) に示すレンズ 2 枚を組み合わせたアフォーカルな光学系（結像レンズ）で観察面上に結像すると上記のコヒーレントな面が重なり干渉縞が観測できる。**図 11.4.9**(b) はトワイマングリーン干渉計であり，上記干渉する 2 面は，トワイマングリーン干渉計においてビームスプリッターで分けた 2 光束にそれぞれ配置する。フィゾー型の干渉計であれば，上記の 2 面にそれぞれ被

検面と参照面を配置すればよい。測定したい光路差に応じて FZP の焦点距離，すなわち大きさ（外径ではなく縮尺）を変えれば，任意の光路差で干渉計測が可能となる。また，上記コヒーレントな 2 面は固定されたものではない。例えば，**図 11.4.9**(a) において，FZP に入射する光束を平行光ではなく発散光とすると，0 次光の集光点と 1 次回折光の集光点の位置はレンズから離れる方向へずれる。そこで，**図 11.4.9**(b) の FZP と焦点距離 $f$ のコリメーターレンズはそのままで，被検面と参照面をそれぞれ上記の 0 次光の集光点と 1 次回折光の集光点の位置にずらすと，そこでも互いにコヒーレントとなり干渉縞が観測できる（このとき，0 次光と 1 次回折光では横ずれ量が異なるので，位置がずれるだけでなく間隔も変化することに留意する必要がある）。

以上のように FZP 形状の光源を用いることにより光

路差がある場合でも，不要な干渉縞の発生を抑えた干渉計測が可能となる。また，**図 11.4.2** のように光束が横にずれる干渉計でも，光源のパターンを格子形状にすることにより，不要な干渉縞の発生を抑えた干渉計測が可能である。(格子による回折を考えてください。)さらに，横ずれと光路差が同時に生じる干渉計でも，横ずらしした（偏心した）FZP を用いることによって同様の計測ができる。このように，空間的コヒーレンス制御は非常に面白い操作である。

### 参考文献

1) 浪川敏之，渋谷眞人：特開平 7–151521
2) Z. Liu, T. Gemma, J. Rosen, and M. Takeda: "Improved illumination system for spatial coherence control", Appl. Opt., Vol. 49, Issue 16, pp. D12–D16（2010）

# 第12章　偏光の干渉とエリプソメーター

## 12.1　偏光

### 12.1.1　偏光とは

これまで私がかかわってきた色々な干渉計を紹介してきたが，最後に偏光を利用した干渉計，すなわちエリプソメーターについてお話ししよう。エリプソメーターは楕円偏光解析装置ともいわれ，通常干渉計には分類されないが，干渉を利用した計測器であるので，私は干渉計の仲間と考えている。エリプソメーターの詳細に関しては次節に譲るとして，その理解を助けるため，偏光とその性質,偏光の分解と合成について簡単にまとめてみる。

光はよく知られているように電磁波であり，横波すなわち波の進行方向に対して垂直に振動しながら進む波である。**図 12.1.1**(a) にその様子を模式的に示す。$x$ 方向に速度 $v$ で進んでいる電磁波の電界が矢印で示すように進行方向に対し垂直に振動している（横波に対し，縦波は，粗密波ともいわれ，進行方向に振動しながら進む波であり，音波が代表的な例である。**図 12.1.1**(b) に縦波の様子を模式的に示す。）。

偏光（polarization）とは，電場および磁場が特定方向にのみ振動する光のことである。**図 12.1.1**(a) は紙面内に振動している偏光を表している。**図 12.1.1**(a) のように振動方向が一定の方向のみの光を直線偏光という。このような直線偏光は自然光では通常得られず，レーザー光源等の特殊な光源または通常の光源に偏光素子を組み合わせることによって得られる。一般の光（自然光）は，偏光方向は定まっておらず，いろいろな偏光状態が混ざっていると考えられる。ただし，完全な自然光とい

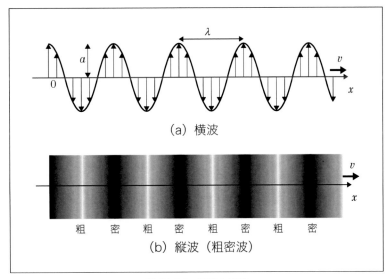

**図 12.1.1**　横波と縦波

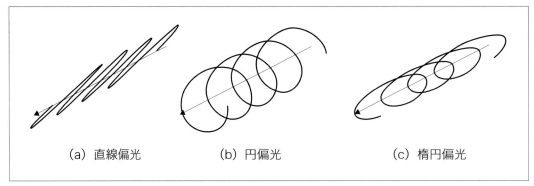

(a) 直線偏光　　　(b) 円偏光　　　(c) 楕円偏光

図 12.1.2　いろいろな偏光

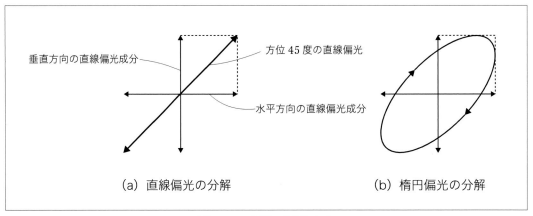

垂直方向の直線偏光成分　　　方位 45 度の直線偏光

水平方向の直線偏光成分

(a) 直線偏光の分解　　　(b) 楕円偏光の分解

図 12.1.3　偏光の分解と合成

うのはまれで，多くの光は多かれ少なかれ特定の方向の偏光成分が強い。このような偏光と自然光が混ざった光を部分偏光という。また，偏光には直線偏光の他に偏光方向が回転しながら進む円偏光や楕円偏光がある。**図12.1.2** に，直線偏光，円偏光，楕円偏光の例を示す。**図12.1.2**(a) は水平軸に対し 45 度の方向（この角度を方位角という）に振動している直線偏光である。**図12.1.2**(b) は円偏光であり，矢印の進行方向から来る光を正面から見ると（実際に見えるわけではないが），振動方向が右回り（時計回り）に回転しながら進んでくる。このように進行方向から光源方向を見て振動方向が右回りに回転している円偏光を右円偏光といい，左回りに回転している円偏光を左円偏光という。**図12.1.2**(c) は楕円偏光であり，振動方向が回転し，かつ振幅も変化（振動）し楕円を描きながら進んでくる。

### 12.1.2　偏光の分解と合成

**図12.1.3** では，模式的に偏光を正面から（光源の方向を）見たときの変位（電位）を示している。

任意の方位角の直線偏光は**図12.1.3**(a) で示すように，直交する 2 つの直線偏光に分解することができる。逆に，直交する 2 つの直線偏光から実線で示される直線偏光を合成することができる。**図12.1.3**(a) では方位角 45 度の直線偏光が振幅が等しい水平方向と垂直方向の 2 つの直線偏光に分解でき，逆にこの 2 つの直線偏光の合成（重ねあわせ）によって元の方位角 45 度の直線偏光ができることを示している。円偏光や楕円偏光も同様に，**図12.1.3**(b) のように直交する 2 つの直線偏光に分解できる。このような分解が可能であることは偏光板（偏光フィルター）のような偏光素子を用いて一方のみ（例えば垂直方向のみ）の直線偏光を取り出すことで確認できる。直交する 2 つの直線偏光を合成すると方位角 45 度直線偏光になることはすぐ理解できると思うが，直線

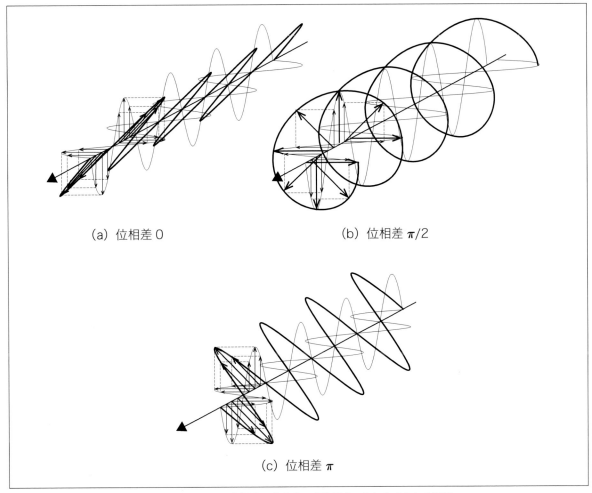

（a）位相差 0　　　　　　（b）位相差 π/2

（c）位相差 π

**図 12.1.4**　異なる位相差の直交する直線偏光により合成される偏光

偏光ではなく楕円偏光や円偏光にはどうすれば合成できるのであろうか？　それについて次項で解説する。

### 12.1.3　2つの直交する直線偏光の合成と分解

　直交する直線偏光の合成が直線偏光になるのは合成される2つの直線偏光の位相差がゼロすなわち同位相の場合である。合成される2つの直線偏光の位相差がゼロでない場合は，楕円偏光や円偏光あるいは異なる方位の直線偏光になる。この様子を，直交する振幅の等しい2つの直線偏光の合成で見てみよう。

　**図 12.1.4** では直交する2つの直線偏光とその変位を細線で，合成された変位と偏光を太線で示している。**図 12.1.4**(a) は直交する2つの同じ大きさの直線偏光の位相差がゼロの場合である。水平方向の直線偏光の変位（電位）が最大の時，水平方向の直線偏光の変位も最大となり，合成すると45度方向の変位となる。また，水平方向の変位が0の時，垂直方向の変位も0となり，合成した変位も0となる。他の変位の場合も水平方向と垂直方向の大きさ（振幅）が等しく，45度方向の変位となる。結果として合成された振動は45度方向の（方位角45度の）直線偏光となる。**図 12.1.4**(b) は水平方向に振動する直線偏光が垂直方向に振動する直線偏光に対し位相が π/2 遅れている場合である。垂直方向の直線偏光が最大の時，水平方向の偏光は0となり，合成した変位は振幅最大で方位は垂直となる。垂直方向の直線偏光が1/4周期，すなわち位相で π/2 進むと変位は0となる。その時，水平方向の直線偏光の変位は最大となり，合成した変位は振幅最大で水平方向となる。その途中，垂直

方向の直線偏光が1/8周期すなわち位相で π/4 進んだところでは，垂直方向の直線偏光の変位は最大振幅の約 0.7 倍（sin π/4）の大きさであり，水平方向の直線偏光の変位の振幅も最大振幅の約 0.7 倍となり，合成した変位は振幅最大で方位は45度となる。結果として合成された偏光は，最大振幅を保持したまま回転しながら進行していく偏光，すなわち円偏光となる。また，光源方向を見て振動方向が右回りに回転しているので右円偏光である（水平方向の直線偏光が π/2 進んでいる場合は左円偏光となる。）。さらに，直交する2つの直線偏光の位相差が増加し π になると，図 12.1.4(c) に示すように，2つの偏光は逆位相となり，合成すると −45度（あるいは 135度）方向の直線偏光となる。位相差が上記のような特別な場合以外では，合成された偏光は振幅が変動（振動）しながら振動方向が回転しながら進行する。すなわち楕円偏光となる。位相差が0,または π に近いときは，直線偏光に近い扁平な楕円偏光となり，位相差が ±π/2 に近いときは円偏光に近い膨らんだ楕円偏光となる。

上記では，垂直方向の直線偏光と水平方向の直線偏光の振幅が等しい場合の合成例を示したが，振幅が等しくない場合を考えると，合成された直線偏光の方位や，楕円偏光の軸の方位は45度ではなく2つの直交する偏光の振幅比によって任意の角度になり得る。逆に，任意の直線偏光や楕円偏光は直交する直線偏光に分解できることもわかる。また，任意の方位の2つの直交する直線偏光の位相差が π/2 で，それぞれの振幅が異なるとき，合成された偏光は円偏光ではなく，長軸および短軸の方位が元の直交する2つの直線偏光の方位にそれぞれ一致する楕円偏光となる。このことから，任意の楕円偏光を長軸方向の直線偏光と短軸方向の直線偏光に分解すると，その位相差は (±)π/2 となる。

## 12.1.4　偏光と結晶

結晶は原子が規則的に整列している。その配列が xyz 3軸の方向で同じものを，等方性結晶という。等方性結晶では，光は均質な媒質中と同じ振る舞いをする。蛍石は代表的等方性結晶である。それに対し，xy 方向が等方的で z 方向のみ異なった配列の結晶になっているものを1軸性結晶という。xyz とも非等方的な配列になっているものを2軸性結晶という。2軸性結晶では，光は複

雑な振る舞いをするので光学ではあまり利用されない。よく利用されるのは1軸性結晶である。

1軸性結晶の z 軸方向から偏光した光を入れると，光の振動方向は xy 平面内であるので，どの方向の振動でも等方的であり，等方性結晶に入射した波と同じである。この z 軸を光学軸という。ところが，x 軸方向（または y 軸方向）から光を入射すると，y 方向（または x 方向）に振動する波と z 方向に振動する波とで振動の状態が異なる。すなわち，y 方向に振動する波と z 方向に振動する波で屈折率が異なる。その結果，y 方向の振動成分と z 方向の振動成分の両方を含む波（光）を x 軸方向から入射すると，y 方向に振動する光と z 方向に振動する光で速度が異なり，進行するにつれて位相がずれてくる。その様子を図 12.1.5 に示す。

図 12.1.5 は垂直方向に光学軸をもつ1軸性結晶に，約45度方向に偏光した直線偏光を後方から入射したときの偏光状態の変化を示している。結晶に入射した直線偏光は垂直方向（光学軸方向）の振動成分と水平方向の振動成分で屈折率が異なるので,進む速度が異なり，徐々に位相がずれていく。図 12.1.5 では，入射する直線偏光の垂直成分と水平成分を細線で，合成された偏光を太線で示している。結果として，楕円率の大きな楕円偏光へと変化していく。このような特徴を生かし，偏光の状態を変える平行平面板（結晶等）を波長板という。

直交する2直線偏光の位相変化（位相差）が π/2，すなわち光路差が λ/4 となる波長板を4分の1波長板または4分の λ 板という。4分の λ 板は直線偏光を円偏光に変換したり，円偏光を直線偏光にするだけでなく，直線偏光を楕円偏光に，さらには，楕円偏光を直線偏光に変換するのに用いられる。

位相差が π，すなわち光路差が λ/2 となる波長板を，2分の1波長板または2分の λ 板という。

2分の λ 板は直線偏光の方位を変えたり，右回りの円偏光を左回りに変換するのに用いられる。

代表的な1軸性結晶である水晶の屈折率は，入射光の波長が 633 nm の時，光学軸に平行に進む光（振動方向が光学軸に垂直な光）に対する屈折率は振動方向によらず 1.54264 である。それに対して光学軸に垂直に進む光では，振動方向が光学軸に垂直な光に対する屈折率は 1.54264 であるが，振動方向が光学軸に平行な光に対

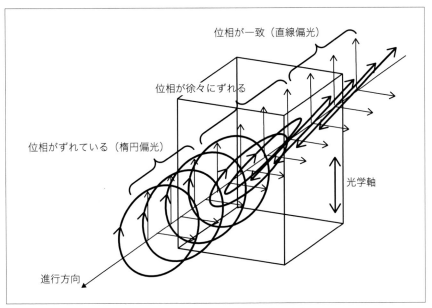

**図 12.1.5**　1軸性結晶と偏光状態の変化

する屈折率は 1.55171 である（光の振動方向で屈折率が決まっている）。他の代表的かつ重要な 1 軸性結晶である方解石は，それぞれ 1.6557, 1.4852 である。

　水晶で 4 分の 1 波長板を作ることを考えてみよう。波長板の厚さを $d$ とすると，

$$光路差 = (1.55171 - 1.54264) \times d = 633/4$$

となるように厚さを決めればよい。計算すると，

$$d = 17448 \ \text{nm} = 17.5 \ \mu\text{m}$$

となり，かなり薄い板にしなければならないことがわかる。このように薄く結晶を平行平面に加工するのは難しいので，厚さが 17.5 μm 異なる 2 枚の平行平面板を作成し（実際には多数の平行平面板の中から厚さの差が 17.5 μm になる組み合わせを選別し），光学軸が互いに直交するように貼りあわせる。光学軸を直交させることにより 2 枚の平行平面板による位相変化が打ち消しあい，厚さの差の分だけの効果が得られる。

　光学軸方向に振動する光の屈折率が他の方向の屈折率より高い場合，この軸方向に振動する光は結晶中を遅く進むので，この軸（方向）を遅相軸（または低速軸 slow axis），この軸と直交する軸（方向）を進相軸（高速軸 fast axis）と呼ぶ。光学軸の屈折率が他の方向の

屈折率より低い場合は呼び方が逆になる。

### 12.1.5　波長板

　では，これら 4 分の 1 波長板と 2 分の 1 波長板を用いるとどういうことができるであろうか。

　まず，4 分の 1 波長板について考えると，この波長板は直交する 2 つの偏光に λ/4 の光路差，すなわち π/2 の位相差をつけることができる（光学軸の方向を 90 度回転させれば ± どちらでも位相を変えられる）。12.1.3 の最後に述べたように，任意の楕円偏光は長軸方向の直線偏光と短軸方向の直線偏光に分解したとき位相差が π/2 になるので，任意の楕円偏光に対し長軸または短軸の方向に 4 分の 1 波長板の光学軸を合わせれば，波長板を通過後（直交する 2 つの直線偏光の位相差がゼロまたは π になるので）直線偏光になる。すなわち，任意の楕円偏光は 4 分の 1 波長板によって直線偏光に（あるいは別な偏光に）変換することができる。逆に，直線偏光と 4 分の 1 波長板を組み合わせることによって（円偏光を含む）任意の楕円偏光を作ることができる。

　円偏光を作るには，直線偏光を 4 分の 1 波長板の光学軸に対し，45 度の方位角で入射させればよい（右回りの円偏光にしたいときは低速軸を右回り方向 45 度にすればよい。）。

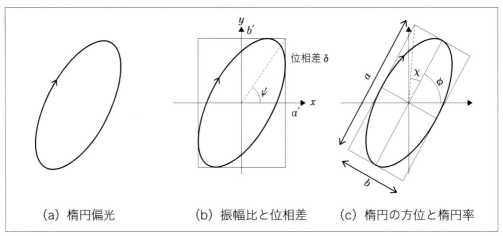

(a) 楕円偏光　　　　(b) 振幅比と位相差　　　　(c) 楕円の方位と楕円率

**図 12.1.6**　楕円偏光の表し方

　このように 4 分の 1 波長板は偏光を扱う上で非常に役に立つ素子である。それに対して，2 分の 1 波長板はどのような働きをするのであろうか？　2 分の 1 波長板に任意の偏光を入射すると，高速軸方向の（直線偏光）成分に対しそれと直交する低速軸方向の（直行偏光）成分が半波長遅れ位相が逆転する（π ずれる）。その結果，高速軸に対して鏡像のようになる。すなわち，方位角 φ の直線偏光は方位角 −φ の直線偏光になる。このことは例えば，**図 12.1.4**(a) で示される方位角 45°の直線偏光の水平方向直線偏光成分の位相を π ずらせば，**図 12.1.4**(c) の方位角 −45°の直線偏光となることから理解できるであろう。2 分の 1 波長板は通常，直線偏光の方位角を任意の角度に変えるのに用いられている。楕円偏光は長軸の方位角がマイナスとなり回転も左右逆転する。円偏光は右回りと左回りが逆になる。

## 12.1.6　楕円偏光の表し方

　直線偏光は振幅と方位，円偏光は振幅と回転方向（右か左か）によって表すことができるが，楕円偏光はどのようにして表すことができるであろうか？

　楕円偏光の表し方の 1 つは，12.3 のように直交する 2 直線偏光の位相差で表す方法である。**図 12.1.6**(a) の楕円偏光を表すのに，**図 12.1.6**(b) のように水平方向成分の振幅 $a'$ と垂直方向成分の振幅 $b'$（もしくは振幅比 $\tan\psi = b'/a'$）とその位相差 $\delta$ とで表す。もう 1 つの方法は，**図 12.1.6**(c) のように楕円の長軸方向の角度（方位角）φ と楕円率すなわち長軸と短軸の比 $\tan\chi = b/a$

で表す（偏光計測では強度ではなく楕円形状が問題となるので比で充分である）。

　直線偏光の場合，**図 12.1.6**(b) のパラメーターは $\delta = 0$ または π となり，**図 12.1.6**(c) のパラメーターは $\tan\chi = \chi = 0$ となる。円偏光の場合，**図 12.1.6**(b) のパラメーターは $\psi = 45°$，$\delta = \pm\pi/2$ となり，**図 12.1.6**(c) のパラメーターは $\tan\chi = \pm 1$ すなわち $\chi = \pm 45°$ となる。$\chi > 0$ は右回り，$\chi < 0$ は左回りである。

## 12.1.7　偏光による計測

　偏光を用いて試料の光学定数（屈折率，膜厚等）を計測することができる。例えば，試料に方位 45°の直線偏光を入射し，反射または透過した光の楕円偏光を測定すれば，その楕円偏光のパラメーターから試料の光学定数を知ることができる。

　**図 12.1.6**(b) のパラメーターは試料による 2 つの直交する偏光の反射率または透過率の比と位相の変化の差の情報を含んでいるが，直接位相差 δ を測るのは困難である。それに対し，**図 12.1.6**(c) のパラメーターは計測が容易であり，かつ直感的にわかりやすい（φ で方位がわかり χ で楕円の形状（楕円率）がわかる）。**図 12.1.6**(b) のパラメーターと**図 12.1.6**(c) のパラメーターは変換可能であり，通常は**図 12.1.6**(c) のパラメーターを計測し，そこから**図 12.1.6**(b) のパラメーターを算出し，試料の光学定数（屈折率，膜厚等）を導出することができる。

　次節では，それらの計測法とその計測を用いたエリプソメーター（楕円偏光解析装置）の話をしよう。

# 第12章 偏光の干渉とエリプソメーター
## 12.2 エリプソメーター

### 12.2.1 エリプソメーターとは

エリプソメーターとは，楕円偏光解析装置又は単に偏光解析装置ともいわれ，偏光した光を試料に照射し，試料から反射してきた光の偏光状態の変化を計測する装置である。その測定値から試料の光学的性質，すなわち屈折率，吸収係数，膜厚などを知ることが出来る。他の光学測定機に比較して非常に高精度な測定ができるのが特徴である。

私がエリプソメーターに出会ったのは入社（1973年）して間もなくであった。入社した年に起きた中東戦争をきっかけに第1次石油ショックが起こり，原油価格が4倍に跳ね上がった。そこで，石油に代わるエネルギー源として太陽光エネルギーの利用が検討された。ニコンでは太陽光から得られた熱エネルギーを逃がさないようにするため，太陽光（赤外光，可視光，紫外光）を透過し熱線（遠赤外光）を反射する光学薄膜（熱線反射膜）の開発を行った。

その膜の用途を**図12.2.1**に示す。**図12.2.1**において太陽光エネルギーは吸収体により熱エネルギーに変換される。吸収体の熱は発電・加熱・暖房等に利用されるが，一部は遠赤外線として放出される。その放出された遠赤外線を反射し吸収体に戻して熱エネルギーをため込むために熱線反射膜が利用される。

この膜を設計製作するためには，多数の薄膜材料の屈折率を膜の状態で広い波長領域にわたって測定する必要がある。そのため，ニコンでは波長可変型自動エリプソメーターを開発した。この開発は基本原理と光学系を私

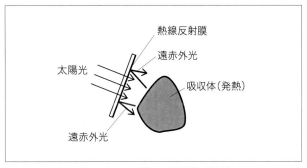

**図12.2.1** 太陽光透過熱線反射膜

が担当し，機械系を同じ研究室の滝沢和之氏が，電気系を同じ研究所の電子研究室の太田雅氏が担当した。私を含めて3人とも昭和48年の同期入社であった（したがって，開発は非常にスムーズに行われた。）。

その開発と並行して，私は二酸化ケイ素（SiO$_2$）薄膜の経時変化を手動のエリプソメーターで1年間にわたり計測した。余談であるが，1年間薄膜の光路長（屈折率×膜厚）を計測したところ，梅雨時に光路長が増大することがわかった。私は膜厚が変化しているとは考えにくかったので，屈折率が増大していると考えた。薄膜のSiO$_2$の屈折率は個体のSiO$_2$の屈折率より低かったので，成膜された膜は緻密ではなく，目に見えないサブミクロンの隙間が空いていて，梅雨時にはその隙間に水分が入り込み，屈折率が増大すると考えた。後に，真空蒸着した膜の電子顕微鏡写真を見る機会があったが，膜は一様ではなく，サブミクロンの径の柱状の構造物が無数に立ち並んでいた。写真の説明書きには，『真空蒸着で

は，膜は最初にランダムに基板に着いた蒸着物質（$SiO_2$）が核になって垂直方向に柱状に成長していく』とあった。膜の専門家から見れば常識的なことであるが，新米社員の身では大きな発見であった。話がそれてしまったが本題のエリプソメーターに戻ろう。

### 12.2.2 エリプソメーターの原理

光が物体に入射すると，屈折または反射する。屈折角はスネルの法則で決まり，反射角は入射角と等しくなる。では，振幅と位相はどうなるであろうか？ 振幅の反射率・透過率と位相の変化（これを合わせたものを複素反射率・複素透過率という）は，入射角と物体の屈折率だけでなく偏光にも依存する。

入射する光線と反射する光線を含む面を入射面といい，入射面内で振動する直線偏光をp偏光（またはp波），入射面に垂直に振動する直線偏光をs偏光（またはs波）と呼ぶ。

2つの媒質の境界におけるp偏光とs偏光の反射率および透過率に関しては，以下のフレネルの式が成り立つことが知られている。p波の振幅反射率を$r_p$，振幅透過率を$t_p$，s波の振幅反射率を$r_s$，振幅透過率を$t_s$とすると，

$$r_p = \frac{n_2 \cos \alpha - n_1 \cos \beta}{n_2 \cos \alpha + n_1 \cos \beta} = \frac{\tan(\alpha - \beta)}{\tan(\alpha + \beta)}$$

$$r_s = \frac{n_1 \cos \alpha - n_2 \cos \beta}{n_1 \cos \alpha + n_2 \cos \beta} = -\frac{\sin(\alpha - \beta)}{\sin(\alpha + \beta)}$$

$$t_p = \frac{2 n_1 \cos \alpha}{n_2 \cos \alpha + n_1 \cos \beta} = \frac{2 \sin \beta \cos \alpha}{\sin(\alpha + \beta) \cos(\alpha - \beta)}$$

$$t_s = \frac{2 n_1 \cos \alpha}{n_1 \cos \alpha + n_2 \cos \beta} = \frac{2 \sin \beta \cos \alpha}{\sin(\alpha + \beta)}$$

と表される。$n_1$, $n_2$ はそれぞれ入射側，透過側の媒質の屈折率であり，$\alpha$ は入射角（＝反射角），$\beta$ は屈折角である（**図 12.2.2** 参照）。また，上の式で中辺から右辺への変換ではスネルの法則（$n_1 \sin \alpha = n_2 \sin \beta$）を用いている。

$\alpha + \beta = 90°$ のとき $r_p$ の分母は無限大となり，結果として $r_p = 0$ となり，p偏光の反射は0となる。この時の角度をブリュースター角（Brewster's angle）という。ブリュースター角で入射した光の反射光はs偏光のみと

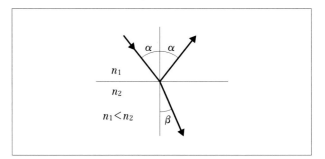

**図 12.2.2** 偏光の反射と透過

なる。また，ブリュースター角でなくとも斜めに反射した光はs偏光成分が多くなる。このことを利用したものに，偏光サングラスがある。偏光サングラスは垂直方向の偏光を透過し，水平方向の偏光をカットするように偏光板が配置されている。水面からの反射光はs偏光を多く含むので偏光サングラスで効率よく減光され，水面の中が反射光に邪魔されずクリアーに見える。カメラの偏光フィルターも同様な効果を利用できる。プロの撮影した水辺やビーチの写真は，水の表面反射による空の映り込みがなくきれいであるのは，偏光フィルターをうまく利用しているためである。また，入射角がブリュースター角より小さく，かつ $\alpha > \beta$，すなわち透過側の屈折率が高い（普通の）場合には，$r_p > 0$, $r_s < 0$ となり，p偏光の位相は変化しないが，s偏光の位相は180°変化する（振幅反射率が負になる）ことがわかる。$\alpha < \beta$，すなわち透過側の屈折率が低い場合には，$r_p < 0$, $r_s > 0$ となり，逆になる。また，入射角がブリュースター角より大きくなると，$\alpha + \beta > 90°$ となり $r_p$ の分母が負となるので，$r_p$ と $r_s$ は同符号となり，p偏光とs偏光は同位相となる。

試料が誘電体（透明物質）であれば，$r_p$ または $r_s$ を計測すれば，フレネルの式から（$n_1 = 1$ として）$n_2$ を求めることが出来る。しかしながら，単に屈折率を求めるのであれば，$r_p$ または $r_s$ を計測するよりも他により良い方法があるので，エリプソメーターを用いることはない。エリプソメーターが用いられるのは，光が透過しない金属等の屈折率（複素屈折率）や基板に成膜した薄膜の屈折率と膜厚を計測する場合である。

吸収のある物質では屈折率は複素屈折率 $m = n - i\kappa$ で置き換えられる。実部 $n$ は通常の屈折率，虚部 $\kappa$ は（吸

収係数と比例する) 消衰係数である。誘電体(透明物質)は $\kappa = 0$ である。フレネルの式は複素屈折率をそのまま使える。その結果, 上記のフレネルの式の, 各係数は複素数になり, $r_p = |r_p|e^{i\delta_p}, r_s = |r_s|e^{i\delta_s}$ と表される。$\delta_p, \delta_s$ は反射による位相のとびである。この, $|r_p|$ と $\delta_p$, あるいは $|r_s|$ と $\delta_s$ が測定できれば, フレネルの式から $n$ と $\kappa$ を求められるはずであるが, そう簡単にはいかない。$|r_p|$ と $|r_s|$ は測定できても $\delta_p$ と $\delta_s$ は測定が困難である。しかしながら,

反射率の比 (反射率比)

$$\rho = \frac{r_p}{r_s} = \frac{|r_p|}{|r_s|}e^{i(\delta_r - \delta_s)} = \tan\Psi \cdot e^{i\varDelta}$$

であれば, エリプソメーターを用いて測定可能である。例えば, p 偏光成分と s 偏光成分が等しく同位相の偏光, すなわち方位角 45 度の直線偏光 (12.1 節参照) を入射し, (楕円偏光になって) 反射した光の p 偏光成分と s 偏光成分の比, $\tan\Psi$ と位相差 $\varDelta$ を測定すればよい。測定法は後述する。

試料 (被検物) の未知数は屈折率 $n$ と消光係数 $\kappa$ の 2 つであり, $\Psi, \varDelta$ の 2 つのパラメーターが測定できれば求められる。

薄膜による反射の場合も同様な計測を行う。

**図 12.2.3** において入射した光線は薄膜表面と裏面で反射し, 干渉する (実際には薄膜の中で何回も反射しながら減衰する多重反射が起きているが, ここでは話を簡単にするため反射は裏面 1 回のみを考える)。p 偏光と

s 偏光のどちらも表面反射光と裏面反射光の光路差は等しいが, 反射率と透過率が p 偏光と s 偏光で異なるため, 反射し重ね合わさって干渉した p 偏光と s 偏光では位相が異なり位相差が生じる。その結果, p 偏光成分と s 偏光成分が同位相の偏光, すなわち直線偏光を入射しても, 反射光は p 偏光成分と s 偏光成分の位相がずれた楕円偏光となる。位相がずれる理由をより具体的に説明する。一般的に, **図 12.2.4** のように, 表面反射光では p 偏光成分は s 偏光成分に比べて反射率が低く (特に, ブリュースター角近傍では非常に低い), 一方, 裏面反射光では表面反射に比べて屈折率差が小さいため, p, s で反射率にそれほど大きな差はない。それらが重ね合わさった (干渉した) 結果, p 偏光成分は s 偏光成分より裏面反射光の影響を強く受け, 位相が裏面反射光の位相に引きずられる。その結果, p 偏光成分と s 偏光成分で位相差が生じる。

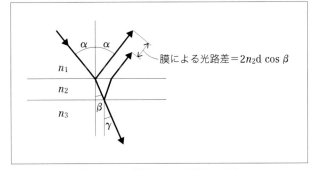

**図 12.2.3**　薄膜による光路差の発生

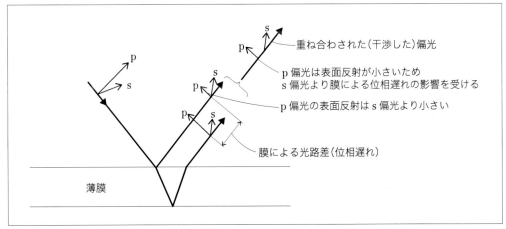

**図 12.2.4**　薄膜による p, s 偏光の位相差の発生

吸収のある物質の時と同様，この楕円偏光を計測し，$\Psi, \Delta$ の2つのパラメーターを求めれば，吸収のない試料（被検物）の未知数，すなわち薄膜の屈折率 $n$ と厚さ $d$ の2つの未知数が求められる。

次に，エリプソメーターによる $\Psi, \Delta$ の測定法を述べる。

### 12.2.3 エリプソメーターの構成

エリプソメーターの原理構成を**図12.2.5**に示す。光源からの光はコリメート（平行光化）され，精密に回転角度が読み取れるホルダーに収められた偏光子を通り試料面に入射する。

偏光子の方位を入射面に合わせると透過する光束はp偏光となり，偏光子の方位を90°回転させると透過する

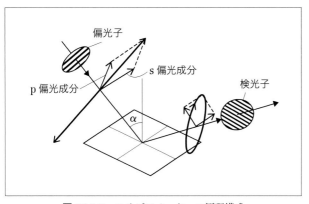

**図 12.2.5** エリプソメーターの原理構成

光束はs偏光となる。それ以外の角度にするとその角度の方位に振動する直線偏光が出てくるが，これは同位相のp偏光とs偏光の合成とみなすことができる。偏光子を回転させると，p偏光とs偏光の比を任意に変えられる。今，偏光子の方位を45°とし，p偏光とs偏光の比を1:1とする。その光を試料に入射すると反射した光は楕円偏光となり，その楕円偏光の振幅比 $\tan\psi = a'/b'$（$a'$ は垂直方向成分の振幅，$b'$ は水平方向成分の振幅）と位相差 $\delta$（$\tan\psi$ と $\delta$ については12.1.6項参照）が計測したい $\tan\Psi$ と $\Delta$ に一致する。また，前節でも述べたように $\tan\psi, \delta$ を測るかわりに，楕円の長軸方向の角度 $\phi$ と長軸と短軸の比 $\tan\chi = a/b$（$a$ は長軸の長さ，$b$ は短軸の長さである）を計測して，その値を $\tan\psi, \delta$ に換算することもできる（後述するように，そのほうが簡単に自動計測できる）。参考に，前節の図「楕円偏光の表し方」を再掲（**図12.2.6**）する。

次に測定法を紹介する。

### 12.2.4 測光法による測定

**図12.2.5**と**図12.2.6**(c) を見てすぐ考えつくのは，反射された楕円偏光に対し偏光素子（これを検光子と呼ぶ）を回転し，透過光が最大になる偏光素子の方位角度を測れば，その角度が長軸の方位 $\phi$ であり，さらに90°回して最小になる角度が短軸の方位である。その時の光量をそれぞれ測って比をとれば $\tan\chi$ が求められる。

この方法は簡単そうであるが，最大光量の角度と最少

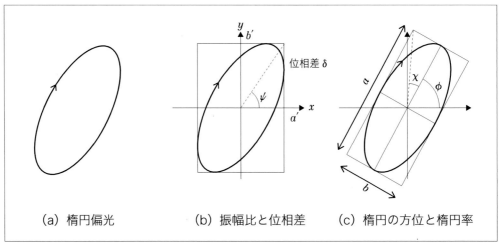

(a) 楕円偏光　　　(b) 振幅比と位相差　　　(c) 楕円の方位と楕円率

**図 12.2.6** 楕円偏光の表し方

光量の角度の近辺では，検光子を回転しても光量があまり変化しないので感度が悪い。しかしながら，検光子をモーターを用いて一定速度で回転してやると，検光子を透過する光量は周期的に正弦波状に変化する。検光子1回転に対し，出力は2周期変動する。この正弦波の位相と検光子の回転角度から，光量が最大になる角度（長軸の方位角）$\phi$ と最少になる角度が精度良く求められ，最大光量と最少光量の比 $\tan\chi$ も求められる。その値から，$\tan\psi, \delta$, すなわち $\tan\Psi$ と $\Delta$ を求めることが出来る（この換算法は省略する。）。

　この回転検光子法は次に述べる消光法と異なり4分の1波長板を用いないので，構成が簡単であるだけでなく，波長が変わっても測定が可能であるという特徴がある。また，データの取り込みも容易であり自動測光に適している。本文の最初に述べた，我々の開発した波長可変自動エリプソメーターもこの回転検光子法を用いていた[1]。波長は大きな回転式ホルダー（リボルバー）に組み込まれた複数の干渉フィルターを自動的に切り替えて変えられるようにした。

## 12.2.5　消光法

　$\tan\Psi$ と $\Delta$ を直接求める方法はないであろうか？　その方法が消光法である。図12.2.7のように，偏光素子の後に4分の1波長板を置き，あらかじめ試料の反射によって生じる位相のとびと逆の位相差をつけ，位相のとびを打ち消す方法である。その方法を以下に記す。

　4分の1波長板の進相軸（位相が $\pi/2$ 進む，光路長が $\lambda/4$ 短くなる振動方向）の方位を45°に設定する。この時，偏光子の方位も45°にすると，偏光子を透過した直線偏光は振動方向が4分の1波長板の進相軸と一致するので波長板の影響を受けず，そのまま方位45°の直線偏光として出てくる。この偏光はp偏光成分とs偏光成分の振幅が等しく同位相（位相差が0）の偏光とみなせる。すなわち，図12.2.6(b)において振幅比 $\tan\psi = 1$（$\psi = 45°$），位相差 $\delta = 0$ の場合である。

　偏光子を45°から（反時計回りに）回転していくと，進相軸方向の成分は少し小さくなるが直交する遅相軸方向（位相が $\pi/2$ 遅れる，光路長が $\lambda/4$ 長くなる振動方向）の成分が生じる。この成分は進相軸方向の成分に対し90°位相が遅れているので，波長板から出てくる偏光は長軸

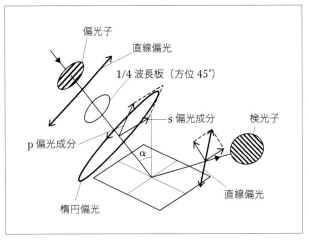

**図 12.2.7**　消光法

が45°の方位で短軸が135°の方位の楕円偏光となる。これは図12.2.6(c)の方位角 $\phi = 45°$ の楕円偏光である。また，同時に図12.2.6(b)の振幅比が1:1（$\psi = 45°$）で，位相差 $\delta$ がある大きさ（後述）の楕円偏光とみなすこともできる（図12.2.8参照）。

　さらに，偏光子を回転していくと楕円が直線から円に近づき，偏光子の方位が90°（4分の1波長板の進相軸に対して45°）になった時，遅相軸方向の成分と進相軸方向の成分が等しくなり（位相差は90°だから），（左回りの）円偏光となる。これは図12.2.6(b)の表現では振幅比が1:1（$\psi = 45°$）で，位相差 $\delta$ が90°の円偏光とみなすことが出来る。

　さらに偏光子を回転し，偏光子の方位が135°（4分の1波長板の進相軸に対して90°）になった時，直線偏光の振動方向は4分の1波長板の遅相軸と一致するので，波長板の影響を受けずそのまま方位135°の直線偏光として出てくる。これは図12.2.6(b)において振幅比が1:1（$\psi = 45°$）で位相差 $\delta$ が180°の直線偏光とみなすことが出来る（12.1節図12.1.4(c)参照）。

　すなわち，偏光子の方位を波長板の方位から回転していくと，p偏光成分とs偏光成分で徐々に位相差が生じ楕円偏光となり，45°回転すると波長板から出てくる偏光はp偏光成分とs偏光成分で90°位相がずれた円偏光となり，さらに偏光子を回転し波長板の方位から90°回転すると，出てくる偏光は元の（方位45°の）直線偏光に対し直交する，すなわちp偏光成分とs偏光成分で

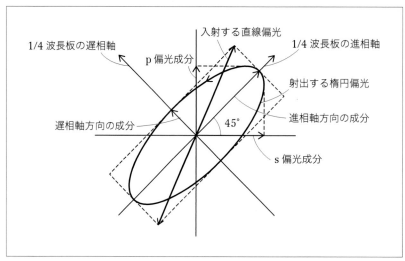

**図 12.2.8** 方位 45°の 4 分の 1 波長板に入射する直線偏光の変化

180°位相がずれた直線偏光になる。以上のことから，偏光子の回転角度 $\alpha$ に対し 4 分の 1 波長板から出てくる光は位相差 $\delta$ が $2\alpha$ で振幅比が 1:1，すなわち $\psi = 45°$ の（楕円）偏光である。

この位相差 $2\alpha$ が反射によって生じる位相差 $\Delta$ と打ち消せば，反射光は直線偏光となる。その反射光の p 偏光成分の大きさは $|r_p|$ に比例し s 偏光成分の大きさは $|r_s|$ に比例する。そこで，試料（反射面）の後にある検光子を回転し透過光が消える（消光する）角度にすると，その角度は $\Psi = \tan^{-1} r_p/r_s$ と直交する角度である。

したがって，**図 12.2.7** の 4 分の 1 波長板の方位を 45°に固定し，偏光子と検光子を少しずつ回転し透過光量が消える（最小になる）ように追い込んでいく。最も光量が小さくなった（消光した）時の偏光子と検光子の方位角を読み取り，偏光子の方位角から 45°を引いて 2 倍すれば $\Delta$ が求められ，検光子の方位角 ±90°から $\Psi$ が求められる。

精度の良いエリプソメーターでは，回転角度はバーニア（副尺）を使って $(1/100)°$ の分解能（精度もそれに近い）で読める。ものすごく大雑把な言い方をすれば，位相差 $\Delta$ を $(1/100)°$ の精度で読める。

### 12.2.6 光学定数の導出

さて，$\tan\Psi$ と $\Delta$ が精度良く求められたとして，それで終わりではない。目的は試料の光学定数（屈折率，吸収係数，膜厚等の光学定数）の測定である。実は，これが結構面倒な作業であり，私は装置を開発したり，$\tan\Psi$ と $\Delta$ を測定したことはあるが，膜の定数まで求めたことはない。後は，装置を使う人にお任せであった。

試料が吸収体であり，単に $n$ と $\kappa$ を求める場合は，計算が面倒であるが，フレネルの式から解析的に求められる。式は省略するので，興味のある方は参考文献[2]を見ていただきたい。

薄膜の光学定数を求めるのは面倒である。原理的に $n$ と $d$ の 2 個の未知数を求めるためには $\tan\Psi$ と $\Delta$ の 2 個のパラメーターが求められればよいと言えるが，実際には簡単ではない。境界面による p 偏光と s 偏光の反射光と透過光の振幅変化，膜を通過することによって生じる位相の遅れ，反射後の p 偏光と s 偏光の各々の干渉，その結果としての p 偏光と s 偏光の位相差と振幅比，それを測って $n$ と $d$ を逆算するのは不可能である。一般的には，あらかじめ $n$ と $d$ を変数として $\tan\Psi$ と $\Delta$ を計算し，表またはグラフを作成し，測定した $\tan\Psi$ と $\Delta$ に近い $n$ と $d$ を，その表またはグラフから求め，その近辺で $n$ と $d$ を変化させて測定値に一致する $n$ と $d$ を求める。

### 12.2.7 エリプソメーターによる計測の注意事項

エリプソメーターによる薄膜計測は，p 偏光と s 偏光の，振幅と位相の変化を計測しているが，この変化は境界面（単層膜では表面と裏面）で反射された p, s 偏光

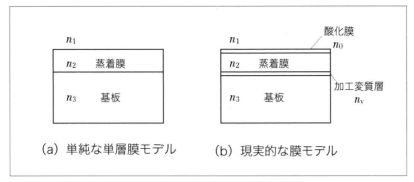

**図 12.2.9**　膜の構造（モデル）

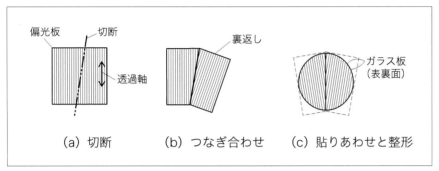

**図 12.2.10**　半影板の作成方法

の干渉によって生じている。通常の干渉計では干渉する2光束は異なる経路を通り，環境（振動，温度，揺らぎ等）の変化の影響をもろに受けるが，エリプソメーターでは干渉する光束は同じ光路をたどり，環境の影響は相殺され，非常に安定した計測結果が得られる。その結果，光学測定器の中でも最も高精度な計測ができる。

　ところが，エリプソメーターで測定した膜厚や屈折率が正確かというと，そうとは言えない。それは精度良く（再現性良く，高分解で）測れるのは $\Psi$, $\Delta$ であり，膜厚や屈折率ではないからである。測定された $\Psi$, $\Delta$ から屈折率等を求めるには，**図 12.2.9**(a) のような膜の構造（モデル）を仮定し，前項で述べたような計算あるいはフィッティング等を行って導出しなければならない。このモデルが間違っていると正しい答えは得られない。実際，単層膜でも，基板の表面はまっ平らではなくナノメーターオーダーの凹凸（粗さ）がある。また，基板表面には研磨時の研磨剤が溶け込んだり，構造が変化した研磨層もある。蒸着した膜の表面は空気に触れたことにより酸化膜が出来たり，水蒸気等が付着した層が出来ることもある。これらを無視したモデルでは，正確な屈折率や

膜厚は求められない。これらを考慮し，**図 12.2.9**(b) のようにモデルの層数を増やすと未知数が増えるので，入射角や波長を変えて測定値を増やす必要がある。（単層膜ではなく多層膜でも未知数が増加するので，上記と同様に入射角や波長を変えて測定値を増やす必要があることも付け加えておく。）また，エリプソメーターだけでなく他の測定器で膜厚等を測定し計算値を補正することも行われている。等々，正確な屈折率や膜厚を求めるには，いろいろな角度での検討・検証が必要となる。

　とはいえ，前述したように，エリプソメーターは極めて高い精度で測定値（$\Psi$, $\Delta$）が得られるので，試料（膜）の経時変化測定や比較測定を行うには非常に優れた測定器である。

### 12.2.8　半影板の自作（おまけ）

　直線偏光の方位を簡単に知るツールがあると便利である。例えば，丸いホルダーに入った偏光板の方位を知りたいとき，半影板が手元にあれば，すぐにその方位を知ることが出来る。半影板とは，**図 12.2.10**(a) のように1枚のフィルム状の偏光板（偏光シート）をその透過軸

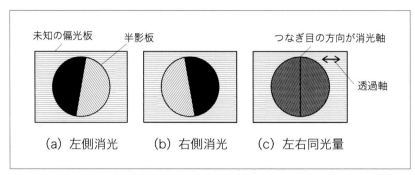

**図 12.2.11** 半影板の使用法

からわずかに傾いた直線で切断し，**図** **12.2.10**(b) のように片方を裏返し隙間がないように並べて，**図** **12.2.10**(c) のように 2 枚のガラス板等の偏光特性のない透明な板ではさみ，接着剤で固定（整形）したものである。

方位（透過軸または消光軸）を調べたい偏光板（偏光素子）にこの半影板を重ね，どちらかを回転してやると，**図** **12.2.11**(a) のように半影板の一方が暗くなる。どちらかの方向に少し回転してやると，**図** **12.2.11**(b) のようにもう一方の半影板が暗くなる。その中間の角度では，**図** **12.2.11**(c) のように両方の半影板が少し暗く，かつ暗さ（明るさ）が等しくなる。この時，半影板のつなぎ目の直線方向が，方位を調べたい偏光板の消光軸方向である。左右の暗さの変化は，偏光板または半影板の回転に対して非常に敏感に感じることが出来るので，偏光板の方位の決定は非常に高感度で行える。

**図** **12.2.10**，**図** **12.2.11** では，分かりやすいように半影板を構成する偏光板の透過軸と切断する直線に角度をつけているが，この角度が小さいほうが感度が高くなるので，この角度は意識的に小さく作成するのが望ましい。また，切断方向を，透過軸ではなく消光軸方向に近づけて作成すれば，つなぎ目の直線方向が被検偏光板の透過軸に一致する。

この半影板はたいへん便利であり，私は自作して常備していた。製品として販売していないと思われ，簡単に作れるので，ぜひ自作されることをお勧めする。作るときに留意すべきは，つなぎ合わせるとき隙間を空けないことである。隙間があるとその部分が明るくなり，左右の暗さを等しくする妨げとなる。

**参考文献**

1) 太田 雅：“波長可変エリプソメータ”，分光研究，Vol. 29, No. 2, pp. 124–126（1980）
2) 佐藤勝昭：“基礎から学ぶ光物性 第 3 章 光が物質の表面で反射されるとき”（2011）http://home.sato-gallery.com/hikaribussei/chap3.html

# 第13章　干渉計　補足

## 13.0　はじめに

　これまで私がかかわってきた色々な干渉計を紹介してきたが，本講座を終えるにあたって，干渉計を製作し使用する上で留意しなければならないことで，書き残したことをお話ししたい。一部に前に書いたところと重複する部分があるが，重要なのでご容赦願いたい。

## 13.1　光源

　干渉計では，光源は昔も今も小型の He-Ne（ヘリウムネオン）レーザーが用いられる。その理由は He-Ne レーザーが単色性，指向性，収束性（平行性）に優れ，かつ安定しているからである。単色性がよければ干渉する 2 光束に光路差があっても，高いコントラストの干渉縞を得ることができる。単一波長（単一縦モード）の He-Ne レーザーでは（空気揺らぎ，振動等の環境が良好であれば），光路差が数 100 m あっても干渉縞を観察することができる。通常の単一波長ではない（マルチモード発信している）He-Ne レーザーでも，光路差が 10 cm 程度以内であればコントラストの良い干渉縞が得られる。指向性に関しては，レーザーの筒状のパッケージの中心から軸に沿って直径 0.5~1 mm 程度のビームが，ほぼ平行に（ほとんど拡がらずに）射出している。拡がり角は 1 mrad 程度であり 10 m 先でも 1 cm 程度にしか拡がらない。1 m 程度の寸法の実験室の定盤上ではビーム径はほとんど変化しない（拡がらない）。また，ビームの方向の安定性，すなわちポインティングスタビリティ（pointing stability）も 0.03 mrad 以下と拡がり角の 1/30 程度で安定している。その結果，光軸の基準として，光学系のアライメントに利用することができる（4 章 参照）。

　収束性に優れているということは，レンズで集光したとき回折限界まで小さく絞れる，すなわち点光源から出た光と等価である。別の言い方をすれば，点光源，すなわち単一光源の光であるので空間的コヒーレンスが高い（干渉する 2 光束が横ずれしても干渉する）といえる。以上の特性は干渉計に限らず，非常に利用価値のある光源といえる。

　しかしながら，干渉計の光源として He-Ne レーザーであれば何でもよいというわけではない。He-Ne レーザーは 2.2.5 項に記したように，直線偏光レーザーと非偏光（ランダム偏光）レーザーがある。また，波長（周波数）が安定化されたものもある。干渉計の光源としては理想的には単一縦モード（すなわち単色）の波長安定化レーザーを用いるのがよい。商品としては 2 波長安定化レーザーや円偏光レーザーもあるが，それらはシステムとして完成された干渉計用途であり，実験等で干渉計を自作する場合は単一縦モードレーザーを用いる。予算等の都合で波長安定化（単一縦モード）レーザーを使えない場合は，非偏光レーザーより直線偏光レーザーを使用することをお勧めする。出力は非偏光レーザーの方が安定しているが，経験上，非偏光レーザーは戻り光（光学系で反射してレーザーに戻る光）により不安定になるのでお勧めできない。また，13.4 項に記載するように，直線偏光レーザーを用いれば光を有効に利用し，戻り光を大幅になくすことができる。

　干渉計の光路差が長くなる場合はどうしても単一縦

モードのレーザーが必要になる。その場合は小型の非偏光レーザーと偏光板（偏光素子）を組み合わせることにより，単一縦モードの直線偏光レーザーを作ることができる。非偏光（ランダム偏光）レーザーと呼ばれているものは偏光していないわけでもなく偏光方向がランダムであるわけでもなく，直交する2方位の直線偏光が発振しているものである。小型の非偏光 He-Ne レーザーであれば発振線は互いに直交する2直線偏光（2波長）のみであるので，偏光板で一方の直線偏光のみを取り出せば，単一波長（単一縦モード）のレーザーが得られる。波長安定化はされていないので，点灯するとレーザー管の温度が上昇し，共振器長が伸び，発振（共振）波長が変化する。光路差の大きい干渉計では波長変化に応じて干渉縞が変化する。このようなときは，レーザーを点灯してしばらく（例えば30分程度）放置して，レーザー管の温度が安定し（共振器の間隔が安定し）てから計測を行えばよい。

　非偏光レーザーの（直交する）偏光方位がわからない場合は,以下のようにすればよい。あらかじめトワイマングリーン型の干渉計を組み，光路差（2つのアームそれぞれの往復の光路の差）をレーザー管（厳密には共振器間隔）と等しくする（ビームスプリッターから2個のミラーまでの距離の差を共振器間隔の半分にする）。偏光板を入れない2波長の状態では各波長での干渉条件が異なる（真逆になる）ため，干渉縞のコントラストが低下する。その理由は以下のとおりである。2波長の光は間隔 $L$ のレーザー共振器を往復すると（すなわち $2L$ の光路長進むと）1波長ずれて一致する。したがって，干渉計の光路差が $2L$ の近辺では2波長の光それぞれの干渉条件（位相があっているか，ずれているか）は同一であり，同じ干渉縞を生じる。干渉計の光路差が $L$ のときは2波長は互いに半波長ずれるので，一方の波長の光が同位相で強め合う干渉をするとき，他方の波長の光は逆位相となり弱め合う。その結果，各波長は明暗が逆の干渉縞を作り，重ね合わさると干渉縞のコントラストは低くなる（か消える）。そこで，偏光板を挿入して光軸の周りに回転させると，直交している2直線偏光の一方の直線偏光の方位と偏光板の透過軸の方位が一致したとき，1波長による干渉縞のみができ，干渉縞のコントラストは最大となる。偏光板をその状態から45°回転すると，

2波長の光の強度がほぼ同等となり干渉縞のコントラストは低下する。さらに45°回転すると，干渉縞のコントラストが再度高くなる。この時，直交する2直線偏光のもう一方の偏光方位と偏光板の透過軸方位が一致している。この直交するどちらかの方位に偏光板とレーザーの関係を固定すれば,単一縦モードのレーザーが得られる。

　実際に干渉計を組む時に偏光光の方位をどのように設置すればよいかは，13.4 節を参照していただきたい。

## 13.2　撮像素子

　私が干渉計に関わり始めた40年前は，計測用の固体撮像素子は高価で画素数も多くなかった。ただ当時の光学部品に対する要求（仕様）はそれほど厳しいものではなく，撮像素子の画素数は $50 \times 50$ あれば充分であった。その後，非球面計測や超平滑面の計測等を行うようになり，干渉計の空間分解能が必要となり，撮像素子の画素数も増加していった。時を同じくして，フィルムカメラもデジタルカメラへと進化し，安価で画素数の多い高性能な撮像素子が入手可能になった。

　ただし，市販の撮像素子はそのままでは干渉計に用いるのは不適当である。その理由は撮像素子の表面にはカラー撮影のための3原色の色フィルター，偽解像を防ぐ OLPF（光学的ローパスフィルター），疵防止の保護ガラス等が積層されている。これらの層の表面と裏面で光が反射され重ね合わさって干渉が起こる。すなわち所望の干渉縞に余計な干渉縞が重畳される。

　この余計な反射光の影響を除去するには2通りの方法がある。1つは，撮像素子の表面にある各種のフィルターをはがすことである。自分ではできないので，撮像素子メーカーに特注するとよい。

　もう1つの方法は，結像面に回転拡散板を置き，拡散板上に結像された干渉縞を再度レンズにより撮像素子上に結像することである。この方法は構造的には複雑になるが，自力で解決できる方法である。

## 13.3　ピント合わせ

　レーザー光源を用いると容易に干渉縞が得られ，特に結像レンズを用いなくても，光束中のどこにスクリーンを置いても干渉縞が観察できる。その結果，ピント合わせをないがしろにしがちである。しかし，正確な計

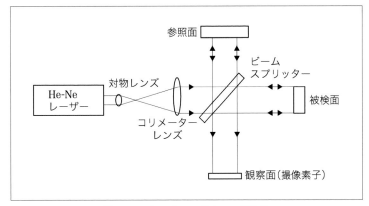

図 13.1　トワイマングリーン干渉計

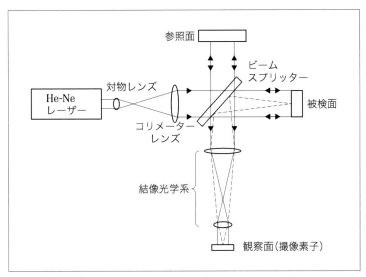

図 13.2　トワイマングリーン干渉計と結像光学系

測ではピント合わせが非常に重要であることを説明しよう。3.1 節および 3.3 節で少し触れているが，ここで詳しく述べる。

　図 13.1 のような結像レンズをもたないトワイマングリーン干渉計でも，観察面（撮像素子）上で干渉縞を観察できる。しかしながら，より正確な測定をするためには，図 13.2 のように結像光学系を用いて被検面を観察面上に結像する必要がある（破線で被検面と観察面の結像関係を示す）。結像光学系を用いる理由は，観察面上で光束の大きさを撮像素子の大きさに合わせる（撮像素子の大きさより小さくする）ためであるほか，最も重要な理由は，波面の変形による計測誤差を抑えるためである。この波面の変形は被検物の回折によって生じる。す

なわち，被検面上でフラットな波面でも，被検面から伝搬して行くにつれ回折により波面が平面ではなくなってくる。それを結像光学系で観察面に被検面を結像することによって，波面を平面に戻すことができる。その様子を模式的に図 13.3 に示す。

　図 13.3 において，開口に平面波が入射すると，開口を出た波面は，図のように回折により波面が変化し，特に周辺部から球面波が発生したかのようになる。その波面は結像レンズ 1 によって，その焦点面に（点像ではなく）フラウンホーファー回折像を作る（フラウンホーファー回折については，8.1 節等を参照）。さらに，伝搬してレンズ 2 によって観察面上に平面波が結像される。厳密には開口部の平面波が完全に再現されるわけではな

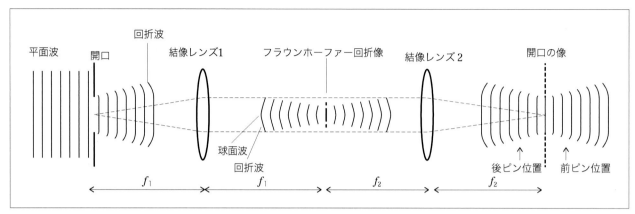

**図 13.3** 開口による回折と像面への結像

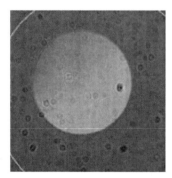

（a）ワンカラーの干渉縞

（b）被検面を傾けたときの干渉縞

**図 13.4** 被検面にピントが合っているときの干渉縞

く，結像レンズ 1，2 の開口（絞り）による回折の影響を受けるが，その影響（結像レンズの回折による拡がり）は結像面上で数 $\mu$m のオーダーであり，観察に影響することはない。**図 13.3** 中の破線は開口部と観察面の結像関係を示している。実際の干渉計では開口部が被検面に相当する。一般的に，干渉計の参照面は被検面より径が大きいので観察面上で回折の影響が出ることはない（被検面の像の外側では参照面のぼけた像の周辺で回折の影響が出るが，干渉縞の観察には影響しない）。また，**図 13.3** では開口が結像レンズ 1 の前側焦点位置にあり，開口の像が結像レンズ 2 の後側焦点位置に作られているが，実際には，結像レンズ 1 と結像レンズ 2 の間隔は固定で，全体を光軸方向に前後したり，撮像素子位置を前後して，ピントを合わせることになる。

実際の干渉計でこの回折の影響を見てみよう。**図 13.4**，**図 13.5** の干渉縞の写真は，昭和オプトロニクス

株式会社の田邉貴大氏に撮影していただいたものである。干渉計は Zygo 社製のフィゾー型干渉計を用い，平面ではなく球面を計測している。

**図 13.4**(a) は被検面にピントが合っている場合の干渉縞である。被検面の精度がよいので干渉縞はほぼワンカラーの状態になっている。被検面（または参照面）をわずかに傾けると，**図 13.4**(b) のように，ほぼ直線の縦縞が観察できる。縦縞の直線からのわずかな変形は，被検波面と参照波面の差異（相対的誤差）によるものである。

（傾きを再調整して）ワンカラーの状態に戻し，観察面（撮像素子）を移動して前ピンの（撮像素子が結像位置より後方にある）状態にすると，**図 13.5**(a) のように被検面の周辺部が何やら変化しているように見えるが，はっきりとはわからない。そこで，被検面（または参照面）をわずかに傾けてやると，**図 13.5**(b) のように，直線の縦縞が発生するが，**図 13.4**(b) と異なり，周辺部で曲がっ

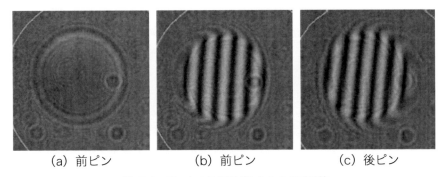

(a) 前ピン　　　　　　(b) 前ピン　　　　　　(c) 後ピン

**図 13.5**　ピントの位置がずれたときの干渉縞

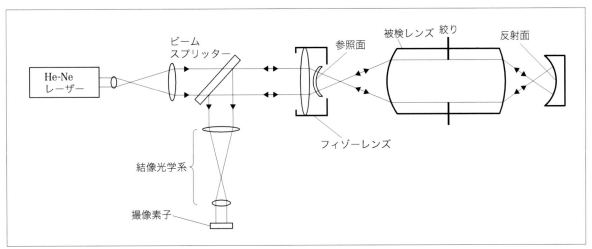

**図 13.6**　フィゾー型レンズ干渉計

た干渉縞が生じている。これは**図13.3**の前ピンの位置で回折波が生じていることが，この干渉縞に現れていると考えられる。

　この状態（傾きを変えない）で，撮像素子を光源側に移動しジャスピンの位置（ピントが合っている位置）に戻すと，周辺の曲がった縞はなくなり**図13.4**(b)の状態に戻る。さらに，撮像素子を光源側に移動し後ピンの位置にすると，**図13.5**(c)のように再度周辺部に曲がった縞が生じる。しかしながらこの縞の曲がりの向きは**図13.5**(b)の向きと逆になっている。この理由は，**図13.3**のピントの合っている位置の前後での回折波の変化の様子から理解できると思う（本文では，わかりやすくするために撮像素子を移動すると説明しているが，実際の干渉計では結像光学系を前後してピントの位置を変えることが多い。）。

　このように，干渉縞の計測にあたっては，きちんとピント合わせを行わないと，回折により発生した波面により，特に，被検物の周辺部が曲がったように計測され，誤差（形状誤差）を生じる。

　トワイマングリーン干渉計でも，フィゾー型干渉計でも，必ず被検物にピントを合わせて計測することが重要である。では，レンズの検査を行うレンズ干渉計（6章参照）ではどうであろうか？

　**図13.6**のフィゾー型レンズ干渉計では，反射球面の径は大きく取れるので回折を起こすのは被検レンズの絞り（または，被検レンズの縁）である。ところが，光束はこの絞りを2回通るので，実質的に2か所の絞りで回折が起き，どちらか一方の絞りにピントを合わせると，他方の絞りの回折による誤差が生じる。私は初めてレンズ干渉計を開発したとき，この問題で悩んだ。しか

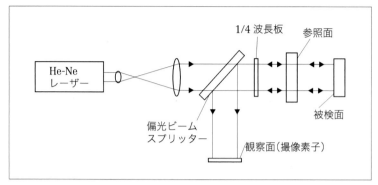

**図13.7** フィゾー干渉計と偏光

し，たまたま当時，学会で来日していた干渉計の大御所であるアリゾナ大学の James C. Wyant 教授（フリンジスキャン（3.2 節参照）の考案者にして，干渉機器メーカー Wyko の創立者兼 CEO）に，レセプションの席で不躾に「私は今レンズ干渉計を開発しているが，ピントをどこに合わせればよいか教えてください」と質問した。教授は一瞬考えて，一言「Mirror.」と答えてくれた。大御所のお墨付きを得たので，その時以降，私は安心してレンズ干渉計のピントは反射球面に合わせるようにしている。実際，結像光学系後方（撮像素子近傍）には，絞りの像と反射面で反射された絞りの像ができており，その間に反射面の像ができている。双方の絞りの回折の影響を完全にキャンセルすることはできないが，中間の反射面にピントを合わせることによって，それぞれの回折の影響を緩和できると考えられる。

### 13.4　偏光の利用と保持

　13.1 項で He–Ne レーザーを用いる場合，非偏光レーザーではなく偏光レーザーを用いることを勧めた。この項では，その偏光の利用法と偏光の保持方法を記す。

　偏光光の有効な利用例を**図13.7**に示す。**図13.7**はフィゾー干渉計である。参照面と被検面からの反射光を観察面で重ねて干渉縞を作成する。この時，ビームスプリッターとして偏光ビームスプリッターを用い，紙面内で振動している偏光光を入射すると入射光はすべて透過する。その後方に 1/4 波長板を方位角を 45° に設定して配置すると，直線偏光は右回り（または左回り）の円偏光になる。その円偏光が参照面および被検面で反射して，逆回りの円偏光になる。それが再度 1/4 波長板を通

過すると，紙面に垂直方向に振動する直線偏光となる（別の見方をすると，方位角 45 度の 1/4 波長板を 2 回通過することにより，1/2 波長板と同等の作用を生じ，偏光方向が 90 度回転する）。その結果，反射光はすべて偏光ビームスプリッターにより反射され，観察面に到達する。したがって，光量の損失のない干渉計を作ることができる（偏光と波長板については，12.1 節参照）。

　実際の干渉計では，レンズやミラーを用いて光束を引き回すことになる。ミラーには偏光特性があり，入射面内で振動する直線偏光成分と入射面に垂直に振動する直線偏光成分では位相の変化量が異なり，偏光状態が変化する。その結果，偏光ビームスプリッターや波長板が有効に機能しなくなる。それを避けるためには，光源として直線偏光レーザーを用い，その偏光方向（振動方向）をミラーの入射面内で振動する方向，または，それと垂直な方向に設定してやればよい。しかしながら，**図13.7** の 1/4 波長板を透過した後（波長板の右側）では，偏光は直線偏光ではないのでそのようなことはできない。特殊なコーティングをつけてミラーの偏光特性を変え，位相のとびを減らすことはできるが，手間がかかり高価である。そこで，通常の（偏光特性のある）ミラーを用いて光束を曲げる方法を紹介する。

　**図13.8** は水平方向に進む光束を鉛直な光束に直角に曲げる例である。**図13.8**(a) は一般的なミラー 1 枚による方法である。この時，入射面内で振動する直線偏光成分（鉛直方向に振動している直線偏光成分）と入射面に垂直に振動する直線偏光成分（水平方向に振動している直線偏光成分）では，反射による位相の変化量が異なる。その結果，偏光の状態が変化する。**図13.8**(b) ではミラー

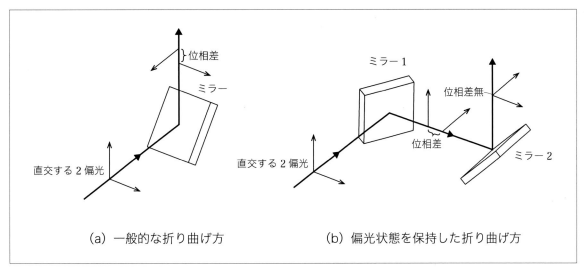

**図 13.8**　光束を直角に曲げる方法

を 2 枚用いている。入射光束の鉛直方向に振動している直線偏光成分はミラー 1 では入射面に垂直に振動しており，ミラー 2 では入射面内で振動している。それに対して，水平方向に振動している直線偏光成分は，ミラー 1 では入射面内で振動しており，ミラー 2 では入射面に垂直に振動している。したがって，ミラーを 2 枚反射した結果，どちらの直線偏光成分も位相の変化は等しくなり，偏光状態は変わらない（すなわち，ミラーの反射によって進行方向が変わっても，直線偏光は直線偏光，右回り円偏光は右回り円偏光のままである）。

そのほかにも，干渉計にとって重要なことは環境（防振, 空調）などたくさんあるが, それらは 4 章（実験法）をはじめとする各章を参照していただきたい。

# 索　引

# 索　引

# 人名索引

# 著者紹介

市原　裕（いちはら　ゆたか）

　1973 年，東京大学理学系研究科相関理化学専攻修了。同年，日本光学工業㈱（現 ㈱ニコン）に入社し，研究所第二光学研究室に配属。研究室長である鶴田匡夫氏の指導を受ける。1984 年に精機事業部精機設計部第二開発設計課に異動し，半導体露光装置の開発や計測にかかわる。1988 年，光学部開発課に所属。このころより，国際標準規格に携わる。2002 年，コアテクノロジーセンター光学技術本部長兼光学技術開発部ゼネラルマネジャー。2003 年，執行役員，コアテクノロジーセンター副センター長兼光学技術本部長。2005 年，取締役兼執行役員。2006 年，ISO/TC172/SC3 国際議長。同年，研究開発本部長。2007 年，常務執行役員。2008 年，顧問兼市原研究室室長。2015 年，退職。

**干渉計を辿る**

2020 年 12 月 2 日　初版第 1 刷発行
2023 年 5 月 12 日　初版第 3 刷発行

著　者　市　原　　　裕
発行者　喜　多　野　乃　子
発行所　アドコム・メディア株式会社
〒 169-0073 東京都新宿区百人町 2-21-27
電話　(03) 3367 – 0571 (代)

Adcom Media Co. Ltd., Tokyo, Japan, 2020
印刷／製本　文唱堂印刷㈱
© Yutaka Ichihara 2020
ISBN978-4-915851-75-9　C3042
Printed in Japan

・ 本書に掲載する著作物の複製権・翻訳権・上映権・譲渡権・公衆送信権（送信可能化権を含む）はアドコム・メディア㈱が保有します。

・ **JCOPY** （一社）＜出版者著作権管理機構 委託出版物＞
本書の無断複製は著作権法上での例外を除き禁じられています。複製される場合は、そのつど事前に、（一社）出版者著作権管理機構（電話 03-5244-5088, FAX 03-5244-5089, E-mail info@jcopy.or.jp）の許諾を得てください。